主 编

何 军 朱丽珍

副主编

李晓莺 南雄雄 张曦燕

编 者

王 俊 何昕孺 张嘉园 秦 垦 田 英 王 芳 马 丁

赵 燕 曹有龙 王 昊 杨 柳 刘玉娟 乔改霞 王亚军

梁晓婕 田 莉 尹 跃 余泽龙 戴国礼 李彦龙 王 晶

贾占魁 朱金忠 王翠平 王娅丽 张 波 黄 婷 段淋渊

赵 健 安 巍 王 孝 巫鹏举 王数红 王玉静 马帅宇

枸杞间作模式开发研究

GOUQI JIANZUO MOSHI KAIFA YANJIU

何 军 朱丽珍 · 主编

黄河出版传媒集团
阳光出版社

图书在版编目 (CIP) 数据

枸杞间作模式开发研究 / 何军, 朱丽珍主编.
银川 : 阳光出版社, 2024.5. --ISBN 978-7-5525
-7236-0

Ⅰ.S567.1

中国国家版本馆 CIP 数据核字第 2024YS8843 号

枸杞间作模式开发研究　　　　　　　　何　军　朱丽珍　主编

责任编辑　胡　鹏　　郑晨阳
封面设计　晨　皓
责任印制　岳建宁

黄河出版传媒集团
阳光出版社　出版发行

出 版 人　薛文斌
地　　址　宁夏银川市北京东路 139 号出版大厦 (750001)
网　　址　http://www.ygchbs.com
网上书店　http://shop129132959.taobao.com
电子信箱　yangguangchubanshe@163.com
邮购电话　0951-5047283
经　　销　全国新华书店
印刷装订　宁夏凤鸣彩印广告有限公司
印刷委托书号　(宁)0030182

开　　本　720 mm×980 mm　1/16
印　　张　15.5
字　　数　220 千字
版　　次　2024 年 5 月第 1 版
印　　次　2024 年 5 月第 1 次印刷
书　　号　ISBN 978-7-5525-7236-0
定　　价　68.00 元

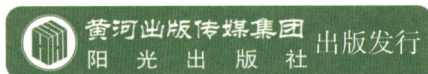

前　言

　　为宁夏努力建设黄河流域生态保护和高质量发展先行区，解决宁夏土壤的生态修复与永续利用已成为宁夏的重点工作之一。枸杞作为"六特"产业之一，是宁夏最具地方优势特色的产业，在促进全区农业增效、农民增收致富方面发挥着举足轻重的作用。间作模式是一种充分利用土地资源和空间来提高效益的集约种植模式，林草间作模式兼顾生态、社会、经济三大效益，在促进农民增收、增效和改善生态环境方面效果显著。结合宁夏枸杞种植现状和畜牧业发展对饲草的需求，合理开发利用间作模式提高土地利用率，改善枸杞、牧草的品质具有重要意义。

　　本书由编者结合多年大量的室内、温室、田间试验研究和生产实践经验编写而成，旨在为黄河流域生态保护和高质量发展先行区枸杞高质量发展提供理论和技术支撑。本书是所有参编人员精诚合作、同心协力的结晶，得到宁夏农林科学院枸杞科学研究所、林木资源高效生产全国重点实验室、宁夏大学、宁夏枸杞产业发展中心等有关单位的大力支持，在此表示诚挚的谢意！

　　本书能够顺利出版，要感谢黄河出版传媒集团阳光出版社给予的大力支持。本书撰写过程中参考了大量的中外文书籍和期刊文献，在此一并向相关作者和研究人员表示真诚的谢意！尽管我们谨本详始，字斟句酌，但编者水平有限，书中不妥和疏漏之处在所难免，恳请读者批评指正。

编者

2024 年 9 月

目 录
CONTENTS

第①部分
概 论

1 研究目的及意义

为宁夏努力建设黄河流域生态保护和高质量发展先行区，解决宁夏土壤的生态修复与永续利用已成为宁夏的重点工作之一。枸杞作为"六特"产业之一，是宁夏最具地方优势特色的产业，在促进全区农业增效、农民增收致富方面发挥着举足轻重的作用。但多年来枸杞园一直采用清耕的管理方式，3 米行间土地完全裸露，土壤蒸发量大、水土流失严重等造成土地资源严重浪费、土壤肥力下降、生物多样性消失、病虫害加重等问题。开展枸杞绿色高效种植技术研究与示范，研究土地生产力、种间竞争力、植物生长状况和土壤微生态因子变化等，筛选出最优的枸杞绿色生产栽培模式。有助于改造传统的枸杞种植和管理模式，为枸杞产业高质量发展提供技术支持。

牧草是畜牧业发展的基础，而牧草种植制约着畜牧业发展的进度。随着城镇化和人民生活水平的提高，居民饮食结构由粮食消费向动物性食品消费转变，进而推动了畜牧养殖业的快速发展，加大了牧草的需求缺口，形成了新的粮食危机 [1,2]。2015 年至 2019 年中央一号文件连续五年提出"粮改饲"是推进供给侧结构性改革、促进农业产业结构优化的重要举措；2020 年中央一号文件中推广种养结合模式，并以北方农牧交错带为重点进一步扩大粮改饲规模；2021 年继续支持饲草料种植，开展粮改饲和种养结合模式试点，深入推进农业结构调整；2022 年建立草原畜牧业转型示范点。这些政策的实施，均为农业结构调整和大力发展牧业提供了保障。

国家农村产业结构的调整和"退耕还林还草"政策的逐步落实，为家畜养殖业的蓬勃发展创造了空间，饲用牧草产品的选育栽培与科研利用也相应发展开来 [3]。饲草种植不仅能满足大农业的需求，而且还可以促进生态农业的发展，在我国有着巨大的市场潜力和发展前景 [4]。优质牧草的种植、开发与利用能够满足我国农业朝多元化、生态化、科学化方向发展的需求，对促进农业产业结构调整、畜牧业和养殖业的发展均能起到至关重要的作用 [5]。此外，我国畜牧业发展十分迅速，牧草的生产力水平也有了明显的提高，但市场对牧草需求仍存在极大缺口，每年仍需大量进口优质牧草来满足国内市场的需求 [6]。同时，可利用耕地的持续减少，畜牧业供给饲料缺口越来越大。为了满足日益增长的饲草需求，根据宁夏地区优势经济林木的种植现状并结合政策实施，将牧草种植引入传统的枸杞种植结构，可以形成与畜牧业的有效对接，在不影响枸杞生产的同时增加牧草生产，将有效促进畜牧业的供给与发展。

而间作模式作为一种能充分利用土地资源和空间来提高效益的集约种植模式[7]，在现代农业生产模式中具有多样性，目前主要集中在豆科-禾本科、禾本科-禾本科间作，林草间作和药草间作等领域 [8]。结合宁夏畜牧业发展对饲草需求和经济林木种植现状，林草间作模式能兼顾生态、社会、经济三大效益，在促进农民增收和改善生态环境方面效果显著 [9,10]，在保证林草优质种源的前提下，发展林草间作，种植高产优质饲草，是促进农民增收、草业发展和生态环境修复的重要项目 [11,12]。能否合理利用该栽培模式高效利用土地资源，解决牧草短缺、质量下降，对指导宁夏一熟制地区农牧业生产将具有重要意义。林草间作模式的开发提高了土地覆盖度，进而减少了扬尘和水土流失 [9]，而且该模式建立对促进土壤 [13] 和牧草品质的改良有显著作用[14]，此外，饲草喂养牛羊等草食家畜有利于缓解饲料粮消耗，减少农业生产资料的投入量，有效改善粮食安全问题，这对于保障我国粮食安全和食物安全都有着深远的意义[15]。

开展枸杞-牧草间作模式开发及种间互作效应研究，从多个角度结合多种分析评价方法对枸杞-牧草间作模式下土地生产力、种间竞争力和植物生长状况进行科学分析，筛选出适合宁夏地区推广种植的枸杞-牧草间作模式；开展土壤对枸杞-牧草间作模式的响应研究，分析土壤养分、微生物，根系分泌物在间作模式中的变化规律，揭示枸杞-牧草间作种间关系和相互作用的机制，为宁夏地区枸杞-牧草间作模式开发的合理性提供科学依据。此外，研究还具有重要的理论和现实意义，具体表现为：

（1）本研究具有重要的理论意义：立足生态系统生产力，通过间作生产力优势、种间竞争力及生产效益分析，能够建立和遴选出具有间作优势的枸杞-牧草组合；通过开展间作模式种间关系的研究，可为建立科学合理的枸杞-牧草间作模式提供理论依据。

（2）本研究具有重要的现实意义：研究将牧草引入传统的枸杞种植结构，既缓解目前养殖业对饲草的需求，又形成一种新的枸杞-牧草生产模式，且形成丰富的理论基础，为枸杞栽培、牧草生产和畜牧养殖业的发展开辟了新的途径。

2　国内外研究进展

2.1　间作模式研究

2.1.1　枸杞间作现状

枸杞是一种耐干旱、耐贫瘠、耐盐碱的林分，兼具极高的药用、经济价值，是干旱区盐渍土开发利用的首选经济树种。关于枸杞间作的文章较少，宁夏农林科学院枸杞科学研究所和甘肃农业大学对枸杞间作有相关研究报道。

Zhu 等 [16] 研究发现，枸杞-禾本科间作能够提高枸杞的生产力和果实营养，并为农业生态系统土壤健康、生物多样性研究提供了见解。枸杞-豆科牧草复合系统突破了枸杞或牧草单作的单一生产方式，能够降低棵间无效蒸发，减少地表积盐，调节田间小气候，实现水土资源的高效利用，兼具经济、生态和社会效益 [17]。此外，间作不同覆盖物对枸杞田间棉蚜种群数量、杂草发生、土壤养分的影响不一致，其中箭筈豌豆和毛苕子较少棉蚜发生，间作黄芪显著增加枸杞树上棉蚜的种群数量，间作箭筈豌豆、黄芪和紫花苜蓿可以提高枸杞地土壤养分等。因此，选择适宜的枸杞间作材料尤为重要。

2.1.2 牧草间作现状

近年来，我国牧草产业需求增长显著，但总体规模较小，满足不了草食畜牧业的发展需求；另外，牧草产业发展面临重重考验，表现在我国可利用土地资源减少且土壤退化严重及水资源缺乏的双重压力 [18]。长期以来，不同种属牧草的轮换间作已成为牧草产业发展的有效栽培模式，该方式多采用以禾谷类为主、禾谷类与豆类植物、经济植物与豆类植物的或与绿肥植物的轮换间作等方法 [19]，增产效果显著。但紫花苜蓿作为优质牧草的代表，多年多点连续种植，导致严重的连作障碍，短时间内再植导致产量和品质均降低显著 [20,21]。间作模式的应用则有效改善了连作障碍带来的弊端，研究者 [22] 对已种植 5 年的具有明显连作障碍的苜蓿地进行研究，发现苜蓿间作禾本科能改善土壤肥力枯竭的问题。但另一项研究又发现，并非所有的豆禾间作都能改善连作障碍导致的肥力衰竭问题 [23]。因此应当通过种间关系研究来进一步安排合理的间作制度，才能避免种间抑制作用发生，进而为高效栽培提供理论依据和解决方法。

2.1.3 林草间作现状

20 世纪 80 年代以来，全球人口增长急速、土地资源匮乏、人地矛盾日益突出、生态环境破坏严重等问题日益突出，全球范围内对林草间作开展了广泛性研究 [24]，研究内容多以挖掘生物多样性潜力促进群落结构稳定性、开展林草生态修复技术保护及修复生态系统、推进林农牧增产增收等为主，为节约林草生产经营成本，推进农、林、牧、副业的高效、和谐、健康发展，最大化利用林草系统生态资源，实现草地生态系统经济、社会、生态效益的有机统一提供了参考价值 [25]。欧洲和美洲地区开展林草间作时间较早，对其林草间作的选择和应用研究较为深入，其中欧洲地区对林草间作的研究主要集中在林草在地上部分资源利用及时间和空间上存在的差异，通过设置不同林 - 草植物配置模式，评价该模式下植被恢复效率及其群落结构的稳定性，筛选最佳配置模式，最终实现林木与牧草生产的稳定性和高效性 [26]。美洲林草间作的模式多为农林牧复合型，研究主要在间作种间关系、化感作用及遮阴对牧草生长的影响等方面 [27]。我国的林草间作主要用于庇护草地生长，区域性较强，多集中在荒漠化、半荒漠化，林灌草交错的生长地区 [25]。印度、泰国等国家的"庭院式林草间作"模式是林草间作的经典案例，它以农户为单位来进行生产实践，可全国范围内广泛开展，在国际林草间作模式开发应用中扮演重要角色 [28]。当下我国在林草间作模式中的基础理论研究仍较薄弱，还存在亟待深入挖掘的领域，如林草间作系统中的营养循环、草地植物开发利用、生态及经济效应、种间关系、化感影响等关键问题。

2.1.4　适合林草间作的牧草种类

目前，就从牧草栽培价值和饲用价值分析，豆科牧草在世界范围内仍居首位，并广泛具有优质、高产和适应性强等特点，尤其是苜蓿，享有"牧草之王"的称号 [29]。禾本科牧草参与的林草间作模式在近年来的研究中也逐渐增多 [16]。综合前人的研究分析发现适合林草间作的牧草种类包括紫花苜蓿、红豆草、白三叶、高羊茅、黑麦草、锤穗披碱草等 [30]。由于牧草生长周期比较短，并且成本低、回报高，因此相对高度较低的经济林 - 牧草间作不仅能最大化利用空间结构，而且间作模式还能充分利用光能提高整体光合利用率，增加单位面积上的经济效益，为区域畜牧业发展提供动力。例如，枸杞 - 黑麦草间作，能够显著促进 LER 的增加，显著提升经济效益 [16]。并且对林草间作系统中土壤性状和养分的效益分析发现，苹果园内间作三叶草/高羊茅混合牧草，在增加牧草可用性的同时还提高了整个林草间作系统的生产力 [31]；并且枸杞-禾本科牧草间作与清耕相比，能显著改善土壤中有效磷、全氮和全钾等养分含量 [16]。此外，苏鹏海等发现枸杞-苜蓿间作模式能改善灌溉对苜蓿光合特性和地上生物量造成的不良影响 [17]；研究者还对杨树-苜蓿间作模式进行分析发现，间作对紫花苜蓿根系分布及生长不利，对杨树根系生长有利，并且发现相比单作种植，苜蓿有较高的生产力和资源利用效率，并且具有提高新疆地区防护林带生态和经济回报率的潜能 [32]。周孚明等探究枸杞-豆科间作地上生物量分布变化及其竞争强度关系，为林草间作的合理配置及可持续发展提供了科学依据 [33]。此外，哈斯亚提等在红枣林行间套种草木犀、大叶苜蓿、苏丹草、一年生黑麦草发现，红枣-牧草间作不仅能够改善果园生态小气候，还可以为牧草产量和品质提供保障 [34]。

近年来，林草间作研究广泛开展，研究发现林草间作模式较传统的草地、林地生态系统具有更优的生态效益和经济效益，但远远不能满足干旱、半干旱，荒漠、半荒漠化地区畜牧业对草的需求。此外，林草间作的研究主要局限于地上部分对生产力和经济效益的分析，而很少从生理学、生态学、土壤微生物多样性及种间交互作用等角度进行深入分析。林草间作的深入及交互作用的系统性研究更是少之又少，严重滞后于其他间作类型，诸如禾豆间作等。这也说明林草间作具有巨大的研究空间和潜力，参考较为成熟和深入的间作研究也为林草间作的系统性、整体性、定量性研究提供了方向和参考。

2.2 间作研究进展

2.2.1 间作产量与养分利用优势

间作指在同一田地上于同一生长期内，分行或分带相间种植两种或两种以上植物或基因型的种植模式 [35]。间作种植模式在中国有悠久的历史，始于汉代，在南北朝初步发展 [36]。在世界其他地区有广泛的分布，如印度、东南亚、拉丁美洲和非洲等国家 [37,38]，在我国各个省份和地区均有分布 [36]。尤其在西北光热资源两季不足，一季有余的一熟制地区大面积分布 [39]。合理的间作不但对缓解土地资源下降 [40]、增加土地生产力 [41]、降低植物病虫害及土传病害 [42,43]、增加土壤微生物多样性 [44,45]、提高土壤质量 [16,46]、增加植物根际养分吸收 [46,47] 具有重要作用，相对于单一的种植模式，间作还可以强化生态服务功能，包括增加农田生物多样性、增加生产力、增加农田生产力的稳定性、改善饲草的蛋白含量、控制杂草和控制病虫害等，使单位面积土地上获得最大的生态效益和经济效益 [36]。

2.2.2　间作优势的补偿效应机制

目前国际上通常用土地当量比（Land equivalent ratio，LER）来衡量间作模式下土地的产量优势。土地当量比指同一农业生态系统上两种或两种以上植物间混作时所获得产量或者收获物，与单作生产相同产量或收获物需要的土地面积之比。只有当 LER>1 时，表明间作可更高效利用土地资源，具有间作优势 [48]。当前，间作模式的种间相互作用已成为间套作体系研究的核心内容之一。但将至少两种基因型植物种植在一起并不一定具有间作优势，只有根据植物的不同生长特性进行合理搭配设计方能达到间套作的最终目的 [35]，例如不同冠层结构的物种组合 [49]，深、浅根系物种搭配 [50] 及不同生长期的物种 [51]，才能利用植物对资源利用的时空差异，从而获得最高产量。

间作通过不同生长特征（包括生育期、植物形态、资源需求特性等）植物合理配置建立具有生态优化效能的复合群体，同时错开时间生态位和空间生态位实现最大化的空间利用，以及利用种间促进作用，高效利用光、热、水、养和土地等资源，最终获得更好的社会、经济和生态效益 [7]。生态位能反映一个种群在自然生态系统中时间、空间上的位置及其与相关种群的功能关系 [52]，间作模式的建立首先要生态位是错位的，保证彼此分别在不同的空间位置吸收和利用水分与养分，通过时空生态位分化缓和竞争的剧烈程度，从而达到资源高效利用，实现物种间的和谐共处 [53]。合理利用种间促进作用，可以通过某一物种的引入改变其生理活动进而改变周围环境，最终达到利于另一物种的生长发育的效果[54,55]。间作模式种间存在种间竞争关系，表现为对一方或者是多方均起促进作用，并且当促进作用大于竞争作用时，整体表现为间作优势[56]。只有时间、空间生态位的错位分离和种间促进作用达到一致，才能促进间作优势的产生，在实践中很难区分，只是所起作用的大小不同[57]。

时间生态位互补反映在不同间作植物在生长周期上的差异，从而在光照、水分和养分的利用上出现时间差，这种时间上的互补性是导致不同生育期的植物间作互利的重要因素[49]。空间生态位互补表现在不同株高或根深植物的空间搭配和立体布局具有明显不同。而当高矮秆植物或深浅根植物间作时，间作植物通过不同冠层[58]或不同的根系分布[59]，减弱种间竞争强度[60]，最终达到资源高效利用。例如，地上部空间生态位分离，高矮植物间作时，能够形成冠层的立体结构，利用植物不同的光生态位，增加群体对光的截获率与转化效率[58]；地下部空间生态位分离，植物根系具有一定的塑性，相对弱势的植物利用根系可塑性来避免优势植物根系对资源的强烈竞争[61]。深浅根植物间作通过形成空间垂直分层的根系来避免水分和养分等资源的竞争，从而增强根系对资源的互补利用[62]。

2.3　间作模式对植物生长的影响研究

2.3.1　间作对植物的影响

（1）间作提高植物抗病的生理生化机制

苯丙氨酸解氨酶（PAL）的活性与酚类物质的合成有关，其对植物的生长发育以及应对环境胁迫等方面起着重要作用[63]，过氧化物酶（POD）参与提高植物抵御病原菌的防御反应[64]。研究发现 POD 活性与茄科植物对疫病菌抗性正相关[65]。植物遭受病原物侵染后，在体内产生大量的活性氧（ROS）对植物有毒害作用，超氧化物歧化酶（SOD）通过清除超氧化物和活性氧而减轻对植物的毒害[66]。此外，过氧化物酶（POD）和过氧化氢酶（CAT）能够将过氧化氢（H_2O_2）分解成为水（H_2O）和氧气（O_2），消除 H_2O_2 对植物的伤害 [67]。蓝蓟与向日葵间作较单作种植能明显提高蓝蓟叶片 SOD 与 POD 的活性，同时降低叶片中 MDA 的含量 [68]。说明间作系统能提高植物体内的防御酶活性，进而从生理上提高植株的抗性。

（2）间作对病虫害的影响

间作能够有效缓解流行病虫害的发生和蔓延[43,69]，其中提高抗病的重要机制是间作能够改变植物冠层结构，从而改善通风、透光和湿度等物理条件，最终达到稀释和阻挡病原菌的作用 [70]。前人对林草间作的研究发现枣椰树与苜蓿、高粱、大麦间作，能有效防治病虫害效率达 54.58%，并且节肢类昆虫多样性提高了 0.75% [71]；在香蕉间作防治方面，有报道发现香蕉与谷子间作能降低臭尾象、香蕉象甲的数量，最终降低对香蕉病虫害的影响 [72]。此外，越来越多研究聚焦在间作模式对病虫害的影响上，发现间作模式不但能有效降低植物叶部病害的发生，也能有效抑制土壤疫病的传播和蔓延 [73-77]。

（3）间作对植物营养的影响

单作和间作种植模式对后续植物的生长反应影响不同，可导致果实、牧草质量和代谢生理含量的增加或减少 [78]。其中果实品质的提高主要是由于初级和次级代谢产物含量的增加。叶绿素、类胡萝卜素和花青素是植物细胞内合成的三种重要色素 [79]。大部分肉质果实在发育初期呈绿色，但随着果实的发育和成熟，果实内部的各种成分发生了显著变化 [80]。在这一过渡过程中，苯丙烷、类黄酮、花青素和糖被合成和积累[81]。豆禾间作是发达国家生产优质牧草的重要方向 [36]。粗蛋白含量低是影响禾本科牧草品质的重要因素[82]，而将豆科和禾本科植物间作就可以达到高产优质的目的。近年来，国外尝试将三叶草分别与一年生禾本科牧草黑麦草、燕麦间作，不仅达到高产而且获得了营养平衡的饲草 [83]。此外，豌豆作为北欧国家重要的高蛋白牧草与禾谷类牧草燕麦间作后不但解决了易倒伏和叶片病害高发生率的风险，而且提高了产量和质量 [84]。

2.3.2 间作对土壤的影响

在间作系统中，间作植物取代了裸露的行间土壤，并在主要植物收获后作为绿肥耕种 [85,86]，或割草并将残余物作为覆盖物留在地面上 [87-89]，这些可以通过改变土壤特性（例如 pH、温度、土壤含水量）改善了土壤微生物群落和酶活性 [90-92]。此外，间作植物通过残留物和根沉积（根物质和分泌物）的方式输入有机基质为微生物的生长提供了能量。

土壤微生物在土壤有机质分解、固氮、毒素去除和土壤结构形成中起着至关重要的作用 [93]。是沟通地上和地下生态系统的纽带和桥梁，在土壤水养循环、系统抗干扰、环境稳定及可持续利用中占据主导地位，在维持土壤健康和保障土壤质量中发挥至关重要的作用 [94]。研究显示，植物对土传病害的抗病能力与土壤微生物群体具有很强的相关性 [95]。与健康番茄土壤相比，感染青枯菌土壤明显降低了细菌群落结构的多样性 [96]。间作体系增加了土壤微生物多样性，对土传病害的发生表现出一定的抑制作用 [95]。黄瓜与洋葱和大蒜间作能够增加土壤细菌群落数量和多样性 [97]。紫花苜蓿/玉米间作细菌和放线菌数量显著增加，真菌低于单作水平，这种细菌/真菌表现相反的趋势，这说明间作可以使土壤由真菌主导型向细菌主导型转变，这对改善根际土壤微生物的稳定性具有积极作用 [98]。

土壤微生物对农业系统稳定性非常重要，与土壤有机质的循环及土壤健康相关，对土壤属性和管理变化敏感 [99,100]。土壤酶直接参与土壤中重要的理化反应，作为土壤中最活跃的成分之一，可诊断土壤生产力和生态环境的好坏，也是评价土壤健康的重要指标 [101]，土壤酶包括脲酶、还原酶和转化酶等在微生物结构形成、植物生长和动物分解过程中进行催化，这些微生物、植物和动物的碎屑以及随后向土壤中释放的养分可供植物利用 [102]。因此，土壤酶活性与能够改善生态系统稳定性的土壤微生物密切相关 [103,104]。此外，土壤养分周转主要由 SOM 分解驱动微生物影响土壤酶的生化特性并调节酶的分泌 [104]。

先前的研究表明，土地管理实践会影响土壤性质、酶活性和微生物多样性[105,106]。间作系统已在养分供应、生态系统功能和植物生物学特性方面得到广泛研究[107]。Zhang[108]报道，青花菜和糯玉米的间作和残渣保留有效地改善了土壤微生物群落的功能多样性和有效氮、钾和磷的含量。Jca等[109]指出，花生与玉米间作可以增加根际土壤中与固氮相关的微生物种群数量。此外，相比单作，大豆-甘蔗间作模式下土壤中的真菌和细菌数量整体均显著增加[110]。

土壤细菌和真菌是重要的分解者，通过分泌细胞外酶代谢有机物，使代谢分子可供植物吸收。一些研究集中于覆盖植物对间作果园土壤微生物的影响，其中草与山核桃间作改善了土壤微生物群落的功能多样性[111]，此外，覆盖植物促进了亚热带果园土壤的细菌多样性和物种丰富度[91]，并且间作有利于促进苹果园土壤酶活性和微生物多样性的良性发展[112]。酸性细菌和蓝藻被证明与覆盖植物处理后土壤的高碳和高氮含量有关[113]。这些研究集中在间作植物作为绿肥，很少有研究关注间作系统中覆盖植物之间的影响，尤其是在果园中。

间作的优势受每种植物在空间和时间上对资源的利用率的影响[114]。不同植物所处根区及养分需求不同[115-118]。当每个物种都能在空间和时间上最大限度地合作和减少竞争时，间作最为有利[119]。与种植单一植物相比，间作还可以提高产量和生产力[120]。草和豆科植物间作不仅能提高产量，还能促进植物对氮的吸收[121-123]。例如，在玉米和豆类间作中，前者利用土壤中的氮（N）进行生长，而后者则依赖于大气中的 N_2 固定。先前的研究报告称，在缺氮条件下，固定氮从蚕豆转移到小麦是由于豆类的固氮和草的大量氮需求[124]。间作还能促进磷的吸收。当草与豆科植物，尤其是蚕豆间作时，磷（P）的种间吸收显著[125]。一些间作系统促进了钾（K）的吸收[126]并通过扩散进行转移。

综合分析发现，土壤理化性质、酶活性和微生物多样性之间的作用关系将是评估土壤养分状况和能量输出的重要环节。尽管有大量关于间作的文献，但关于枸杞-牧草间作对微生物介导过程的影响以及土壤性质、酶活性和土壤微生物多样性之间的关系，现有信息很少 [16]。因此，研究间作系统对枸杞-牧草间作土壤性质、酶活性和微生物特性的影响具有重要意义。

2.4 根系分泌物在种间互作中的生态学意义

植物种间作用对群落结构多样性及生态功能有重要的影响 [127]。前人对植物种内竞争和互利研究较多，而对于种间相互作用的研究较少 [128]。因此，有必要对不同物种植物-植物之间的相互作用及其作用机制进行深入的探究。植物-植物间的化学信号是不同植物之间进行"交流"、"感知"、"响应"的关键"媒介"。不仅能够调控植物的生存和 "表现"，还能影响植物间的共存及群落组装 [129]。越来越多的研究发现根系分泌物是植物-植物间重要的信号物质。根系分泌物中信号物质可能会引起种间互作变化。乙烯、松果内脂、茉莉酸、黑麦草内脂、苯并嗪类和尿囊素是植物根际有效的信号物质，能够激发种内和种间特异性的地下响应。这些根系信号物质的分泌主要由 ATP 结合盒转运子介导 [130]。

2.4.1 根系分泌物的定义及化感活性成分的组成 [55]

根系分泌物是植物根系释放到土壤中的化学物质 [128]，主要来源为健康组织对有机物的释放、衰老组织中表面细胞和细胞内含物的分解、微生物的分解与修饰、植物根系直接分泌等，主要物质包括：渗出液、分泌物质、植物黏液、胶质和分解物等 [131]。其中，黏液和蛋白质类化合物占植物根系分泌物的较大比重，另外小分子化合物，如氨基酸、有机酸、糖类、酚酸类、生物碱和其他的一些次生代谢产物等尽管在植物根系分泌物中所占的比重很小，但具有较强的化感活性 [128,132]。

植物根部化感作用的实现依赖于根系向土壤释放的根系分泌物，化感物质的存在伴随植物整个生长发育周期 [128]，因此，植物化感作用在生态环境中具有举足轻重的地位。许多次生代谢物质对植物防御植食性昆虫和微生物有重要作用，玉米种子释放的阿魏酸在浓度 0.05 mg/g 时对玉米象甲有拒食作用，而绿原酸可以抑制斜纹夜蛾的生长，干扰叶甲的取食行为 [133]。ZHU 等发现棉酚等在棉花抵御烟粉虱侵染过程中发挥重大作用，对成虫和虫卵的抵抗能力均随棉酚含量的多少成正比 [134]。此外，HU 等 [135] 发现小麦和玉米等谷物根部释放一类防御性次生代谢产物—苯并恶嗪类，可在下一代植物中改变与根相关的真菌和细菌群落、减少植物生长、增加茉莉酮酸信号和植物防御、抑制食草动物的取食。Huang 等 [136] 发现斑点矢车菊和西洋蒲公英邻近生长时，斑点矢车菊根系释放的倍半萜类物质在调节植物-植物互作、植物-昆虫互作中发挥着十分重要的作用，并进一步指出入侵植物不仅可以通过资源竞争抑制本地植物，而且可以通过植物间的化学信息交流来改变本地植物与昆虫的互作关系，进而抑制本地植物，降低生物多样性。

黄酮类化合物作为自然界中分布最广泛的酚类化合物，很早就发现豌豆由真菌诱导产生的植保素就是黄酮，后来从豌豆根部分离的黄酮可以吸引真菌 [137]。此外，大豆根分泌的黄酮能够促进灌木菌根真菌的生长 [138]。并且与豆科根瘤菌共生过程中，类黄酮在植物组织和细胞之间运输，并通过根被释放到根际，参与植物-植物相互作用或化感作用，在植物抵御病原菌的侵染、昆虫和食草动物的取食方面发挥重要作用 [139]。单宁作为一类植物与环境相互作用产生的多元酚化合物，在植物体内广泛存在 [140]。目前研究表明，人工饲养的舞毒蛾幼虫取食含有单宁酸、绿原酸的不能完成正常的生长发育，幼虫瘦小，体重质量比对照明显降低，生育期延长 2~4 倍，蜕皮受阻，至 4 龄时全部死亡 [141]。方海涛 [142] 的实验还发现，黄褐天幕毛虫取食外源茉莉酸甲酯处理后蒙古扁桃叶片后，出现生长发育明显受抑制和死亡率增高等现象，并发现这种现象是由叶片内黄酮、单宁酸、木质素含量增加所致。

香豆素是分子结构和大小介于酚酸和黄酮之间的酚类物质，Yan 等在瑞香狼毒中鉴定出的两种重要香豆素类化合物，研究证实香豆素和瑞香草素作为重要的化感物质，抑制莴苣根尖的有丝分裂过程；导致生菜根细胞的活性下降，活性氧产生过剩；最终导致膜脂过氧化和细胞死亡从而抑制受体植物的生长[143]。香豆素和它的衍生物对细菌和真菌的生长均具有抑制作用，在昆虫取食后可作为昆虫防御物质而储存在体内[144]。路康等从豌豆蚜的角度对苜蓿的次生代谢物质儿茶酚和香豆素进行了研究，在相同的人工饲喂条件下发现不同颜色型豌豆蚜对儿茶酚、香豆素的耐受性不同，为进一步研究苜蓿、次生代谢物质、豌豆蚜三者之间的抗性互作机理提供了研究基础和理论依据[145]。

植物次生代谢是植物与环境长期适应结果，次级代谢产物可有效提高植物生存竞争能力[146]。深入研究环境胁迫对植物代谢水平的作用机制和影响因素，将有助于挖掘次生代谢物质在植物生物防治中的应用[147]。植物产生的很多代谢次生物质能影响昆虫的取食和消化吸收，这些数量庞大和生物活性广泛的植物化学成分，对植食性昆虫、微生物或其他植物具有直接或间接的影响，从而通过化感作用进一步影响植物的生态效应[148]。

2.4.2 根系分泌物对微生物群落结构的影响

植物根系分泌物为土壤微生物生长提供所需的营养，根系分泌物成分和数量的差异影响微生物种群结构，反过来，也可以通过改变根系分泌物的成分和数量来调控根际微生物种群结构。根系分泌物为植物-微生物的互作起到"对话"作用[149]。根分泌物成分和含量的差异已被证明会影响微生物的组成和功能，并在根际微生物群的形成中发挥选择性作用[150]。据报道，许多成分可以修饰土壤微生物群，包括糖类[151]、有机酸[152]、氨基酸[153]、苯并恶唑类[135]、三萜类[150]、黑麦草内酯[153]以及小信号分子如酰基高丝氨酸内酯[154]、类黄酮[155]和非蛋白原氨基酸[153]，或水杨酸等植物激素[156]。这些成分可以专门招募有益微生物，并抑制病原体。例如，有机酸(即柠檬酸和苹果酸)可以抑制一些病原体的生长，并招募一些有益微生物在拟南芥根际定殖[157]。香豆素可以塑造唐松草的根际微生物群，并对病原体显示毒性[158]。黑麦与毛叶苕子间作后根系分泌的苯并嗪类能在邻近植物种吸收和转运，并改变间作环境的微生物群落结构 [129]。

2.4.3　根系分泌物对土传病害的影响

根系分泌的有机酸、酚酸和萜类等能够为土壤微生物生长提供能量，不同根系分泌物组分对根际微生物的种类和数量影响不同 [159]。拟南芥根系分泌物中的水杨酸和茉莉酸可以选择特定的微生物类群来调控根际或根际的微生物区系，从而提高植物的抗病能力 [156,160]。张宁等 [161] 研究发现，水稻-西瓜间作模式能促进西瓜根系分泌酚酸、氨基酸和有机酸，继而减轻西瓜枯萎病的发生。玉米-辣椒间作时，玉米根系分泌物能够抑制 *P. capsici* 菌的滋生和蔓延，进而减轻了辣椒疫病的发生 [74]。由此可见，根系分泌物与土传病害有密切联系，根系可以通过分泌特定的化感活性物质抑制病原菌的生长和繁殖 [76]，也可以改变根系分泌物的成分来影响病原菌的生长和繁殖 [162]。Gao 等 [163] 发现，大豆/玉米间作释放的肉桂酸能够显著抑制大豆红冠根腐病的发生。Dong 等 [164] 还报道了番茄/茼蒿间作促进茼蒿根系分泌月桂酸，能够影响根结线虫基因的表达，进而阻止了线虫对番茄的侵染。此外，小麦/西瓜间作体系中，小麦的根系分泌物能通过显著抑制枯萎病菌孢子的生长，来控制西瓜枯萎病的发生 [165]。

2.4.4　根系分泌物通过化感作用影响种间相互关系

植物化感作用是指植物通过向环境中释放化学物质而对其他植物或微生物产生直接或间接的有利或不利影响的过程 [128]。Kong 等对植物化感作用研究发现，植物合成并向环境释放化感物质的种类和数量是受环境生物和非生物因子调控 [166]。在光、温和营养等胁迫条件下，植物化感作用增强，释放到环境中的化感物质也增多 [167]。同样，植物竞争、昆虫危害、动物取食和微生物侵染都可以刺激植物化感物质的释放 [132]。植物还可以通过根系分泌物等直接改变土壤的物理、化学和生物性质，从而造成对自身和其他植物的生长和生产产生影响，即所谓的植物-土壤反馈（plant-soil feedback），即正反馈促进植物生长，负反馈抑制植物生长 [168]。

植物种间化感作用可以通过释放化感物质调节土壤微生物和营养状况，从而建立自身与共存植物生长的微生物群落结构和土壤营养条件 [128]。植物种内化感作用多针对同一种群，也是所谓的自毒作用，是指植物通过分泌或释放有毒化学物质对同种植物种子萌发和生长起到抑制作用的现象 [169]，是通过根系分泌物影响植物连作障碍的主要因素 [170]。因此这些由生物体产生或释放根系分泌物中的化感活性物质可有效地调控生态系统中各生物成员间的相互关系。

许多植物影响共存植物的生长发育是通过根系分泌物释放化感物质改善土壤生物群落而实现的，如入侵霞草的根系分泌物显著抑制了共存苜蓿的两类根际主要细菌金色单胞菌和假单胞菌，而其自身的根际的细菌成为了主要菌群 [171]。矢车菊在原产地分泌具有植物毒性和抗微生物活性的化感物质 8-羟基喹啉，可使周围 90% 的植物致死，而矢车菊入侵北美后根系分泌浓度是原产地的 3 倍，直接导致入侵地土壤微生物群落原有组成的紊乱，进而抑制当地植物的生长、改变土壤微生物群落结构从而排挤本地植物而达到成功入侵的目的 [172]。另一种北美入侵植物葱芥释放的黄酮类化感物质对入侵地植物的丛枝菌根呈现更大的抑制作用，而丛枝菌根的受抑制对于本地植物的生长是不利的 [173]。

综上所述，根据牧草生产及林草间作模式应用的影响现状分析，综合国内外学者对林草间作模式的开发及种间效应作用机理的研究可知，目前关于根系分泌物对土壤、植物及植物根际的研究涉及多个领域，影响涉及众多因素，目前还未形成系统、全面和统一的研究方法，从某一方面展开单一的研究，都不能使研究取得预期结果。整体而言，相对系统地研究林草间作模式的开发及根系分泌物对间作模式下种间关系影响的研究较少。基于此，本研究以宁夏 10 种主要的牧草资源为研究对象，在区域研究的基础上结合微观尺度，开发适合宁夏当地生产的枸杞-牧草间作模式，明确土壤环境及根系分泌物对间作模式中种间互作所做出的响应；采用多学科交叉的研究方式，运用草地学、林学、生态学、土壤学、地理学、数学模型等相关学科的知识，将定性分析与定量分析相结合，剖析种间互作效应对枸杞-牧草间作模式的影响规律，从另一个全新角度来开发牧草生产的问题，同时与探究间作模式下的种间互作关系相结合，既缓解草原生产力下降、牧草供给不足等问题，又为林草间作模式的推广应用提供科学依据。

3　提出科学问题

现代农业生产中的间作模式具有多样性。林草间作模式作为其中一个重要的分支领域，能否合理利用该模式提高土地资源利用，解决牧草短缺、质量下降，完善种间相互作用关系，对指导宁夏一熟制地区农林牧业生产将具有重要意义。综合分析发现，林草间作在当前研究中仍面临如下诸多问题：

（1）现代农业生产间作模式具有多样性，目前间作研究主要集中在系统优化配置[46]、间作不同物种的生态位互补效应[174]、林草间作在改良土壤[175]和提高果实品质上[116]的应用等领域的研究。枸杞-牧草搭配的间作模式是否能获得产量优势？选择效应和补偿效应在农业生态系统中是如何变化的，目前未有研究报道。

（2）不同牧草与枸杞间作模式的种间互作是否存在差异？植物种间互作是一个连续且累积的过程，影响植物的环境适应性和生存能力[176]。最近几年通过环境变量的控制试验对植物间作模式中种间互作效应的研究越来越多，并取得显著效果[101]。但对清耕为主的枸杞间作材料的研究很少，对枸杞-牧草间作模式下植物生长、土壤肥力及土壤微生物变化是否存在变化，更是缺少报道。

（3）根系分泌物在植物种间互作中扮演什么角色？根系分泌物是植物-植物、土壤-微生物、微生物-微生物"交流"的媒介，在植物生长发育、提高植物抗性和适应能力方面发挥不可忽视的作用。短花针茅、无芒隐子草和冷蒿 3 种荒漠草原优势植物根系分泌物在显著提高土壤养分含量的同时还能提高植物对土壤微环境的适应性 [177]。那么，根系分泌物在枸杞-牧草间作模式的农业生态系统中，发挥着怎样的作用？值得我们深究。

（4）根系分泌物如何影响土传病害的发生？现代农业生产中，单一化种植模式在提高产量的同时也增加了病虫害暴发的风险。大量研究发现，相对于单一种植，间作模式能够有效稀释植物病原菌、并通过物理作用阻隔病害传播，同时改善田间小气候降低病害发生的严重度 [74]。研究者发现禾豆间作模式下根际土壤中酚酸的种类和浓度是抑制土壤疫病的关键因素 [73]。那么，枸杞-牧草根系分泌物在根腐病发生中扮演怎样的角色？都缺乏进一步证据。

第 2 部分
研究区概况和研究内容

1　研究区概况

1.1　地理位置

研究包括温室和田间试验，其中温室试验：试验时间始于 2019 年 3 月至 2021 年 10 月；地点在宁夏农林科学院枸杞科学研究所园林场温室（东经：106°16′，北纬：38°20′）。田间试验：试验时间始于 2019 年 4 月至 2021 年 10 月在中宁天景山中杞集团枸杞生产基地（东经：105°67′，北纬：37°48′），2021 年 5 月至今在宁夏农林科学院科学研究所园林场试验田对所筛选出优势间作组合进行区域试验（图 2-1）。

1.2　气候水文

本研究安排在中杞集团枸杞生产基地和宁夏农林科学院枸杞科学研究所园林场温室及试验田。其中，中宁县天景山，年平均气温 9.5℃，海拔 1 190 m，无霜期为 159~169 d；光热资源丰富，日照时间长（2 500~3 000 h），太阳辐射 5 864~6 100 MJ/（m²·yr），有效积温高（≥10℃积温 2 500~3 000℃），昼夜温差大（日较差 12.9~16.5℃）；年平均降水量为 199 mm，年平均蒸发量 1 830~1 950 mm；研究区属温带大陆性季风气候，四面环山，光照充足，干旱少雨，蒸发强烈，有效积温高，风大沙多，日照时间长、昼夜温差大。

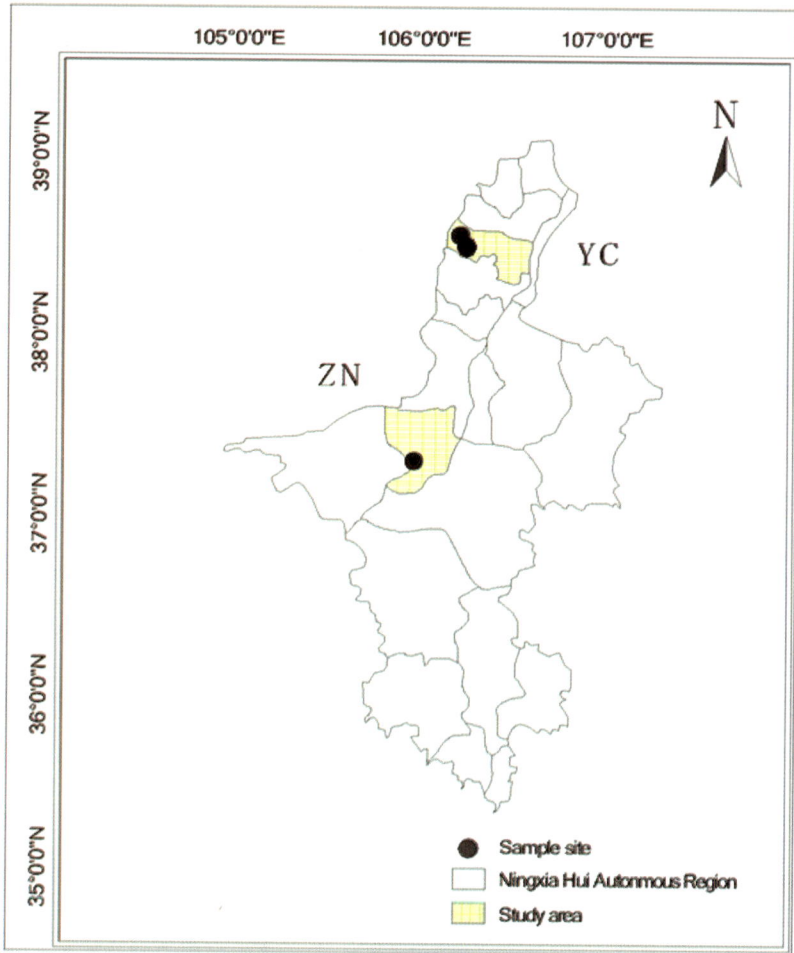

图 2-1　研究区位置图

Figure 2-1 Geographic position of each study areas

　　宁夏农林科学院枸杞工程所园林场温室及试验田位于宁夏银川市西夏区（东经：106°16′，北纬：38°20′），年平均气温 8.5℃，海拔 1 100 m，无霜期为 157 d；日照时间长（2 800~3 000 h），太阳辐射 6 000 MJ/（m²·yr）以上，≥10℃积温达 3 000℃，昼夜温差大（日较差 12~15℃）；年平均降水量为 203 mm，年平均蒸发量 1 600 mm 以上；研究区属中温带大陆性气候冬寒长、春暖快、夏热短、秋凉早，干旱少雨，日照充足，蒸发强烈，昼夜温差大等。

　　2019—2021 年研究区枸杞与行间牧草生育期在 3 年 2 地的日气温变化整

体趋势一致，最高日气温出现在 7—8 月。其中，2019 年枸杞单独生长时，有大约 10 d 左右的日气温低于其他两年，在 2020 年植物生育期内，有低温的极端天气出现。

1.3　试验地土壤条件

中宁天景山、银川园林场 0~40 cm 土壤状况见表 2-1，温室试验用土取自中宁天景山 0~20 cm 土层，土壤状况同中宁天景山0~20 cm 土壤。

表 2-1　2019—2021 年 3个试验点播前耕层土壤〔0~40 cm〕基本理化性质

Table 2-1 Soil properties in 0~40 cm soil layer used in 2019—2021 before sowing at three sites

试验地 Site	中宁 & 温室 Zhongning & Greenhouse		银川 Yinchuan	
耕层 Soil layer	0~20 cm	20~40 cm	0~20 cm	20~40 cm
pH（5：1）	8.56	8.51	8.16	8.21
电导率 Electrical Conductivity（EC：ms/cm）	0.73	0.67	0.25	0.33
全氮 Total Nitrogen（TN：g/kg）	0.37	0.36	0.56	0.64
全磷 Total Phosphorus（TP：g/kg）	0.48	0.42	0.7	0.61
全钾 Total Potassium（TK：g/kg）	19.44	18.92	19.8	19.2
速效钾 Rapidly Available Potassium（AK：mg/kg）	183.97	82.93	232	510
速效磷 Rapidly Available Phosphorus（AP：mg/kg）	56.7	50.53	21.2	63
有机碳 Organic Carbon（TOC：g/kg）	4.35	4.42	4.78	6.89
有机质 Organic Matter（OM：g/kg）	7.5	6.61	8.24	10.3
铵态氮 Ammonium Nitrogen（AN：mg/kg）	43.96	42.23	35.43	49.13
硝态氮 Nitrate Nitrogen（NN：mg/kg）	8.53	8.1	8.57	14.87
含水量 Moisture Content（MC：%）	5.65	8.02	—	—
土壤容重 Bulk Density（BD：g/cm³）	1.51	1.39	—	—

1.4　供试材料

黑麦草、紫花苜蓿、白三叶草、饲料甜菜、针茅、苦豆子、冰草、燕麦、甜高粱及禾本科混配草种"绿园 5 号"和枸杞的选用品种和来源如表 2-2 所示。10 种草均可作为饲用型牧草，与枸杞间作共同组成枸杞-黑麦草 （wolfberry-ryegrass）、枸杞-紫花苜蓿（wolfberry-alfalfa）、枸杞-白三叶 （wolfberry-white clover）、枸杞-饲料甜菜（wolfberry-mangold）、枸杞-针茅 （wolfberry-stipas）、枸杞-苦豆子（wolfberry-kudouzi）、枸杞-冰草（wolfberry-wheatgrass）、枸杞-燕麦（wolfberry-oats）、枸杞-甜高粱（wolfberry-sweet sorghum）、枸杞-绿园 5 号（wolfberry-Lvyuan 5）10 种间作模式，用于温室和田间间作模式的筛选和间作优势组合的开发。

表 2-2　供试品种（系）来源

Table 2-2 Tested cultivars and origins

材料 Material	品种（系） Cultivar	生育期 Growing period/d	来源 Origin
枸杞 Wolfberry(*Lycium barbarum* L.)	401	多年生	宁夏农林科学院枸杞科学研究所
苦豆子 Kudouzi(*Sophora alopecuroides* L.)	野生种	多年生	盐池县四墩子基地及周边
绿园 5 号 Lvyuan 5(*Poaceae* L.)	绿园 5 号	多年生	宁夏远声绿阳草业生态工程有限公司
燕麦 Oat(*Avena sativa* L.)	利锋	100	
针茅 Sipas(*Stipa lessingiana* Trin. et Rupr.)	细叶针茅	多年生	
冰草 Wheatgrass(*Agropyron cristatum* Gaertn.)	扁穗冰草	多年生	
黑麦草 Ryegrass(*Lolium perenne* L.)	绅士	多年生	
甜高粱 Sweet sorghum(*Sorghum bicolor* L.)	海狮	125	
苜蓿 Alfalfa(*Medicago sativa* L.)	陇东	多年生	
白三叶草 White clover(*Trifolium repens* L.)	瑞文德	多年生	
饲料甜菜 Mangel(*Betu Vulgaris* L.)	农牧 1 号	135	

2　研究目标

（1）以宁夏主要牧草资源为研究对象，通过建立 10 种枸杞-牧草间作模式，筛选 1~2 种适合牧草生产和枸杞生长的优势枸杞-牧草间作模式，为牧草生产和畜牧养殖业开辟新途径；

（2）研究枸杞-牧草间作模式对牧草生长和产量的影响，较为全面地掌握牧草对枸杞-牧草间作模式的响应，为枸杞-牧草间作模式的应用形成丰富的理论基础；

（3）探索枸杞-牧草在不同种植模式下的根系分泌物、土壤微生物等组成及差异变化，为枸杞-牧草间作种间关系和相互作用机制研究提供理论依据；

（4）揭示根系分泌物缓解根腐病发生的机制，为牧草抗病生产提供参考。

3　研究内容

本研究以宁夏主要牧草资源为研究对象，在中宁天景山和银川园林场设置研究区，建立 10 种牧草与枸杞的间作模式，通过测定土地生产力、种间竞争力、生产效益等，初步筛选适合枸杞生产和牧草种植的枸杞-牧草间作模式；通过分析不同种植模式对植物生长、产量、营养和生理变化的影响，进一步开发枸杞-牧草间作模式；通过测定土壤理化性质、酶活性和微生物，确定间作模式对土壤质量状况的影响，最后以根系分泌物对间作模式的影响为切入点，明确枸杞-牧草间作模式下的种间关系和相互作用机制。研究内容如下：

（1）枸杞-牧草间作模式开发研究

本项目以宁夏主要牧草资源为研究对象，以温室和田间试验为基础，结合林草间作及生态学研究最新进展和分析方法，通过计算土地当量比

（LER）、单作加权平均生产力，分析间作模式生产力，计算种间竞争中侵占力（Af）、相对拥挤系数（K）、竞争比率（CR）、货币优势指数（MAI）等，初步筛选出具有间作优势的枸杞-牧草间作组合。

（2）枸杞-牧草间作模式对植物生长的影响研究

运用林草间作最新研究方法，对遴选出具有间作优势的枸杞-牧草间作模式开展间作植物指标测定试验，其中包括形态、产量、光合作用、营养、生理及植物病虫害调查等，为进一步建立科学合理的牧草间作种植模式提供科学依据。

（3）枸杞-牧草间作模式对土壤微生态的影响

对遴选出具有间作优势的组合进一步研究土壤理化性质、酶活性和土壤微生物群落结构的关系，采用《土壤农化分析》、土壤酶活性试剂盒法及高通量测序等方法，运用 RDA 分析、聚类分析、主成分分析法及多元统计分析等方法，揭示不同种植模式对牧草土壤的影响。

（4）根系分泌物在种间互作中的作用研究

本研究采用水培法获得牧草、枸杞及间作模式下的根系分泌物，通过处理枸杞和牧草种子萌发，明确根系分泌物对枸杞和牧草种子萌发和生长的影响；通过形态学和分子生物学鉴定，利用 Gen Bank 数据库进行多重序列匹配排列分析，用 MEGA-X 程序包中的 Neighbor-Joining 法构建系统进化树，明确根腐病的主要病原菌；进一步用根系分泌物处理病原菌，明确根系分泌物与病原菌的互作效应，为枸杞-牧草间作缓解土传病害提供理论依据。

（5）根系分泌物组成及不同种植模式下差异代谢物筛选

利用软件 Analyst 1.6.3 处理质谱数据，基于迈维本地代谢数据库，对样本的代谢物进行了质谱定性定量分析；用 MultiaQuant 软件进行色谱峰的积分和校正工作，以确定检测物质的相对含量；进一步采用监督性的多维统计方法高级 OPLS-DA 对代谢物表达量与样本类别之间的相关性进行建模分析，获得多变量分析 OPLS-DA 模型的变量重要性投影（VIP），初步筛选出不同处理下的差异代谢物；根据不同枸杞-牧草间作模式下差异代谢物火山图、条形图和相关性分析等，明确不同单作和间作组合下的差异代谢物。

（6）差异代谢物与土壤微生物及环境因子的关系研究

将间作模式下差异代谢物和土壤微生物群落结构进行和弦图等相关分析，明确具体根系分泌物与土壤微生物之间的关系；进一步分析不同种植模式下牧草根系分泌物与土壤环境因子、植物生长、病虫害等的相关性，明确具体差异代谢物在枸杞-牧草间作模式中的作用，为揭示种间互作效应及间作模式的开发和应用提供科学依据。

4　研究思路和技术路线图

本研究思路是在探索科学问题的基础上，通过田间和温室调查、样品采集、室内试验等，开展枸杞-牧草间作模式及其种间互作效应研究，根据宁夏地区畜牧业发展对饲草需求，建立 10 种枸杞-牧草间作模式，通过测定土地生产力、种间竞争力，初步筛选适合枸杞生产和牧草种植的枸杞-牧草间作模式；在此基础上对不同枸杞-牧草种植模式下枸杞和牧草生长、产量、营养和生理等方面进行测定，分析各间作模式对枸杞和牧草的影响，进一步筛选最优的枸杞-牧草间作模式；进一步测定和分析了枸杞-牧草种植模式下土壤微生态因子和根系分泌物变化，揭示间作模式下的种间互作效应。研究内容涉及畜牧业、林业、土壤学、生态学和草地学等。研究结果将形成一种新的牧草生产模式，在缓解养殖业对饲草需求的同时，对宁夏地区植被恢复、土地合理利用、推动生态建设均具有重要的现实意义。技术路线如图2-2所示。

枸杞-牧草间作模式及其种间互作效应研究

单作体系

黑麦草	针茅
燕麦	冰草
甜高粱	白三叶
苦豆子	饲用甜菜
绿园 5 号	紫花苜蓿

园林场温室
始于 2019
中宁天景山
开垦 4 年土壤

间作体系

枸杞-黑麦草	枸杞-针茅
枸杞-燕麦	枸杞-冰草
枸杞-甜高粱	枸杞-白三叶
枸杞-苦豆子	枸杞-饲用甜菜
枸杞-绿园 5 号	枸杞-紫花苜蓿

补偿效应

- 土地当量化
- 单作生产力
- 间作生产力
- 种间竞争力

选择效应

生产力优势

不同枸杞-牧草
间作种植模式
开发研究

枸杞-牧草间作系统对植物生长的影响研究

枸杞-牧草间作模式

植物指标测定

- 叶片光合参数
- 形态指标及产量
- 牧草营养
- 牧草生理及养分
- 病虫害调查

土壤指标测定

- 物理性质测定
- 化学性质测定
- 土壤微生物测定
- 土壤酶活性测定

枸杞-牧草间作系统根系分泌物对种间相互关系的影响

根系分泌物收集

- 种子萌发试验
- 土壤中关键化合物鉴定
- 根系分泌物对根腐病影响
- 根系分泌物与微生物关系

枸杞-牧草间作模式种间相互关系研究

开发科学合理的牧草间作模式，明确种间互作效应及根系分泌物在间作模式中的应用

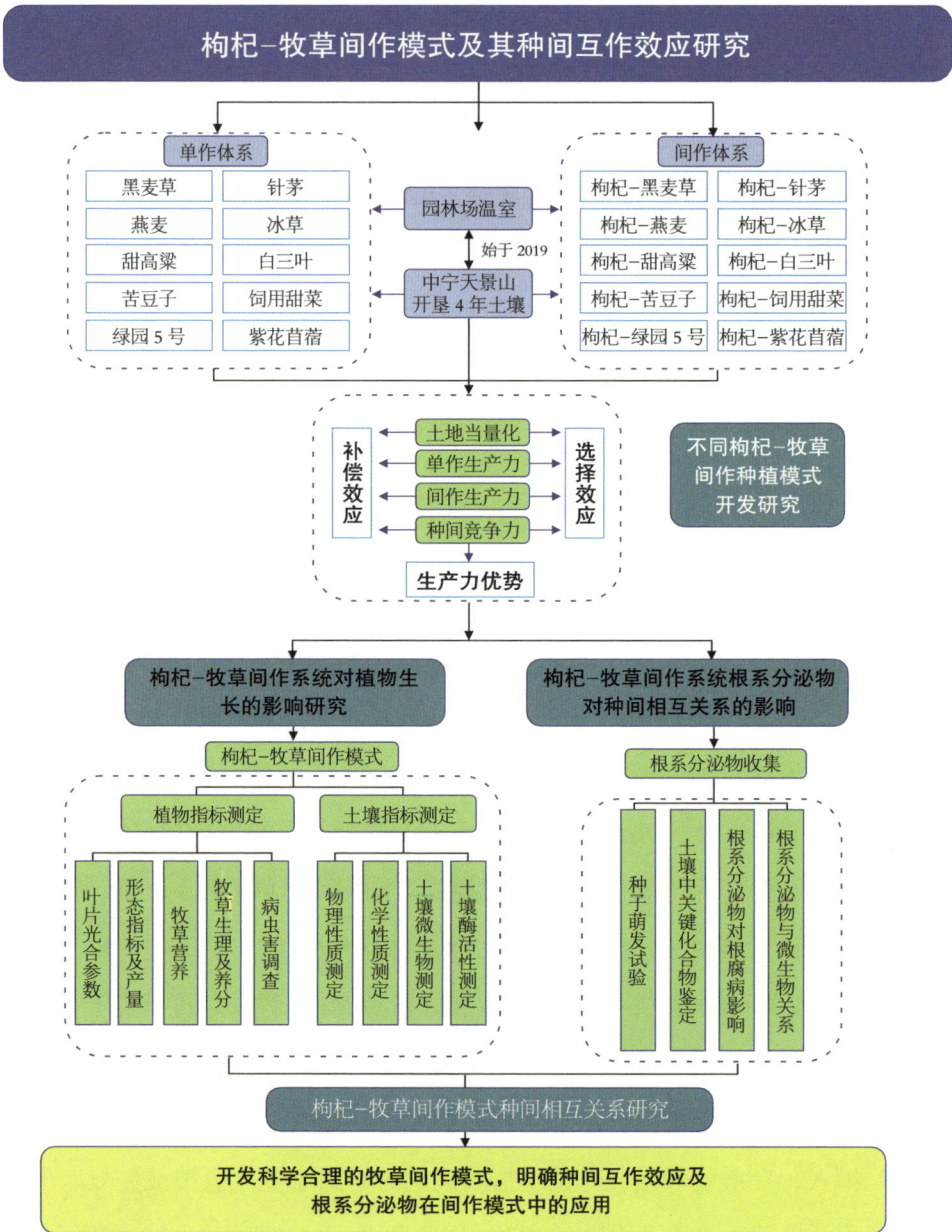

图 2-2 技术路线

Figure 2-2 Technology line

第 3 部分
枸杞–牧草间作模式开发研究

1 引言

传统耕作农业生产方式所导致的水源污染、土壤养分失衡与退化问题已严重威胁到农业生态系统的生产力和稳定性，传统耕作农业自身也面临严重危机 [178]。在保证口粮绝对安全、谷物自给的前提下，我们已经没有多余的耕地大规模生产饲料粮，因此亟需一种土地及资源利用效率高、产量风险小、对环境友好的高效农业生产途径 [179,180]。林草间作能够针对性地在同一土地上将林木和草在时空分布上形成有机结合，在有效缓解农林争地的同时，推进农、林、牧、副业的增产增收 [181]，现已在苹果 [182]、梨 [183,184]、桃 [185] 等果树上广泛应用，多以在经济林木行间间作豆科或禾本科植物，或者以行间自然生草作为覆盖物的间作模式，推广时间久，发展成熟。枸杞生产和畜牧业是宁夏最具地方优势特色的产业 [186,187]。目前，全区枸杞总种植面积达 35 万亩，且多年来一直采用清耕方式 [188]，因此，从土地资源有效利用方面出发，枸杞行间可为牧草生产提供充足的种植条件和发展空间。

间作系统通常具有更高的生物产量，选择适宜的品种组成间作系统，是一种有效缓解动物饲料供应危机的可行种植方式 [189]。刘忠宽等 [190] 研究发现，在农牧并重地区，间作可显著提高土地资源的利用率，是农业和畜牧业保持高效可持续发展的重要保障。实行间作种植可以充分利用边际效应而使间作植物获得高产。因此,本研究综合考虑牧草种植现状和间作能有效而充分地利用土地等因素,对宁夏地区的枸杞和 10 种牧草资源进行间作,并对其土地生产力、种间竞争力和生产效益等方面进行研究,以期从中获得更高的经济效益并指导农业生产,同时为后续间作优势的种间互作效应研究提供基础。

2 材料与方法

2.1 试验设计

试验采用随机区组,于 2019 年 4 月—2021 年 10 月在中宁天景山进行连续 3 年的田间试验,共计 21 种处理(10 种枸杞-牧草间作+1 枸杞单作+10 牧草单作);于 2019 年 9 月—2021 年 4 月在银川园林场进行温室试验,共计 21 种处理(10 种枸杞-牧草间作+1 枸杞单作+10 牧草单作);银川田间试验点经三年两地田间和温室的筛选试验后建立,于 2021 年 4 月在银川园林场 15 号地进行区域试验,共计 11 种处理(5 种枸杞-牧草间作+1 枸杞单作+5 牧草单作),因区域试验建立时间只有 1 年,因此只对 1 年生枸杞和当年生牧草进行了数据检测和观察试验,并未用于第 3 部分分析,旨在为间作对不同生长年限枸杞和牧草的影响提供数据支撑;此外,与中宁 3 年试验后土壤状况进行对比,了解时间积累对间作模式土壤的影响。其中中宁天景山田间试验小区面积 90 m×80 m=7 200 m²;15 号地小区面积 50 m×50 m=2 500 m²。温室试验采用控根器栽培,每处理重复 6 次,共计控根器 220 个。各种植模式在各年各地的具体安排如表 3-1 所示。

2.2 温室及田间试验

2.2.1 温室及田间试验管理

田间试验:根据前人研究发现,间作行配置(同一植物行距和两种植物

表 3-1　不同种植模式在各试验点的种植安排

Table 3-1 Planting arrangement of different planting patterns in each experimental site from 2019 to 2021

种植模式 Cropping system	试验地 Sites		
	温室 Greenhouse	中宁 Zhongning	银川 Yinchuan
枸杞-黑麦草 Wolfberry-ryegrass	○△☆	○△☆	☆
枸杞-燕麦 Wolfberry-oats	○△	○△☆	
枸杞-甜高粱 Wolfberry-Sweet sorghum	○△	○△	
枸杞-苦豆子 Wolfberry-Kudouzi	○△	○△	
枸杞-绿园 5 号 Wolfberry-Lvyuan 5	○△	○△☆	
枸杞-针茅 Wolfberry-Stipas	○△☆	○△☆	☆
枸杞-冰草 Wolfberry-Wheatgrass	○△	○△☆	
枸杞-白三叶 Wolfberry-White clover	○△☆	○△☆	☆
枸杞-饲料甜菜 Wolfberry-Mangold	○△☆	○△☆	☆
枸杞-紫花苜蓿 Wolfberry-Alfafa	○△☆	○△☆	☆

注：○ 表示在 2019 年种植；△ 表示在 2020 年种植；☆ 表示在 2021 年种植。

Notes：○ is defined as 2019；△ is defined as 2020；☆ is defined as 2021.

间作距离）通过冠层形态，光合有效辐射和种间竞争关系等共同作用影响 LER [191,192]。田间枸杞冠幅约 1 m，行距 3 m，参考 Feng 等研究结果中当两种植物带宽 1∶1 或 2∶2 时间作模式 LER 显著增加 [193]。因此，在距离枸杞植株 1 m 处拉线条播，即牧草播种宽度 1 m；为控制行间杂草滋生和生产管理成本，牧草播种量在种子生产实践基础上增加 25%；间作牧草的播种量和密度均与相应单作相同。试验区是宁夏农林科学院枸杞科学研究所的优新品系试验基地，因此试验是在保证水肥充足的前提下进行，在牧草播种前，有机肥、复合肥随翻耕施入；灌水方式采用滴灌系统，牧草全年灌水定额在枸杞栽培基础上于牧草行间增加一条滴灌带，总灌水达 360 m³/667 m²；其他管理同枸杞田间管理，且不施用任何杀菌剂及杀虫剂；不同处理之间保留 3 m 空白对照。田间试验中黑麦草、绿园 5 号、苜蓿、白三叶、冰草均采用秋播（2018 年 9 月 10 日播种），燕麦、针茅、甜高粱、苦豆子、饲料甜菜均分别在 2019 年、2020 年、2021 年各年 3 月 10—20 日之间播种。黑麦草、绿园 5 号、冰草、苜蓿和白三叶每年分别割 4 茬、4 茬、4 茬、5 茬、3 茬（第一茬在各年 5 月 1—10 日，最后一茬在各年 10 月 10—15 日）；燕麦、针茅于各年 6 月 25—28 日进行刈割，燕麦随后翻耕播种第 2 茬，燕麦、针茅于各年 10 月 1—10 日刈割第二茬；饲料甜菜、甜高粱和苦豆子每年 1 茬，于每年 8 月 25—28 日进行收割。刈割时黑麦草、绿园 5 号、冰草、针茅处于孕穗期，苜蓿和白三叶处于现蕾期，燕麦处于抽穗期，饲料甜菜处于块根生长末期、甜高粱处于乳熟期、苦豆子处于鼓粒期。以上牧草除饲料甜菜穴播外其他均采用小型播种机进行条形播种。

温室试验：（1）试验用土取至中宁天景山生荒地 0~30 cm 土层原土；（2）容器采用控根器（直径 40 cm、高 50 cm），枸杞为嫩枝扦插营养袋苗；（3）枸杞定植于容器中央，待生长稳定后，除饲料甜菜 10 cm 外其他牧草均在 5 cm 外采用圆形条播对各牧草种子进行播种（处理组），以牧草和枸杞单作为对照组；（4）播种量在种子生产实践基础上增加 25%；（5）除枸杞和播种牧草材料，其他杂草一经出现即可拔除。温室不受生长季节的限制，试验材料均与 2019 年 9 月 8 日播种后，各牧草材料刈割时期同田间试验；黑麦草、绿园 5 号、苜蓿、白三叶、针茅、冰草、苦豆子、饲料甜菜、甜高粱、燕麦每年分别刈割 6 茬、6 茬、7 茬、5 茬 、4 茬、6 茬、1 茬、2 茬、2 茬、3 茬；饲料甜菜、甜高粱、燕麦在上一茬收割后，继续翻耕播种。

2.2.2 单间作种植规格

单作种植规格：试验在温室和田间同时开展黑麦草、苜蓿、白三叶、绿园 5 号、饲料甜菜、针茅、苦豆子、冰草、燕麦、甜高粱 10 种单作的种植，具体种植规格见表3-2、图3-1。

表 3-2　不同种植模式在各试验点的单作种植规格

Table 3-2 Monoculture specifications for each test site from 2019 to 2021

种植模式 Cropping system	温室 Greenhouse				大田 Field			
	行距/cm Row distance	株距/cm Plant distance	播种量/ (g·m⁻²) Seeding rate	深度/cm Depth	行距/cm Row distance	株距/cm Plant distance	播种量/ (g·m⁻²) Seeding rate	深度/cm Depth
黑麦草 Rryegrass	2	—	7.5	2	10	—	4.5	3
燕麦 Oats	4	—	45	3	15	—	22.5	4
甜高粱 Sweet sorghum	5	—	7.5	3	30	—	3.5	4
苦豆子 Kudouzi	3	—	7.5	3	20	—	3	3
绿园 5 号 Lvyuan 5	2	—	7.5	2	10	—	4.5	3
针茅 Stipas	1	—	8	0.5	10	—	3.5	1
冰草 Wheatgrass	4	—	4.5	1.5	20	—	2.5	1.5
白三叶 White clover	3	—	15	1	15	—	5	1.5
饲料甜菜 Mangold	10	10	6	2	30	20	3	3
紫花苜蓿 Alfafa	3	—	6.5	1.5	15	—	3.5	2

间作种植规格：开展枸杞-黑麦草、枸杞-苜蓿、枸杞-白三叶、枸杞-绿园 5 号、枸杞-饲料甜菜、枸杞-针茅、枸杞-苦豆子、枸杞-冰草、枸杞-燕麦、枸杞-甜高粱 10 种间作模式的种植，其中田间枸杞植株与牧草的间距为 1 m，即枸杞-牧草间作模式下枸杞种植及冠幅垂直覆盖面积占整个间作区域的 30%，牧草覆盖面积约 33%，用于人工和机械操作的面积约为 40%。根据行间 1 m 覆盖牧草原则，牧草条播行距适当进行调整，见表 3-3。枸杞间作黑麦草、针茅、绿园 5 号和冰草时，牧草行距均为 10 cm，且种植面积占整个 3 m 行间距的 33.33%。燕麦、白三叶和紫花苜蓿与枸杞间作时，牧草行距 15 cm，

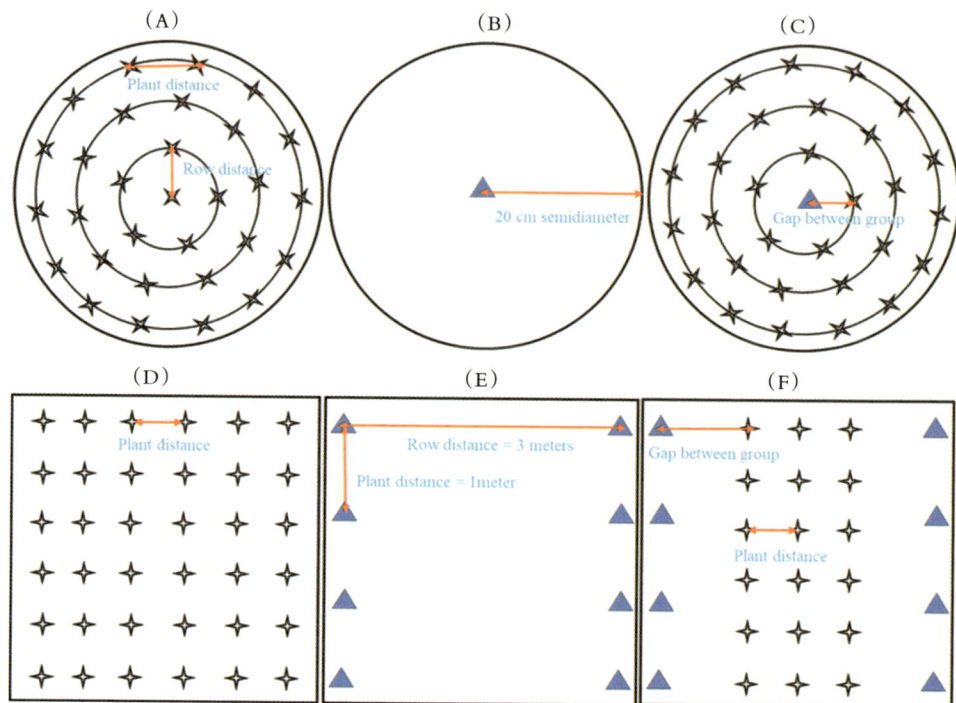

图 3-1　单作和间作种植示意图

Figure 3-1 Schematic diagram of plants monoculture and intercropping

注：✦表示牧草；▲表示枸杞。（A）温室牧草单作；（B）温室枸杞单作；（C）温室枸杞/牧草间作；（D）田间牧草单作；（E）田间枸杞单作；（F）田间枸杞/牧草间作。

Notes：✦ means forage；▲ means wolfberry.　（A）：Sole forage in greenhouse；（B）：Sole wolfberry in greenhouse；（C）：Wolfberry/ forage intercropping in greenhouse；（D）：Sole forage in field；（E）：Sole wolfberry in field；（F）：Wolfberry/ forage intercropping in field.

可种植 8 行，牧草种植面积占 35%。甜高粱与枸杞间作时，牧草行距 30 cm，可种植 4 行，牧草种植面积占 30%。苦豆子与枸杞间作时，苦豆子行距 20 cm，可种植 6 行，牧草种植面积占 33.33%。饲料甜菜与枸杞间作时，饲料甜菜行距 50 cm，可种植 3 行，牧草种植面积占 33.33%，见表 3-3、图 3-2。

2.3　测定指标及方法

2.3.1　牧草地上生物量及产量测定

田间各牧草材料根据第 3 部分 2.2.1 中刈割时间，每处理采用 5 点取样，

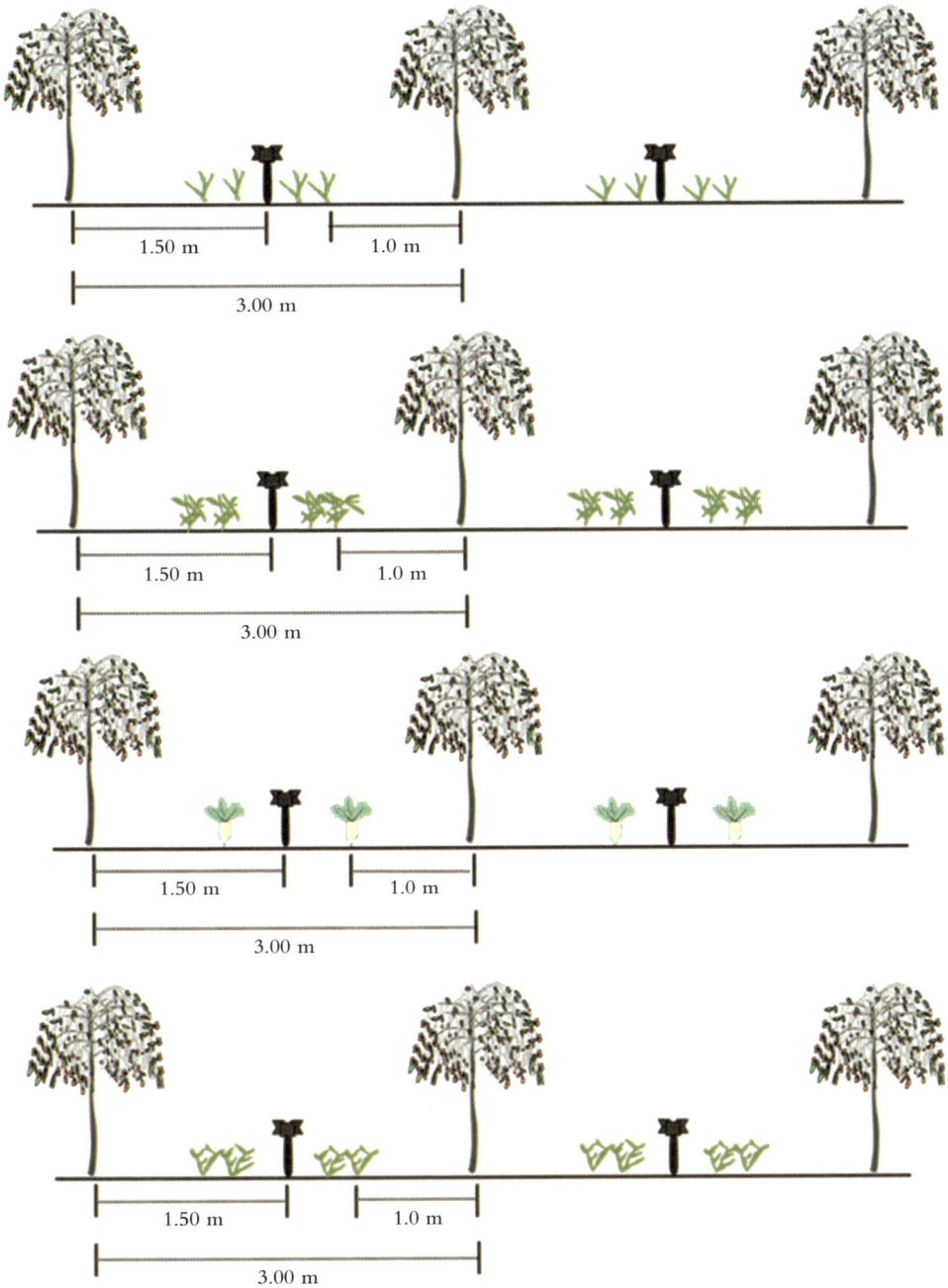

图 3-2　田间间作种植示意图

Figure 3-2 Schematic diagram of plants intercropping in field.

注：每行枸杞两边播种相同的牧草为一个处理。

Notes：Each row of lycium berry was sown with the same forage on both sides for a treatment.

表 3-3　不同种植模式在各试验点的间作种植规格

Table 3-3 Intercropping specifications for each test site from 2019 to 2021

种植模式 Cropping system	大田 Field			
	行距/cm Row distance	株距/cm Plant distance	行数 Number of lines	组合间距/cm Gap between group
枸杞-黑麦草 Wolfberry-Ryegrass	10	—	11	100
枸杞-燕麦 Wolfberry-oats	15	—	8	97.5
枸杞-甜高粱 Wolfberry-Sweet sorghum	30	—	4	105
枸杞-苦豆子 Wolfberry-Kudouzi	20	—	6	100
枸杞-绿园 5 号 Wolfberry-Lvyuan 5	10	—	11	100
枸杞-针茅 Wolfberry-Stipas	10	—	11	100
枸杞-冰草 Wolfberry-Wheatgrass	10	—	11	100
枸杞-白三叶 Wolfberry-White clover	15	—	8	97.5
枸杞-饲料甜菜 Wolfberry-Mangold	50	20	3	100
枸杞-紫花苜蓿 Wolfberry-Alfafa	15	—	8	97.5

其中饲料甜菜每点选 1 m 样段取全株，称取鲜重，随后在烘干房放置烘干；其他 9 种牧草选取 1 m² 样方刈割，均留茬 5 cm，每处理全部收获后称重，根据每年收割茬数，统计牧草总生物产量（鲜重）。其中温室试验是整个控根器全部收获测产，饲料甜菜取全株，其他 9 种牧草留茬 5 cm，根据每年收割茬数，统计牧草总生物产量（鲜重）。

2.3.2　枸杞生物量及产量测定

对温室枸杞所有单作及间作处理下枸杞新生枝条的个数、枝条长度、叶面积大小等进行统计；完整统计温室枸杞一年的枝条修剪量，并记录总重，作为温室枸杞新增生物量；统计数据用于温室枸杞生长量和不同牧草生物量的间作 LER 的计算。田间随机选取单作及间作处理下 6 株枸杞树，统计每株枸杞新生枝条的个数、枝条长度、叶面积大小等；完整统计单作及间作处理下 6 株枸杞树一年的枝条修剪量（包括修剪枝、萌蘖、徒长枝等），并记录总重，与枸杞果实产量之和作为田间枸杞新增生物量；另采摘周期为 8 d，从收获第 1 批鲜果开始至秋果结束记录总产量，枸杞采摘后，每个处理随机选取 20 粒枸杞果实，并记录单果重；统计各处理枸杞单株产量，计算出每亩枸杞果实产量。统计数据用于田间枸杞新增生物量、枸杞果实产量和不同牧草生物量的间作 LER 的计算（鲜重）。其中尺子用于测定新生枝条长度、LA–S 植物图像分析仪进行枸杞叶面积测定等。

2.3.3　不同枸杞–牧草间作模式产量优势调查

土地当量比（Land equivalent ratio，LER）是衡量间混作比单作增产程度的一项指标。计算公式如下 [194]：

$$LER = Y_{inter\_a} / Y_{mono\_a} + Y_{inter\_b} / Y_{mono\_b}$$

例如枸杞与黑麦草间作时，其表达式为：土地当量比 *LER*=（枸杞间作时的产量÷枸杞单作时的产量）＋（黑麦草间作时的产量÷黑麦草单作时的产量）。若 *LER* 大于 1，即表示间作比单作拥有更高的产量效益。当 *LER* 为 1.5 时，即表示间作模式可增产 50%。

2.3.4　单作模式加权平均生产力

本研究采用加权平均法，将单作枸杞或牧草产量或生物量根据它们在间作系统所占面积进行加权平均。单作加权平均产量或生物量计算如下 [195]：

$$\text{Weighted mean} = Y_{mono\_a} \times O_a + Y_{mono\_b} \times O_b$$

其中，Y_{mono_a} 和 Y_{mono_b} 分别表示枸杞或牧草 a 和 b 单作时籽粒产量或生物量，O_a 和 O_b 分别表示植物 a 和 b 在间作模式中所占的面积比例。

2.3.5　种间竞争力

（1）侵占力（Aggressivity，A）

侵占力指间作模式下一种植物对另一种植物在水分、养分等产量形成相关资源的竞争能力，计算公式如下 [196]：

$$A_{fw} = Y_{fi} / (Y_{fm} \times Z_f) - Y_{wi} / (Y_{wm} \times Z_w)$$

式中，A_{fw} 指牧草（forage grass）相对于枸杞（wolfberry）的竞争能力。Y_{fi} 和 Y_{fm} 分别指间作总面积上牧草的鲜草产量和单作牧草的鲜草产量；Y_{wi} 和 Y_{wm} 分别指间作总面积上枸杞和单作枸杞的全年生产量；Z_f 和 Z_w 分别指牧草和枸杞占间作模式总面积的比例。

（2）相对拥挤系数（Relative crowding coefficient，K）

为了评定间作系统内种间竞争力的大小，Wit [197] 在植物竞争理论中引入了相对拥挤系数。K 值在间作研究中用来衡量间作优势和间作群体中不同组分主导地位，且基于产量指标 [198]，其计算公式为：

$$K_f = Y_{fi} \times Z_w / \{ (Y_{fm} - Y_{fi}) \times Z_f \}; \quad K_w = Y_{wi} \times Z_f / \{ (Y_{wm} - Y_{wi}) \times Z_w \}$$

式中，K_f 和 K_w 分别为牧草和枸杞的相对拥挤系数，两者相比数值较大的一方表示其具有更强的竞争力。Y_{fi} 和 Y_{fm} 分别指间作牧草和单作牧草的鲜草产量；Y_{wi} 和 Y_{wm} 分别指间作枸杞和单作枸杞的全年生产量；Z_f 和 Z_w 分别指牧草和枸杞占间作模式总面积的比例。

（3）竞争比率（Competitive ratio，CR）

竞争比率：由 Willey and Rao 引入植物竞争理论中 [196]，用来评定间作系统中不同物种的竞争力大小。CR 考虑到间作模式的种植比例，比 LER 更符合生产实际，因而能很好地衡量种间竞争能力，比侵占力和相对拥挤系数更全面。具体计算公式如下：

$$CR_{fw} = (PLER_f / PLER_w) \times (Z_w / Z_f)$$

式中，CR_{fw} 代表牧草相对于枸杞的竞争能力。当 $CR_{fw} > 1$ 时，表明牧草的竞争能力强于枸杞，当 $CR_{fw} < 1$ 时，则反之。$PLER_f$ 和 $PLER_w$ 分别代表牧草和枸杞的偏土地当量比；Z_w 和 Z_f 分别指枸杞和牧草占间作模式总面积的比例。

（4）货币优势指数（Monetary advantage index，MAI）

货币优势指数作为间作模式下的经济效益指标，其计算公式如下 [199]：

$$MAI = (Y_{fi} \times Z_f + Y_{wi} \times Z_w) \times (1 - 1 / LER)$$

式中，Y_{gi} 和 Y_{ai} 分别指间作总面积上牧草的鲜草产量和枸杞的全年生产量；Z_g 和 Z_a 分别指牧草和枸杞占间作模式总面积的比例。

2.4 数据统计与分析

SPSS 统计软件（SPSS 17.0，USA）中单因素方差分析（ANOVA）用于对枸杞-牧草间作模式及对应单作模式的地上生物量、果实产量，LER 和竞争系数等之间的差异显著性分析（Fisher's LSD，$P < 0.05$）；Corrplot v0.1.0 中的"corr.test"函数计算各组分参数间的 Spearman 相关性并对相关性绘图。

3 结果与分析

3.1 间作模式生长量和间作生物学产量优势

温室试验中（图 3-3）所有间作模式基于枸杞产量指标（扦插苗无果实产量指标，故用枝条生长指标代替），分别与 10 种牧草的生物学产量进行

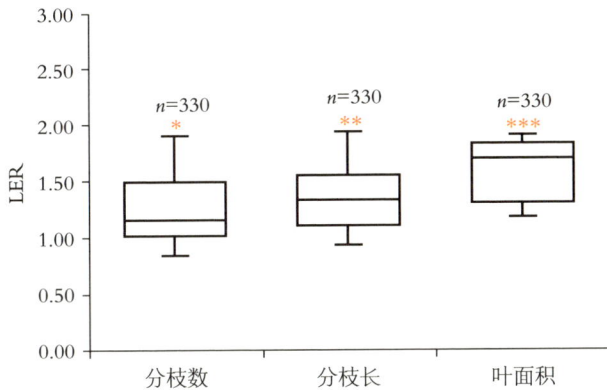

图 3-3 温室枸杞生长量和不同牧草生物量的间作 LER

Figure 3-3 Greenhouse intercropping LER for growth and grass biomass of wolfberry

注：基于枸杞分枝数、分枝长、叶面积和牧草生物量的间作 LER 值分别进行 t 检验，检验值为 1，* 表示 LER 值高于检验值 1，** 和 *** 表示 LER 值显著高于检验值 1（$P<0.001$）。

Notes: LER were pooled to conduct t-tests if changes in wolfberry branch number, branch length, leaf area and above-ground biomass differed from one. * showed that the LER was greater than one, ** showed that the LER was significantly greater than one（$P<0.001$）.

LER 的计算。LER（n=330）的平均值分别为 1.25±0.02、1.35±0.10 和 1.59±0.09，整体表现为显著的间作生产力优势（t 检验，P <0.001）。

田间间作模式试验在中宁和园林场设置两个试验点，中宁是 4 年生枸杞，有产量基础；园林场为一年生扦插苗，无产量指标，故用枝条生长量代替，分别与 10 种牧草的生物学产量进行 LER 的计算。LER（n=330、660 和 99）的平均值分别为 2.70±0.03，1.62±0.10，1.70±0.01，2.08±0.01，1.77±0.01，整体表现为显著的间作生产力优势（t 检验，P<0.001），见图 3-4。

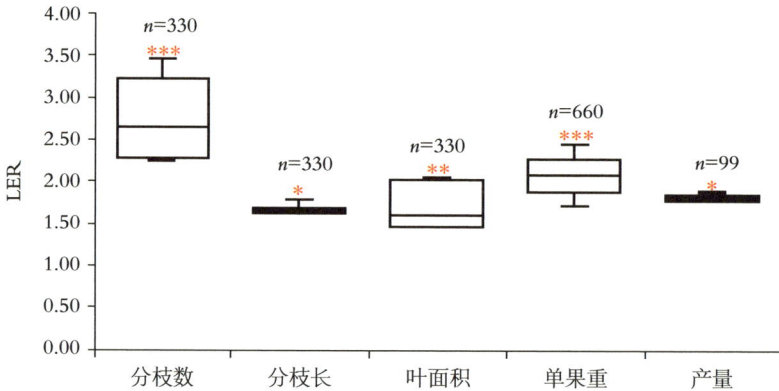

图 3-4　田间枸杞生长量和不同牧草生物量的间作 LER

Figure 3-4 Field intercropping LER for growth and grass biomass of wolfberry

注：基于枸杞产量、生长量指标和牧草生物量的间作 LER 值分别进行 t 检验，检验值为 1，* 表示 LER 值高于检验值 1，** 和 *** 表示 LER 值显著高于检验值 1（P<0.001）。

Notes： The date of LER were pooled to conduct t−tests if changes in wolfberry yield and growth indicators and above −ground biomass differed from one. * showed that the LER was greater than one, ** showed that the LER was significantly greater than one（P<0.001）.

3.2　不同间作组合的产量和间作优势

3.2.1　温室不同间作组合的产量和间作优势

温室枸杞-牧草间作模式基于地上新增生物量的 LER 为 0.62~2.14。10 种牧草可分为禾本科、豆科和藜科植物，通过对比分析发现，不同科牧草与枸杞间作时，LER 差异显著（P<0.05）。具体表现为，禾本科和豆科植物与枸杞间作时，LER 均大于 1，增长率为 10%，但增长趋势不明显。藜科植物与枸

杞间作时，LER 显著增加，增长率达 90% 以上。进一步分析以地上新增生物量为基础的 LER 发现，同一科属植物之间也存在差异。禾本科牧草与枸杞间作时，黑麦草、针茅在 LER 水平上显著增加，且枸杞与黑麦草间作时表现最为显著，土地增产 65% 以上；枸杞与冰草间作时，土地生产力显著降低，减产约 22%；枸杞与甜高粱间作时，LER 无显著变化，但在实验过程中，结合生态位的影响发现，甜高粱植株较高大，严重影响枸杞冠层结构形成，对生产管理和后期经济效益的获取不利，不是一种好的间作材料。豆科牧草与枸杞间作时，枸杞–苦豆子间作生产力显著降低，减产 21% 左右；苜蓿和白三叶与枸杞间作时以牧草产量和枸杞新增生物量为基础的 LER 显著增加，增幅分别为 40% 和 19%。藜科牧草饲料甜菜与枸杞间作时，LER 最高，达到 2.14，生产力水平表现为极显著增加（表 3–4）。

3.2.2　田间不同间作组合的产量和间作优势

田间试验下，枸杞与 10 种牧草材料间作时，间作模式基于牧草地上部分生物学产量与枸杞新增生物量的 LER 范围分别在 0.63 与 1.96 之间（$P<0.05$；表 3–5）；间作模式基于牧草地上部分生物学产量与枸杞果实产量的 LER 范围分别在 0.95 与 1.84 之间；总体来看，间作模式土地利用效率显著高于单作（$P<0.05$；表 3–6）。

枸杞与禾本科牧草间作基于牧草地上部分生物学产量与枸杞新增生物量的单作加权和间作产量对比发现，除冰草和甜高粱显著降低了 37% 和 25% 外，间作模式地上部分新增生物量（间作产量）均显著高于单作加权平均（$P<0.05$）。其中间作黑麦草、针茅、绿园 5 号增产分别达 98%、42% 和 29%，表现为显著增产（$P<0.05$），并且基于枸杞新增生物量的 LER 增产分别为 87%、28% 和 21%；间作燕麦增产 13%，差异不显著，具体见表 3–5。枸杞与禾本科牧草间作基于牧草产量和枸杞产量形成的间作产量与相应单作加权平均对比发现，除冰草和甜高粱显著降低了 18% 和 37% 外，间作模式地上部分新增生物量（间作产量）均显著高于单作加权；其中间作黑麦草、绿园 5 号、燕麦

表 3-4 温室枸杞-牧草间作模式单作加权产量及土地当量比

Table 3-4 Monocropping Weighted and Land Equivalent Ratio's (LER) of wolfberry and Gramineae plants under treatments of greenhouse test level in 2019, 2020 and 2021

处理 Treatment	年份 Year	牧草产量 Gramineous yield/(kg·T⁻¹)		新增生物量 Increased biomass/(kg·T⁻¹)		生物学产量 Above-ground biomass/(kg·T⁻¹)		LER
		单作 Monocropping	间作 Intercropping	单作 Monocropping	间作 Intercropping	单作加权 Monocropping Weighted	间作产量 Intercropping yield	
枸杞-绿园5号 Wolfberry-Lvyuan 5	2019	1.12±0.08a	0.56±0.01b	1.66±0.16a	0.98±0.08b	1.31±0.07b	1.54±0.02a	1.09ns
	2020	1.30±0.01a	0.68±0.04b	1.90±0.19a	1.19±0.06b	1.51±0.10b	1.87±0.06a	1.15*
	2021	1.36±0.06a	0.80±0.06b	2.30±0.19a	1.25±0.09b	1.69±0.07b	2.05±0.12a	1.13ns
枸杞-燕麦 Wolfberry-Oat	2019	1.44±0.16a	0.52±0.03b	1.66±0.16a	0.82±0.13b	1.52±0.11a	1.34±0.10a	0.85*
	2020	1.20±0.08a	0.49±0.01b	1.90±0.19a	1.06±0.13b	1.45±0.05a	1.55±0.08a	0.96ns
	2021	1.23±0.03a	0.46±0.06b	2.30±0.19a	1.29±0.16b	1.61±0.04a	1.75±0.03a	0.94ns
枸杞-冰草 Wolfberry-Wheatgrass	2019	1.72±0.01a	0.56±0.03b	1.66±0.16a	0.51±0.10b	1.70±0.12a	1.07±0.05b	0.63**
	2020	1.58±0.14a	0.54±0.07b	1.90±0.19a	0.58±0.11b	1.69±0.09a	1.12±0.01b	0.65**
	2021	1.86±0.12a	0.70±0.01b	2.30±0.19a	0.87±0.12b	2.02±0.13a	1.57±0.03b	0.75*
枸杞-针茅 Wolfberry-Sipas	2019	1.32±0.10a	0.76±0.09b	1.66±0.16a	1.24±0.08b	1.44±0.03b	2.00±0.12a	1.32**
	2020	1.74±0.12a	0.80±0.03b	1.90±0.19a	1.55±0.08b	1.80±0.07b	2.35±0.12a	1.27*
	2021	1.50±0.02a	0.54±0.05b	2.30±0.19a	1.56±0.10b	1.78±0.06b	2.10±0.07a	1.04ns

续表

处理 Treatment	年份 Year	牧草产量 Gramineous yield/(kg·T⁻¹)		新增生物量 Increased biomass/(kg·T⁻¹)		生物学产量 Above-ground biomass/(kg·T⁻¹)		LER
		单作 Monocropping	间作 Intercropping	单作 Monocropping	间作 Intercropping	单作加权 Monocropping Weighted	间作产量 Intercropping yield	
枸杞-黑麦草 Wolfberry-Ryegrass	2019	2.02±0.18a	1.30±0.07b	1.66±0.16a	1.86±0.08a	1.90±0.09b	3.16±0.23a	1.76***
	2020	2.42±0.13a	1.20±0.02b	1.90±0.19b	2.07±0.10a	2.24±0.15b	3.27±0.26a	1.59***
	2021	2.16±0.10a	1.40±0.10b	2.30±0.19a	2.18±0.08a	2.21±0.19b	3.58±0.19a	1.60***
枸杞-甜高粱 Wolfberry-Sweet sorghum	2019	21.02±2.37a	5.82±1.02b	1.66±0.16a	1.23±0.13b	14.25±2.52a	7.05±1.07b	1.02ns
	2020	19.87±2.08a	6.03±0.89b	1.90±0.19a	1.52±0.09b	13.58±2.01a	7.55±0.90b	1.10ns
	2021	24.75±3.69a	5.46±0.77b	2.30±0.19a	1.69±0.12b	16.89±1.69a	7.15±1.62b	0.95ns
枸杞-禾本科	Mean	4.98±0.52A	1.59±0.21B	1.96±0.18A	1.30±0.09B	3.92±0.61A	2.89±0.28B	1.10ns
枸杞-苦豆子 Wolfberry-Kudouzi	2019	0.87±0.09a	0.13±0.01b	1.66±0.16a	0.78±0.02b	1.15±0.06a	0.91±0.01a	0.62**
	2020	1.02±0.03a	0.10±0.02b	1.90±0.19a	1.41±0.01b	1.33±0.08a	1.51±0.07a	0.84*
	2021	0.93±0.10a	0.16±0.01b	2.30±0.19a	1.69±0.09b	1.41±0.19b	1.85±0.12a	0.90ns
枸杞-苜蓿 Wolfberry-Alfalfa	2019	1.29±0.06a	0.77±0.05b	1.66±0.16a	1.50±0.06a	1.42±0.01b	2.27±0.11a	1.50***
	2020	1.08±0.09a	0.69±0.03a	1.90±0.19a	1.52±0.10a	1.37±0.07b	2.21±0.14a	1.44***
	2021	1.32±0.10a	0.73±0.09b	2.30±0.19a	1.58±0.12b	1.66±0.10b	2.31±0.12a	1.24*

续表

处理 Treatment	年份 Year	牧草产量 Gramineous yield/(kg·T⁻¹)		新增生物量 Increased biomass/(kg·T⁻¹)		生物学产量 Above-ground biomass/(kg·T⁻¹)		LER
		单作 Monocropping	间作 Intercropping	单作 Monocropping	间作 Intercropping	单作加权 Monocropping Weighted	间作产量 Intercropping yield	
枸杞－白三叶 Wolfberry–White clover	2019	0.68±0.01a	0.28±0.06b	1.66±0.16a	1.70±0.09a	1.02±0.02b	1.98±0.09a	1.43**
	2020	1.00±0.05a	0.18±0.00b	1.90±0.19a	1.81±0.05a	1.32±0.08b	1.99±0.10a	1.13ns
	2021	1.08±0.07a	0.20±0.02b	2.30±0.19a	1.90±0.11b	1.51±0.06b	2.10±0.14a	1.01ns
枸杞－豆科	Mean	1.08±0.07A	0.36±0.03B	1.96±0.18A	1.54±0.07B	1.35±0.07B	1.90±0.10A	1.12ns
枸杞－饲料甜菜 Wolfberry–Mangel	2019	14.22±1.06a	10.89±1.37b	1.66±0.16a	1.75±0.11a	9.83±1.79b	12.64±2.66a	1.82***
	2020	17.01±2.19a	14.68±2.01b	1.90±0.19a	1.77±0.09a	11.72±1.04b	16.45±0.09a	1.79***
	2021	15.66±1.77b	18.32±2.42a	2.30±0.19a	2.23±0.12a	10.99±2.01b	20.55±2.47a	2.14***
枸杞－藜科	Mean	15.63±1.67A	14.63±1.93B	1.96±0.18A	1.92±0.11B	10.84±1.61B	16.55±1.74A	1.92***

表 3-5　田间枸杞-牧草间作模式新增生物量及土地当量比

Table 3-5 Increased biomass and Land Equivalent Ratio's (LER) of wolfberry and Gramineae plants under treatments of field test level in 2019, 2020 and 2021

处理 Treatment	年份 Year	牧草产量 Gramineous yield/(kg·667 m⁻²)		新增生物量 Increased biomass/(kg·667 m⁻²)		生物学产量 Above-ground biomass/(kg·667 m⁻²)		LER
		单作 Monocropping	间作 Intercropping	单作 Monocropping	间作 Intercropping	单作加权 Monocropping Weighted	间作产量 Intercropping yield	
枸杞-绿园 5 号 Wolfberry-Lvyuan 5	2019	3 293.38±140.49a	2 138.92±110.72b	4 412.50±495.30a	2 606.09±216.53b	4 613.30±202.45b	4 745.01±326.77a	1.26*
	2020	2 937.95±136.77a	1 957.37±63.92b	5 051.51±388.98a	3 157.42±201.33b	4 994.24±142.09b	5 114.80±121.45a	1.31**
	2021	2 770.60±144.24a	1 917.65±70.11b	6 111.01±526.37a	3 322.20±208.88b	5 121.74±206.87b	5 239.854±208.77a	1.26*
枸杞-燕麦 Wolfberry-Oat	2019	3 610.48±124.01a	2 397.72±154.08b	4 412.50±495.30a	2 169.77±177.09b	4 011.49±162.45b	4 567.49±165.96a	1.11ns
	2020	3 156.19±116.33a	1 867.04±140.00b	5 051.51±388.98a	2 802.98±363.44b	4 103.85±78.89b	4 670.00±277.53a	1.11ns
	2021	3 320.71±107.99a	2 010.35±132.66b	6 111.01±526.37a	3 428.75±350.88b	4 715.86±233.78b	5 439.09±466.89a	1.13ns
枸杞-冰草 Wolfberry-Wheatgrass	2019	2 312.78±164.60a	917.42±104.07b	4 412.50±495.30a	1 351.69±88.45b	3 362.64±102.37a	2 269.11±178.96b	0.69**
	2020	2 106.64±163.97a	708.02±66.77b	5 051.51±388.98a	1 545.48±101.67b	3 579.07±232.74a	2 253.50±130.62b	0.63**
	2021	1 926.98±161.44a	691.72±99.35b	6 111.01±526.37a	2 303.85±78.22b	4 019.00±121.96a	2 995.57±128.99b	0.73*
枸杞-针茅 Wolfberry-Sipas	2019	2 091.95±179.23a	896.74±95.18b	4 412.50±495.30a	3 290.06±190.52b	3 252.23±98.89b	4 186.81±301.56a	1.19*
	2020	1 791.96±169.81a	892.85±103.66b	5 051.51±388.98a	4 102.50±177.43b	3 421.73±77.34b	4 995.35±266.84a	1.33**
	2021	1 688.15±188.92a	710.51±45.29b	6 111.01±526.37a	4 140.89±281.76b	3 899.58±135.64b	4 851.40±199.35a	1.12ns

处理 Treatment	年份 Year	牧草产量 Gramineous yield/(kg·667 m⁻²)		新增生物量 Increased biomass/(kg·667 m⁻²)		生物学产量 Above-ground biomass/(kg·667 m⁻²)		LER
		单作 Monocropping	间作 Intercropping	单作 Monocropping	间作 Intercropping	单作加权 Monocropping Weighted	间作产量 Intercropping yield	
枸杞-黑麦草 Wolfberry-Ryegrass	2019	3 611.79±100.01a	3 123.62±259.56b	4 412.50±495.30a	4 945.70±178.78b	4 012.14±201.87b	8 069.326±377.56a	1.96***
	2020	3 786.48±166.88a	3 038.74±281.32b	5 051.51±388.98a	5 502.54±233.09b	4 418.99±199.07b	8 541.28±368.54a	1.87***
	2021	3 740.65±125.97a	3 213.45±89.07b	6 111.01±526.37a	5 792.25±201.22b	4 925.83±207.43b	9 005.70±299.87a	1.78***
枸杞-甜高粱 Wolfberry-Sweet sorghum	2019	10 639.36±800.30a	3 158.61±157.09b	4 412.50±495.30a	3 264.41±308.44b	7 525.93±566.89a	6 423.02±465.99b	1.04ns
	2020	10 242.39±916.43a	3 082.51±140.21b	5 051.51±388.98a	4 020.30±291.88b	7 646.95±394.08a	7 102.84±407.29b	1.10ns
	2021	9 388.89±567.00a	2 713.80±201.88b	6 111.01±526.37a	4 487.31±288.89b	7 749.95±521.46a	7 201.11±366.55b	1.02ns
枸杞-禾本科 Wolfberry-禾本科	Mean	4 186.85±277.96a	2 004.80±122.22b	5 191.68±361.14a	3 457.45±137.56b	4 689.26±234.98b	5 462.26±269.88a	1.20*
枸杞-苦豆子 Wolfberry-Kudouzi	2019	3 828.33±104.76a	1 390.33±87.56b	4 412.50±495.30a	2 076.65±89.96b	4 120.42±88.32a	3 466.98±244.31b	0.75*
	2020	3 516.87±121.02a	808.90±45.99b	5 051.51±388.98a	3 749.36±101.43b	4 284.19±155.46a	4 558.26±261.80a	0.92ns
	2021	3 476.68±89.16a	801.19±77.54b	6 111.01±526.37a	4 478.61±252.37b	4 793.85±174.08b	5 279.80±197.56a	0.91ns
枸杞-苜蓿 Wolfberry-Alfalfa	2019	5 907.25±169.73a	5 182.18±150.19b	4 412.50±495.30a	3 991.26±197.88b	5 159.88±227.99b	9 173.43±343.19a	1.74***
	2020	5 279.17±125.10a	4 311.06±143.87b	5 051.51±388.98a	4 033.01±188.56b	5 165.34±209.17b	8 344.07±277.43a	1.58***
	2021	5 676.63±69.77a	4 625.43±109.77b	6 111.01±526.37a	4 178.85±102.33b	5 893.82±155.44b	8 804.28±256.38a	1.46***

续表

处理 Treatment	年份 Year	牧草产量 Gramineous yield/ (kg·667 m⁻²)		新增生物量 Increased biomass/ (kg·667 m⁻²)		生物学产量 Above-ground biomass/ (kg·667 m⁻²)		LER
		单作 Monocropping	间作 Intercropping	单作 Monocropping	间作 Intercropping	单作加权 Monocropping Weighted	间作产量 Intercropping yield	
枸杞-白三叶 Wolfberry-White clover	2019	3 240.63±169.16a	1 383.73±111.08b	4 412.50±495.30a	4 509.68±200.67a	3 826.56±125.60b	5 893.42±200.67a	1.39**
	2020	2 936.30±99.16a	993.32±67.33b	5 051.51±388.98a	4 812.09±213.43a	3 993.90±277.86b	5 805.61±188.44a	1.24*
	2021	2 910.56±116.55a	945.52±69.45b	6 111.01±526.37a	5 036.56±300.59b	4 510.78±263.98b	5 982.08±277.30a	1.10ns
枸杞-豆科	Mean	4 059.03±133.26a	2 220.20±97.44b	5 191.67±452.53a	4 096.23±194.71b	4 625.35±179.86b	6 316.43±245.68a	1.23*
枸杞-饲料甜菜 Wolfberry-Mangel	2019	10 980.08±466.70a	8 416.92±411.09b	4 412.50±495.30a	4 645.33±127.31a	7 696.29±267.99b	13 062.25±571.32a	1.86***
	2020	9 739.57±301.19a	8 209.06±204.00b	5 051.51±388.98a	4 700.40±266.06b	7 395.53±233.07b	12 909.47±406.38a	1.82***
	2021	9 332.63±355.87a	7 647.04±368.99b	6 111.01±526.37a	5 915.80±197.90a	7 721.82±401.90b	13 562.85±476.51a	1.83***
枸杞-藜科	Mean	10 017.43±367.92a	8 091.04±327.56b	5 191.68±450.66a	5 087.18±197.35a	7 604.55±307.56b	13 178.21±480.21a	1.84***

表 3-6 田间枸杞-牧草间作模式产量及土地当量比

Table 3-6 Yield and Land Equivalent Ratio's (LER) of wolfberry and Gramineae plants under treatments of field test level in 2019, 2020 and 2021

处理 Treatment	年份 Year	牧草产量 Gramineous yield/(kg·667 m^{-2})		枸杞产量 Increased biomass/(kg·667 m^{-2})		果实产量 Fruit yield/(kg·667 m^{-2})		LER
		单作 Monocropping	间作 Intercropping	单作 Monocropping	间作 Intercropping	单作加权 Monocropping Weighted	间作产量 Intercropping yield	
枸杞-绿园 5 号 Wolfberry-Lvyuan 5	2019	3 293.38±140.49a	2 138.92±110.72b	902.18±103.68a	711.62±32.32b	2 097.788±127.41b	2 850.55±209.67a	1.46***
	2020	2 937.95±136.77a	1 957.37±63.92b	856.39±99.67a	694.64±37.66b	1 897.17±133.08b	2 652.01±177.09a	1.50***
	2021	2 770.60±144.24a	1 917.65±70.11b	783.05±45.32a	663.45±55.80b	1 776.82±106.54b	2 581.10±159.03a	1.56***
枸杞-燕麦 Wolfberry-Oat	2019	3 610.48±124.01a	2 397.72±154.08b	892.18±46.17a	743.33±38.09b	2 251.33±187.95b	3 141.05±344.01a	1.45***
	2020	3 156.19±116.33a	1 867.04±140.00b	856.39±39.88a	708.62±24.99b	2 006.29±111.00b	2 575.67±209.60a	1.38**
	2021	3 320.71±107.99a	2 010.35±132.66b	783.05±50.09a	694.64±47.99a	2 051.88±146.57b	2 704.99±177.35a	1.45**
枸杞-冰草 Wolfberry-Wheatgrass	2019	2 312.78±164.60a	917.42±104.07a	822.18±67.34a	638.72±37.54b	1 567.48±98.32a	1 556.14±176.45a	1.16*
	2020	2 106.64±163.97a	708.02±66.77b	856.39±86.11a	611.19±29.87b	1 481.52±121.56a	1 319.21±89.66b	1.04ns
	2021	1 926.98±161.44a	691.72±99.35b	783.05±37.62a	567.05±34.77b	1 355.02±49.87a	1 258.77±59.33b	1.07ns
枸杞-针茅 Wolfberry-Sipas	2019	2 091.95±179.23a	896.74±95.18b	922.18±107.55a	708.62±59.83b	1 507.07±166.90a	1 605.37±201.77a	1.22*
	2020	1 791.96±169.81a	892.85±103.66b	856.39±55.47a	694.64±77.19b	1 324.18±103.65b	1 587.49±78.55a	1.33**
	2021	1 688.15±188.92a	710.51±45.29b	783.05±65.42a	660.45±45.80b	1 235.60±100.52a	1 370.96±19.67a	1.28*

续表

处理 Treatment	年份 Year	牧草产量 Gramineous yield/(kg·667 m⁻²)		枸杞产量 Increased biomass/(kg·667 m⁻²)		果实产量 Fruit yield/(kg·667 m⁻²)		LER
		单作 Monocropping	间作 Intercropping	单作 Monocropping	间作 Intercropping	单作加权 Monocropping Weighted	间作产量 Intercropping yield	
枸杞-黑麦草 Wolfberry-Ryegrass	2019	3 611.79±100.01a	3 123.62±259.56b	862.18±58.54a	858.83±123.98a	2 236.98±19.67a	3 982.45±306.00a	1.84***
	2020	3 786.48±166.88a	3 038.74±281.32b	856.39±37.99a	836.33±98.59a	2 321.43±169.88b	3 875.07±207.42a	1.76***
	2021	3 740.65±125.97a	3 213.45±89.07b	830.00±51.09a	790.08±99.45a	2 285.32±163.24b	4 003.54±188.56a	1.79***
枸杞-甜高粱 Wolfberry-Sweet sorghum	2019	10 639.36±800.30a	3 158.61±157.09b	902.18±103.68a	772.83±103.77b	5 770.77±374.89a	3 931.44±337.69b	1.15*
	2020	10 242.39±916.43a	3 082.51±140.21b	856.39±99.67a	733.33±81.43b	5 549.39±403.66a	3 815.87±288.15b	1.16*
	2021	9 388.89±567.00a	2 713.80±201.88b	783.05±45.32a	703.69±76.33a	5 085.97±261.90a	3 417.49±271.46b	1.19*
枸杞-禾本科 Mean	Mean	4 186.85±277.96a	2 004.80±122.22b	843.70±48.79a	710.67±66.37b	2 515.28±111.05a	2 715.48±201.01a	1.38**
枸杞-苦豆子 Wolfberry-Kudouzi	2019	3 828.33±104.76a	1 390.33±87.56b	902.18±50.12a	694.64±37.08b	2 365.26±127.34a	2 084.97±59.81b	1.05ns
	2020	3 516.87±121.02a	808.90±45.99b	856.39±49.08a	660.45±58.66b	2 186.63±87.91a	1 469.35±43.22b	0.95ns
	2021	3 476.68±89.16a	801.19±77.54b	783.05±33.56a	608.62±56.22b	2 129.87±91.56a	1 409.81±36.37b	0.95ns
枸杞-苜蓿 Wolfberry-Alfalfa	2019	5 907.25±169.73a	5 182.18±150.19b	868.45±67.44a	740.33±38.96b	3 387.85±203.22b	5 922.51±269.88a	1.69***
	2020	5 279.17±125.10a	4 311.06±143.87b	866.54±104.37a	700.69±51.34b	3 072.85±179.60b	5 011.75±209.46a	1.59***
	2021	5 676.63±69.77a	4 625.43±109.77b	834.19±76.52a	698.62±44.88b	3 255.41±153.22b	5 324.05±237.50a	1.62***

续表

处理 Treatment	年份 Year	牧草产量 Gramineous yield/(kg·667 m^{-2})		枸杞产量 Increased biomass/(kg·667 m^{-2})		果实产量 Fruit yield/(kg·667 m^{-2})		LER
		单作 Monocropping	间作 Intercropping	单作 Monocropping	间作 Intercropping	单作加权 Monocropping Weighted	间作产量 Intercropping yield	
枸杞-白三叶 Wolfberry-White clover	2019	3 240.63±169.16a	1 383.73±111.08b	808.64±66.09a	810.13±77.42a	2 024.64±80.99a	2 193.86±95.66a	1.37**
	2020	2 936.30±99.16a	993.32±67.33b	786.83±57.86a	772.83±107.09a	1 861.56±131.67a	1 766.35±101.74a	1.27*
	2021	2 910.56±116.55a	945.52±69.45b	753.69±44.92a	753.69±76.53a	1 832.12±97.33a	1 699.21±43.87b	1.28*
枸杞-豆科	Mean	4 059.03±133.26a	2 220.20±97.44b	828.88±60.89a	715.56±63.27b	2 443.95±127.61b	2 935.75±113.42a	1.31**
枸杞-饲料甜菜 Wolfberry-Mangel	2019	10 980.08±466.70a	8 416.92±411.09b	923.59±101.54a	872.83±127.66a	5 951.84±307.03b	9 289.75±399.80a	1.75**
	2020	9 739.57±301.19a	8 209.06±204.00b	910.13±144.21a	853.69±49.67a	5 324.85±182.96b	9 062.75±277.46a	1.83***
	2021	9 332.63±355.87a	7 647.04±368.99b	872.83±89.66a	843.33±88.58a	5 102.72±201.44b	8 490.37±301.20b	1.83***
枸杞-藜科	Mean	10 017.43±367.92a	8 091.04±327.56b	902.18±110.44a	856.62±80.66a	5 459.80±233.54b	8 947.65±192.33a	1.80***

和针茅分别增产达 74%、48%、31% 和 18%，并且基于枸杞果实产量的 LER 增产分别为 80%、51%、43% 和 28%，表现为显著增产（$P<0.05$），具体见表3-6。

枸杞与豆科牧草间作基于牧草地上部分生物学产量与枸杞新增生物量的单作加权和间作产量对比发现，除苦豆子减产 12%，差异不显著外（$P>0.05$），枸杞–苜蓿和枸杞–白三叶间作模式地上部分新增生物量均显著高于单作加权平均，其中间作苜蓿和白三叶最高增产分别可达 63% 和 44%；此外，基于枸杞新增生物量水平 LER 增产分别达 59% 和 24%，表现为显著增产（$P<0.05$），具体见表 3-5。枸杞与豆科牧草间作基于牧草地上部分生物学产量与枸杞产量的单作加权和间作产量对比发现，枸杞–白三叶间作模式下产量下降不显著（$P>0.05$），枸杞间作苦豆子时产量显著下降达 42%（$P<0.05$），枸杞间作苜蓿时产量显著增加，增产达 68%（$P<0.05$），此外，基于枸杞果实产量水平的 LER 增产分别达 63% 和 31%，表现为显著增产（$P<0.05$），具体见表 3-6。

枸杞与藜科植物饲料甜菜间作时无论是基于牧草地上部分生物学产量与枸杞新增生物量还是枸杞果实产量上的单作加权和间作产量对比发现，间作增产达 73.29%，较枸杞–禾本科、枸杞–豆科间作模式均具有明显优势；此外，基于枸杞新增生物量水平 LER 增产达 84%，枸杞果实产量水平 LER 增产达 80%，差异显著（$P<0.05$），具体见表 3-5、表 3-6。

3.3　种间竞争力评价

表 3-7 可知，通过 3 年试验均值计算发现，基于枸杞果实产量的竞争力评价，10 种间作牧草对枸杞的侵占力（A_{fw}）均小于 0，说明 10 种牧草的竞争力均小于枸杞；因此，对于枸杞主导的农田生态系统，牧草的引入没有影响枸杞的优势竞争地位。基于枸杞新增生物产量的竞争力评价发现，绿园 5 号引入间作系统后竞争优势增加明显，达 12%，对此我们推测，枸杞间作绿园 5 号能够显著促进绿园 5 号产量的增加。十种牧草的拥挤系数为 0.27~5.69，基

表 3-7 间作模式竞争力评价

Table 3-7 Competitiveness evaluation of ten kinds of intercropping systems

种植模式 Cropping pattern	侵占力 Aggressivity		牧草拥挤系数 Relative crowding coefficient of forage	枸杞拥挤系数 Relative crowding coefficient of wolfberry		竞争比率 Competitive ratio		货币优势指数 Monetary advantage index	
	A_{fw} (Fruit yield)	A_{fw} (Total biomass)	K_f (Forage biomass)	K_w (Fruit yield)	K_w (Total biomass)	CR_{fw} (Fruit yield)	CR_{fw} (Total biomass)	MAI (Fruit yield)	MAI (Total biomass)
枸杞-绿园5号 Wolfberry-Lvyuan 5	-0.25	0.14	2.20	4.39	1.60	0.84	1.12	429.75	652.05
枸杞-燕麦 Wolfberry-Oat	-0.53	0.00	1.39	5.58	1.40	0.69	1.00	514.24	437.53
枸杞-冰草 Wolfberry-Wheatgrass	-0.76	-0.07	0.55	2.82	0.64	0.48	0.91	73.42	-590.43
枸杞-针茅 Wolfberry-Sipas	-0.67	-0.56	0.89	4.14	3.00	0.58	0.63	213.53	523.63
枸杞-黑麦草 Wolfberry-Ryegrass	-0.31	-0.43	4.56	39.25	-31.1	0.84	0.79	827.63	2 106.54
枸杞-甜高粱 Wolfberry-Sweet sorghum	-1.15	-0.95	0.42	6.66	3.38	0.34	0.38	449.24	320.18
枸杞-苦豆子 Wolfberry-Kudouzi	-1.12	-0.93	0.27	3.40	2.10	0.27	0.31	-11.07	-301.12
枸杞-苜蓿 Wolfberry-Alfalfa	-0.07	0.02	3.97	4.98	3.77	0.96	1.01	994.18	1 706.27

续表

种植模式 Cropping pattern	侵占力 Aggressivity		牧草拥挤系数 Relative crowding coefficient of forage	枸杞拥挤系数 Relative crowding coefficient of wolfberry		竞争比率 Competitive ratio		货币优势指数 Monetary advantage index	
	A_{fw} (Fruit yield)	A_{fw} (Total biomass)	K_f (Forage biomass)	K_w (Fruit yield)	K_w (Total biomass)	CR_{fw} (Fruit yield)	CR_{fw} (Total biomass)	MAI (Fruit yield)	MAI (Total biomass)
枸杞-白三叶 Wolfberry-White clover	-1.36	-1.24	0.46	186.72	13.58	0.31	0.34	195.86	633.3
枸杞-饲料甜菜 Wolfberry-Mangel	-0.20	-0.25	5.69	18.80	39.61	0.90	0.87	1 918.57	3 103.13

注：A_{fw} (Fruit yield) 基于牧草地上生物量和枸杞果实产量计算的侵占力；A_{fw} (Total biomass) 基于牧草地上生物量和枸杞新增生物量计算的侵占力；K_f (Forage biomass) 基于牧草地上生物量计算的牧草拥挤系数；K_w (Fruit yield) 基于枸杞果实产量计算的枸杞拥挤系数；K_w (Total biomass) 基于枸杞新增生物量计算的枸杞拥挤系数；CR_{fw} (Fruit yield) 基于枸杞果实产量计算的竞争比率；CR_{fw} (Total biomass) 基于枸杞新增生物量计算的竞争比率；MAI (Fruit yield) 基于枸杞果实产量计算的货币优势指数；MAI (Total biomass) 基于枸杞新增生物量计算的货币优势指数。

于枸杞果实产量的枸杞拥挤系数为2.82~186.72，且牧草的拥挤系数始终小于对应枸杞的拥挤系数，进一步说明枸杞具有更强的竞争力；基于枸杞新增生物量的拥挤系数为−31.1~39.61，除绿园5号、黑麦草和苜蓿外，其他牧草的拥挤系数始终小于对应枸杞的拥挤系数，说明绿园5号、黑麦草和苜蓿与枸杞间作时具有明显的竞争潜力。此外，10种间作模式的竞争比率在基于枸杞果实产量和枸杞新增生物量上表现不尽相同，基于枸杞果实产量的结果 CR_{fw} 均小于1，与检验值1（$P<0.001$）进行对比发现，尽管10种牧草的竞争力优势均低于枸杞，但苜蓿、饲料甜菜、黑麦草和绿园5号在枸杞−牧草间作模式中亦具有明显的竞争优势。

最后，通过对不同间作模式下的货币优势指数进行分析，进而对该种植模式的生产效益进行评估。从3年的货币优势指数平均值来看，10种间作模式中，基于枸杞果实产量表现较好的三个间作组合是枸杞−饲料甜菜、枸杞−苜蓿和枸杞−黑麦草，其中枸杞−饲料甜菜间作模式的货币优势指数最高（1 918.57），枸杞−苜蓿间作模式（994.18）和枸杞−黑麦草（827.63）紧随其后。基于枸杞新增生物产量表现最好的亦是这三个材料，在计算结果上存在差异，具体表现如下：枸杞−饲料甜菜间作模式的货币优势指数最高（3 103.13），其次是枸杞−黑麦草（2 106.54）和枸杞−苜蓿间作模式（1 706.27）。

3.4 相关性分析

通过相关性分析可知（图3−5），土地当量比与各间作因子之间的相关性分析表现为：LER_f 与 LER_g、MAI（Total biomass）、Y_{wi}、Y_{twi} 呈极显著正相关（$P<0.01$），与 K_w（Fruit yield）、MAI（Fruit yield）呈正相关关系（$P<0.05$）。枸杞与牧草间作的整体间作系统产量指标中牧草间作产量与枸杞间作产量呈正相关（$P<0.05$）（Y_{fi}—牧草间作产量与 Y_{wi}—枸杞间作产量相关系数0.64）；（Y_{fi}—牧草间作产量与 Y_{twi}—枸杞间作总产量相关系数0.46）；牧草间作产量 Y_{fi} 与 K_f—牧草拥挤系数（0.64）、A_{fw}（Fruit yield）（0.58）、CR_{fw}（Fruit yield）（0.69）、A_{fw}（Total biomass）、CR_{fw}（Total biomass）呈正相关（$P<0.05$）；进一

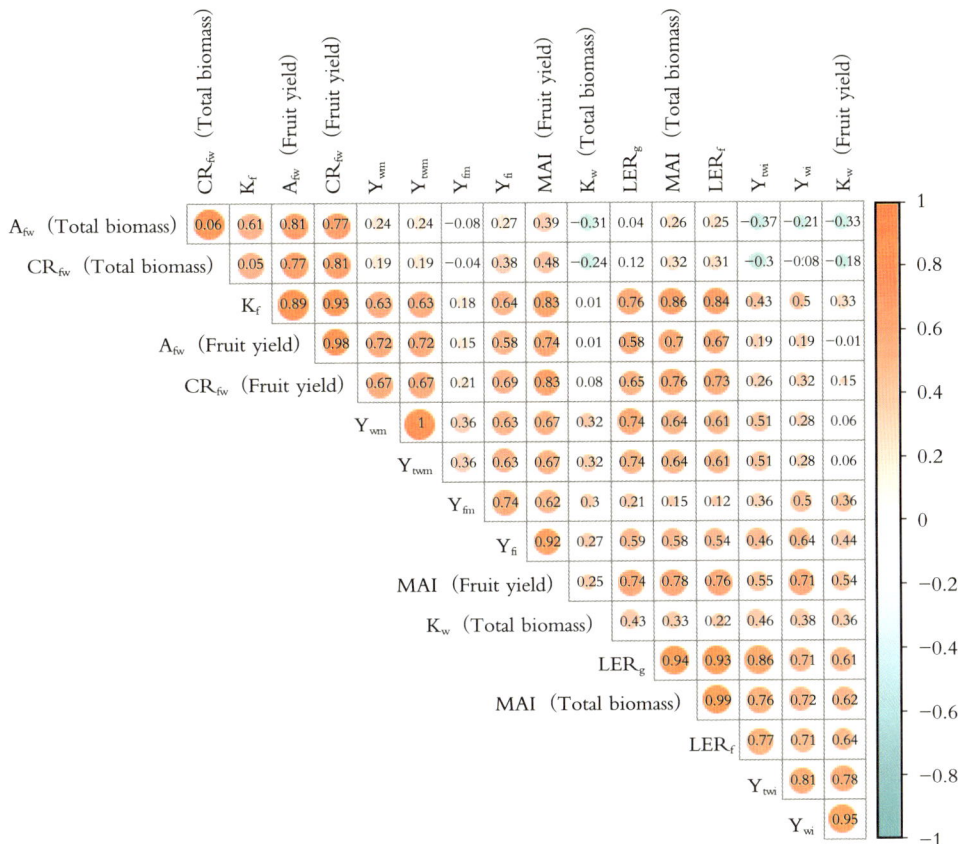

	CR_{fw} (Total biomass)	K_f (Fruit yield)	A_{fw} (Fruit yield)	CR_{fw} (Fruit yield)	Y_{wm}	Y_{twm}	Y_{fm}	Y_{fi}	MAI (Fruit yield)	K_w (Total biomass)	LER_g	MAI (Total biomass)	LER_f	Y_{twi}	Y_{wi}	K_w (Fruit yield)
A_{fw} (Total biomass)	0.06	0.61	0.81	0.77	0.24	0.24	−0.08	0.27	0.39	−0.31	0.04	0.26	0.25	−0.37	−0.21	−0.33
CR_{fw} (Total biomass)		0.05	0.77	0.81	0.19	0.19	−0.04	0.38	0.48	−0.24	0.12	0.32	0.31	−0.3	−0.08	−0.18
K_f			0.89	0.93	0.63	0.63	0.18	0.64	0.83	0.01	0.76	0.86	0.84	0.43	0.5	0.33
A_{fw} (Fruit yield)				0.98	0.72	0.72	0.15	0.58	0.74	0.01	0.58	0.7	0.67	0.19	0.19	−0.01
CR_{fw} (Fruit yield)					0.67	0.67	0.21	0.69	0.83	0.08	0.65	0.76	0.73	0.26	0.32	0.15
Y_{wm}						1	0.36	0.63	0.67	0.32	0.74	0.64	0.61	0.51	0.28	0.06
Y_{twm}							0.36	0.63	0.67	0.32	0.74	0.64	0.61	0.51	0.28	0.06
Y_{fm}								0.74	0.62	0.3	0.21	0.15	0.12	0.36	0.5	0.36
Y_{fi}									0.92	0.27	0.59	0.58	0.54	0.46	0.64	0.44
MAI (Fruit yield)										0.25	0.74	0.78	0.76	0.55	0.71	0.54
K_w (Total biomass)											0.43	0.33	0.22	0.46	0.38	0.36
LER_g												0.94	0.93	0.86	0.71	0.61
MAI (Total biomass)													0.99	0.76	0.72	0.62
LER_f														0.77	0.71	0.64
Y_{twi}															0.81	0.78
Y_{wi}																0.95

图 3-5　Spearman 分析枸杞和牧草间作相关指标和土地当量比的整体相关性

Figure 3-5 Spearman analyzed the correlation between LER and some related indicators of Wolfberry-forage intercropping

注：LER_f 基于牧草生物量和枸杞新生枝条的土地生产力；LER_g 基于牧草生物量和枸杞产量的土地生产力；A_{fw}（Fruit yield）指基于牧草生物量和枸杞果实产量基础上牧草相对于枸杞的侵占力；A_{fw}（Total biomass）指基于牧草生物量和枸杞枝条、果实总产量基础上牧草相对于枸杞的侵占力；Y_{fi} 和 Y_{fm} 分别指间作牧草和单作牧草的鲜草产量；K_f 和 K_w 分别为牧草和枸杞的相对拥挤系数；Y_{wi} 和 Y_{wm} 分别指间作枸杞和单作枸杞的全年生产量；Y_{twi} 和 Y_{twm} 分别指间作和单作的地上全年总产量；CR_{fw}（Fruit yield）和 CR_{fw}（Total biomass）分别指基于枸杞果实产量和枸杞枝条、果实总产量的竞争比率；MAI（Fruit yield）和 MAI（Total biomass）分别指基于枸杞果实产量和枸杞枝条、果实总产量的货币优势指数。

Note：LER_f based on forage biomass and wolfberry new branch. LER_g based on forage biomass and wolfberry yield；A_{fw}（Fruit yield）based on forage biomass and Fruit yield. A_{fw}（Total biomass）based on forage biomass and wolfberry total biomass. Y_{fi} and Y_{fm} refer to the fresh grass yield of intercropped and monoculture. K_f and K_w were the relative crowding coefficients of herbage and wolfberry，respectively. Y_{wi} and Y_{wm} refer to the annual production of intercropped and monoculture wolfberry，respectively. Y_{twi} and Y_{twm} refer to the total annual aboveground yield of intercropping and monoculture respectively. CR_{fw}（Fruit yield）and CR_{fw}（Total biomass）are the competitive ratios based on the yield of the Fruit and the Total biomass of the shoots and fruits，respectively. MAI（Fruit yield）and MAI（Total biomass）are the index of monetary advantage based on the yield of wolfberry fruits and the Total output of wolfberry branches and fruits，respectively.

步说明间作能够促进单位面积生产力的增加。Y_{wi} 与 LER_f、LER_g、MAI（Total biomass）呈极显著正相关（$P<0.01$），与 Y_{fi}、K_f 呈正相关（$P<0.05$）。

间作模式竞争力之间 A_{fw}（Total biomass）与 CR_{fw}（Total biomass）、A_{fw}（Fruit yield）（0.81）、CR_{fw}（Fruit yield）（0.77）呈极显著正相关（$P<0.01$）；A_{fw}（Fruit yield）与 CR_{fw}（Fruit yield）（0.77）、MAI（Fruit yield）、MAI（Total biomass）、Y_{wm}、Y_{twm} 呈极显著正相关（$P<0.01$），与 Y_{fi}、LER_f、LER_g 呈正相关关系（$P<0.05$）；CR_{fw}（Total biomass）与 A_{fw}（Fruit yield）（0.77）、CR_{fw}（Fruit yield）（0.81）呈极显著正相关（$P<0.01$），与 K_f 呈正相关关系（$P<0.05$）；CR_{fw}（Fruit yield）与 MAI（Fruit yield）、MAI（Total biomass）、LER_f 呈极显著正相关（$P<0.01$），与 Y_{fi}、Y_{wm}、Y_{twm}、LER_g 呈正相关关系（$P<0.05$）；K_f 与 A_{fw}（Fruit yield）（0.89）、CR_{fw}（Fruit yield）（0.93）、MAI（Fruit yield）、MAI（Total biomass）、LER_f、LER_g 呈极显著正相关（$P<0.01$），与 Y_{fi}、Y_{wi}、Y_{twi} 呈正相关关系（$P<0.05$）；K_w（Total biomass）与 K_f、MAI（Fruit yield）、Y_{wm}、Y_{twm} 呈极显著正相关（$P<0.01$），与 Y_{fi}、A_{fw}（Fruit yield）、CR_{fw}（Fruit yield）呈正相关关系（$P<0.05$）；K_w（Fruit yield）与 Y_{wi}、Y_{twi} 呈极显著正相关（$P<0.01$），与 LER_f、LER_g、MAI（Fruit yield）、MAI（Total biomass）呈正相关关系（$P<0.05$）。MAI（Fruit yield）与 LER_g、MAI（Total biomass）、LER_f、Y_{wi} 呈极显著正相关（$P<0.01$），与 Y_{twi}、K_w（Fruit yield）呈正相关关系（$P<0.05$）；MAI（Total biomass）与 LER_f、LER_g、Y_{wi}、Y_{twi}、CR_{fw}（Fruit yield）、MAI（Fruit yield）、K_f 呈极显著正相关（$P<0.01$），与 K_w（Fruit yield）、Y_{fi}、Y_{wm}、Y_{twm}、A_{fw}（Fruit yield）呈正相关关系（$P<0.05$）。

4　讨论

本研究中的温室间作模式基于 10 种牧草生物学产量和枸杞生长量的 LER 计算的平均值分别为 1.25±0.02、1.35±0.10 和 1.59±0.09 整体表现为显著的间作生产力优势（t 检验，$P<0.001$；图 3-1）。田间间作模式基于 10 种牧草生物学产量和枸杞生长量、单果重、产量的 LER 计算的平均值分别为 2.70 ± 0.03，1.62 ± 0.10，1.70 ± 0.01，2.08 ± 0.01，1.77 ± 0.01，整体表现为极显著的间作生产力优势（t 检验，$P<0.001$；图 3-2）。表明本研究中 10 种牧草与枸杞间作整体表现为显著的生产力优势，这与 Cardinale 等人 [200] 研究了 44 种草原生态植物，并对系统生产力和生物多样性进行了分析，发现 79% 的高多样性群落的生物量是单一物种群落的 1.7 倍，以及研究者在欧洲的禾本科-豆科间作试验中发现间作提高了总生产力 [201] 的研究结果相符。此外，Yu 等 [202] 对已发表间套作模式下产量优势进行整合分析后发现，所有间作模式的 LER 均值为 1.22，其中 81% 的间作模式 LER 值大于 1，表明绝大多数的间作模式比单作具有更高的土地利用效率。这与我们的研究结果基本一致。

4.1　不同枸杞-牧草间作模式下的产量存在差异

间作种植模式作为种间相互作用的典型代表，能有效利用养分、光能和水资源，提高植物产量，在许多国家得到广泛应用 [203]。我们在 3 年田间和 3 年温室的试验表明，不同枸杞-牧草间作组合下的产量不尽相同。我们的研究发现，不同组合间的 LER 水平存在不同程度的差异（表 3-5），我们将 10 种牧草按科分为 3 类，即禾本科、豆科和藜科植物进行对比分析发现，禾本科和豆科植物与枸杞间作时，产量增长率为 10%，但相对单作差异不显著；藜科植物与枸杞间作时，产量增长率达 90% 以上。进一步分析单个牧草与枸杞间作的产量变化发现，并非所有的间作组合都具有产量优势，其中枸杞与冰草、苦豆子间作时产量显著降低；与燕麦、白三叶间作时相对单作无显著差异；与其他 6 种牧草间作时产量显著增加，其中与饲料甜菜、黑麦草、苜蓿间作时增产最为显著，这与兰玉峰等人 [204] 的研究结果一致，即并非所有的间作组合都具有产量优势，要想获得间作优势，间作植物种类的选择和组合是非常重要的。这一结果也与之前的一项研究即合理间作可以促进植物生长的结果一致 [205]。

在人工农业生产系统 [206] 和半自然草原生态系统 [207] 中，植物多样性的增加被证实可以增强生态系统功能，尤其是在生产力的提高上表现最为显著。另一项研究发现，群落中植物种类越丰富，越能够降低土壤中有害微生物对植物生长带来的不良影响，对提高生态系统生产力作用显著 [208]。研究报告还证明，间作可以减少个体之间的竞争，减少光照损失，为个体植物的生长发育和资源的充分利用创造有利的环境，从而提高植物的整体生产力 [209]。我们的试验设计采用不同冠层结构的牧草，与不同生长期和不同深度根系相匹配，从而利用植物资源的时空差异，最大限度地提高农业生产力。基于枸杞生长速率、产量和牧草生物量的 LER 比较，间作比单作系统产生更大的 LER。间作增加了枸杞的分枝数，此外大田试验以产量为基础的 LER 显著增加，这与之前的研究一致 [208]。欧洲国家普遍采用禾本科–豆科间作，并且绝大多数试验研究发现，间作较单作能最大限度提高总生产力 [201]，与我们的研究结果相符。

4.2 不同枸杞–牧草间作模式下的竞争力差异

间作系统中两种植物存在竞争关系，当一种植物对资源、养分等的竞争能力超过其间作植物时，间作植物生长受到抑制。侵占力、相对拥挤系数、竞争比率作为种间竞争重要的衡量指标，在评价间作系统中种间竞争强度及整体效应上效果显著 [210]。我们研究了 10 种牧草与枸杞构建的间作系统竞争力发现，不同间作组合之间存在显著差异。在基于枸杞果实产量的竞争力评价发现，10 种间作牧草对枸杞的侵占力（A_{fw}）均小于 0，且牧草的拥挤系数（K_f）始终小于对应基于枸杞果实产量的枸杞拥挤系数，说明 10 种牧草的竞争力均小于枸杞，因此，对于枸杞主导的农田生态系统，牧草的引入没有影响枸杞的优势竞争地位，这与其他研究者在果园生草研究中果树的竞争力高于生草的结果相符 [211-214]。此外侵占力在禾本科、豆科和藜科水平上差异显著，且无论在果实产量还是总体生物量上牧草竞争力整体表现为豆科牧草最弱，禾本科次之，藜科牧草最强，这与蔺芳 [215] 在禾本科牧草比豆科牧草有更强的竞争力的研究结果上保持一致。另外，竞争比率（CR）被认为是种间关系中一个更好的用来反映间作竞争力的指标[216]，通过研究发现，CR_{fw} 与侵占力和拥挤系数呈正相关关系，进一步验证了以上的研究结果，即在竞争力表现上藜科>禾本科>豆科牧草。尽管 10 种牧草的竞争力优势均低于枸杞，但苜蓿、饲料甜菜、黑麦草和绿园 5 号在间作系统中亦具有明显的竞争优势，亦是决定枸杞–牧草间作总体生产力的重要因素。

4.3　不同枸杞–牧草间作模式下的生产效益不同

间作的目的是促进单位面积土地上获得最大的生态效益和经济效益[36]。间作可以通过减少个体之间的竞争、光照损失，为个体植物的生长发育和资源的充分利用创造有利的环境，从而提高农业生态系统的整体生产力和经济效益[89]。而且，间作具有高生产力、高效益、抗倒伏、高资源利用率等优势，相较单作具有更好的生态、社会和经济效益[217,218]。货币优势指数的引入能够从经济效益方面描述该系统是否存在间作优势[219,220]。通过对不同间作模式下的货币优势指数的分析，表现好的材料依次为饲料甜菜、黑麦草、苜蓿、绿园 5 号和白三叶。并且这 5 种牧草参与间作的货币优势指数变化与土地当量比变化保持一致，即货币优势指数最高的饲料甜菜–枸杞组合(3 103.13，1 918.57) 亦具有最高的土地当量比 （1.84，1.80）。经过相关性分析发现，其他竞争力指标也表现了同样的变化趋势，这与前人的研究结果一致[215]。在本研究所考虑的间作搭配组合中，枸杞–饲料甜菜、枸杞–黑麦草、枸杞–苜蓿、枸杞–绿园 5 号和枸杞–白三叶在间作模式下 LER_f、LER_g、CR_{fw} 和 MAI 值均表现良好，说明枸杞间作饲料甜菜时的生产力最佳，依次为黑麦草、苜蓿、绿园 5 号和白三叶。

5　小结

（1）土地生产力方面，本研究中温室间作模式基于 10 种牧草生物学产量和枸杞生长量的 LER 计算的均值在 1.25 与 1.59 之间；田间间作模式基于 10 种牧草生物学产量和枸杞生长量、产量的 LER 计算的均值在 1.62 与 2.70 之间，整体表现为极显著的间作生产力优势；其中间作模式下具有明显增产潜力的是枸杞-饲料甜菜、枸杞-黑麦草、枸杞-苜蓿、枸杞-绿园 5 号和枸杞-白三叶间作模式。

（2）在种间竞争方面，基于枸杞果实产量的竞争力评价，10 种间作牧草对枸杞的侵占力均小于 0、牧草的拥挤系数始终小于对应枸杞的拥挤系数、10 种牧草间作模式的竞争比率均小于 1，均证明牧草的引入没有影响枸杞的优势竞争地位；基于枸杞新增生物产量的竞争力评价发现，绿园 5 号、黑麦草和苜蓿大于对应枸杞的拥挤系数，具有明显的竞争潜力。

（3）在生产效益方面，10 种间作模式中有 8 种货币优势指数高于单作，基于牧草生物量和枸杞果实产量、枸杞新增生物产量表现突出的间作模式依次为枸杞-饲料甜菜、枸杞-苜蓿和枸杞-黑麦草。

综合分析土地生产力、种间竞争力和生产效益，初步筛选出枸杞-饲料甜菜、枸杞-黑麦草、枸杞-紫花苜蓿、枸杞-绿园 5 号、枸杞-白三叶草 5 种间作组合。

第 4 部分
枸杞-牧草间作模式对牧草生长的影响研究

1　引言

不同间作材料对植物生长的影响不同，吕越 [221] 研究表明，间作禾本科植物与豆科植物在植株生长上的表现存在显著差异，其中间作禾本科时植株高度、叶面积和单株生物量显著增加；而间作豆科植物则相反，且生长指标变化趋势在生育期内不尽相同。顾宏辉等 [222] 发现植物间作存在边际效应，高阳 [223] 等进一步研究发现，间作模式下豆科植物生殖生长后期，中间行生长状况明显优于边行。研究者 [224] 发现间作模式能够改善植物品质，但改善效果因杂种优势和群体质量的不同而存在差异。研究还发现 [225]，青饲玉米-紫花苜蓿间作模式对紫花苜蓿的粗蛋白和粗脂肪含量影响不明显，但却显著提高了青饲玉米的粗脂肪和粗蛋白含量，提高幅度均在 30% 以上，说明合理的间作模式能够利用生理生态的差异来改善植物品质；此外，间作能在时间、空间上集约高效地利用光、温、水等自然资源，提高了光能利用率。

林草间作系统受树冠的遮阴、种间竞争等影响，继而改变了小气候环境因子诸如空气、土壤温湿度、光照强度等，威胁到林间牧草的生长。为促进林草间作能够长期稳定且高效地发展，探讨林草间作模式对牧草生长的影响显得十分重要。但长期以来，研究者均以高大林木下间作为研究对象，多集中在分析间作模式对根系分布和生长动态[226]、土壤环境及效益[227]上。如巨桉树可以减少林下牧草的有效辐射和蒸腾作用，进而缓解了地表温度的极端分布，可以为牧草生长提供良好且稳定的生长环境[228]。而矮小树型灌木对牧草生长及光合作用等影响的研究较少。因此，本研究以枸杞和牧草为研究对象，明确枸杞-牧草间作模式对牧草形态指标、产量、品质和光能利用上的影响，揭示间作模式对牧草生长的影响机理，以期为宁夏地区畜牧业发展和土地资源合理利用提供参考依据。

2 材料与方法

2.1 供试材料

试验材料中冰草数据部分缺失，因此此部分供试材料为绿园5号、黑麦草、燕麦、甜高粱、针茅、苜蓿、白三叶、苦豆子、饲料甜菜，共计9种牧草，分别与枸杞组成9种间作模式。以9种牧草单作为对照，以枸杞-绿园5号、枸杞-黑麦草、枸杞-燕麦、枸杞-甜高粱、枸杞-针茅、枸杞-苜蓿、枸杞-白三叶、枸杞-苦豆子、枸杞-饲料甜菜为试验处理，每处理重复3次，随机区组排列。

2.2 测定指标及方法

以下项目均在田间完成取样和测定。

2.2.1 牧草生长及产量指标测定

株高的测定时间是前文3.2.2中牧草第一茬收获时间。在每个处理采用5点取样，饲料甜菜全株取样，每点取单株，记根茎叶总长为其株高；其他8种牧草材料每点随机选取并标记10株牧草，每处理三重复，共计150株，随后用卷尺进行株高测定。随后分别进行茎叶分离并称取鲜重，分别置于105℃烘箱中杀青30 min，75℃下烘至恒重，除饲料甜菜叶茎比=叶干重/根茎干重外，其他8种牧草的叶茎比=叶干重/茎干重。

牧草一级分枝/蘖数测定时间是前文 3.2.2 中牧草第一茬收获时间，试验采用 5 点取样，每点选取 1 m² 样方或 1 m 样段，贴地皮刈割，数单位面积内着生于根茎的分枝或分蘖数，其中饲料甜菜、苦豆子、甜高粱统计数据用 1 m 样段的植株数代替。

牧草鲜重和干重产量测定方法，各牧草材料根据前文 3.2.2 中刈割时间，采用 5 点法取样；其中，饲料甜菜每点选 1 m 样段取全株，称取鲜重，随后在烘干房放置烘干；其他 8 种牧草每点选取 1 m² 样方进行刈割，均留茬 5 cm，称鲜重后取 500 g 鲜草样品装入信封袋中，每处理三重复，按照 105℃（0.5 h）~75℃于烘箱内杀青 30 min 后 80℃烘干 48 ~ 72 h 至恒重并称重。记录干草重，并计算出干鲜比和每亩牧草产量（干草）。

2.2.2　牧草生理指标测定

硫代巴比妥酸法测丙二醛（MDA）含量[229]；超氧化物歧化酶（SOD）测定参照孙群等[230]研究方法。

2.2.3　牧草光合指标测定

牧草净光合速率、气孔导度及蒸腾速率由便携式气体交换荧光系统（GFS-3000，Walz）测定。并计算出水分利用效率（XVF）＝ 净光合速率/蒸腾速率。每种牧草均在行种间取样，避开边行，随机测定 5 片功能叶，3 次生物学重复。测定时间选择晴朗无风天气的上午 8:30—11:30。便携式气体交换荧光系统配备标准测量头及内置红蓝光源。测定时环境二氧化碳浓度 400 ppm，气流量 750 μmols⁻¹，叶室温度 25℃。

2.2.4　牧草营养指标

黑麦草、绿园 5 号、针茅、苜蓿和白三叶于 2021 年 5 月 7 日刈割取样，黑麦草、绿园 5 号、针茅处于孕穗期，苜蓿和白三叶处于现蕾期；燕麦于 2021 年 6 月 25 日抽穗期刈割；饲料甜菜、甜高粱和苦豆子于 2021 年 8 月 25 日进行刈割取样，此时饲料甜菜处于块根生长末期、甜高粱处于乳熟期、苦豆子处于鼓粒期；每处理取样后在 105℃烘箱中杀青 30 min，65℃烘干至恒重后粉碎过 0.42 mm 孔径筛。

参照《饲料分析及饲料质量检测技术》[231] 中方法，用凯氏定氮法测定粗蛋白（crude Protein，CP）含量，索氏抽提法测定粗脂肪（ether extraction，EE）、Van Soest 法测中性洗涤纤维（neutral detergent fiber，NDF）和酸性洗涤纤维（acid detergent fiber，ADF）含量；干法灰化法测粗灰分（crude ash，CA）含量。比较干草的饲用品质和预期采食量用粗饲料相对值（Relative feed value，RFV），计算方法为：RFV=DMI（%BW）×DDM（%DM）/1.29，由美国牧草草地理事会饲草分析委员会提出。其中，DMI（dry matter intake，DMI）为粗饲料干物质的随意采食量，单位为占体重的百分比（%BW）；DDM（digestible dry matter，DDM）为可消化的干物质，单位为占干物质的百分比即%DM。DMI 和 DDM 的预测模型公式分别为：

DMI（%BW）=120/NDF（%DM），

DDM（%DM）=88.9−0.779ADF（%DM），

RFV=DMI（%BW）×DDM（%DM）/1.29。

2.3 数据处理与分析

所有试验数据通过 Excel 2010 和 SPSS 17.0 统计软件进行分析，采用 LSD 法对不同试验处理间的差异进行显著性检验（Fisher´s LSD $P<0.05$），Corrplot v0.1.0 中的 "corr.test" 函数计算各组分参数间的 Spearman 并对相关性绘图，Origin 2017 和 Excel 2010 用于牧草相关指标图形的绘制。

3 结果与分析

3.1 不同枸杞–牧草间作模式对牧草形态指标变化特征分析

3.1.1 对牧草株高的影响

植物感受外界环境最敏感的部分反映在形态指标的变化上，可以直接看出不同牧草间作和单作模式下牧草形态指标的变化。由图 4–1 可知，9 种牧

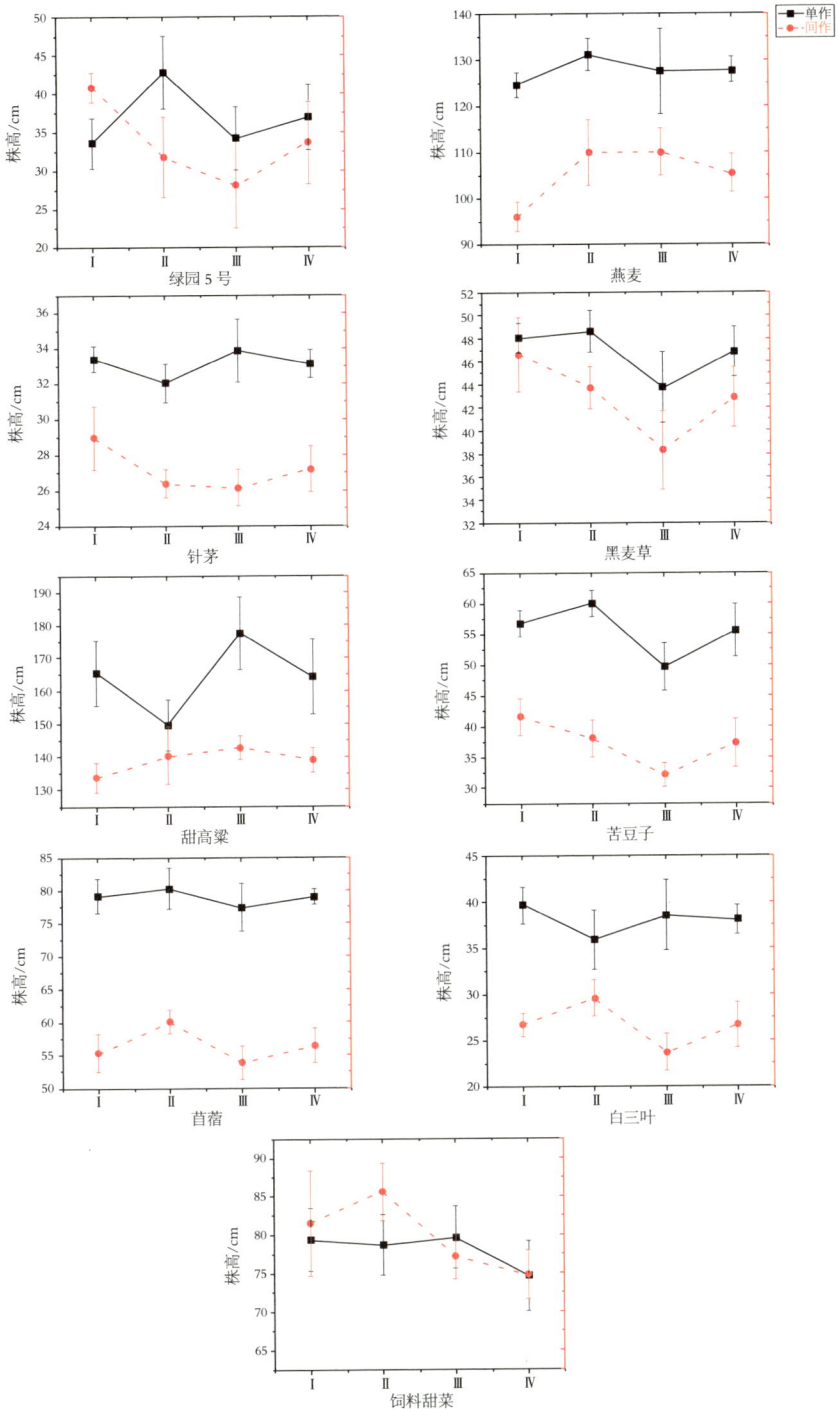

图 4-1　间作模式下不同牧草的株高折线图

Figure 4-1 Line chart of different herbage plant height under intercropping pattern

草间作枸杞的种植模式整体表现为单作高于间作水平，且在不同牧草之间的变化差异不同。不同牧草间作模式下，牧草株高均不同程度地受到抑制，尽管饲料甜菜在单作时株高低于间作水平，但变化差异不显著（$P>0.05$）。枸杞间作燕麦（40.95%）、苦豆子（32.88%）、三叶草（29.85%）、苜蓿（28.51%）、针茅（17.88%）、甜高粱（15.34%）的株高与单作相比抑制率差异显著（$P<0.05$）。绿园5号和黑麦草间作时株高降低，但无显著差异（$P>0.05$）。

3.1.2 对牧草一级分枝/蘖数的影响

图4-2结果表明，9种牧草间作枸杞的种植模式整体表现为单作低于间作水平，且在不同牧草之间的变化差异不同。不同牧草间作模式下，牧草一级分枝/蘖数均不同程度地受到抑制，尽管甜高粱和饲料甜菜的一级分枝数在单作时高于间作水平，但变化差异不显著（$P>0.05$）。枸杞间作三叶草、黑麦草、绿园5号、苜蓿时，能够促进一级分枝/蘖数的增加，促进效果差异显著（$P<0.05$），促进率依次为23.76%、18.05%、14.69%和13.71%。枸杞与燕麦、针茅、苦豆子间作时牧草的一级分枝/蘖数增加，但无显著差异（$P>0.05$）。

3.1.3 对牧草叶茎比的影响

图4-3结果表明，9种牧草与枸杞间作的叶茎比均表现为单作高于间作水平，且在不同牧草之间的变化差异不同。不同枸杞-牧草间作模式下，牧草叶茎比均不同程度地受到抑制，且变化差异显著（$P<0.05$）。枸杞间作9种牧草的叶茎比抑制率分别表现如下：针茅（42.89%）、饲料甜菜（42.78%）、黑麦草（26.21%）、燕麦（19.40%）、甜高粱（18.75%）、绿园5号（17.80%）、三叶草（13.18%）、苦豆子（10.95%）、苜蓿（9.09%）。

3.1.4 对牧草产量和干鲜比的影响

表4-1结果表明9种牧草间作枸杞单位面积的牧草干重产量均表现为单作高于间作水平，且在不同牧草之间的变化差异不同。不同牧草间作模式下，干重变化差异显著（$P<0.05$）。枸杞间作9种牧草的干重相对于单作减产率分

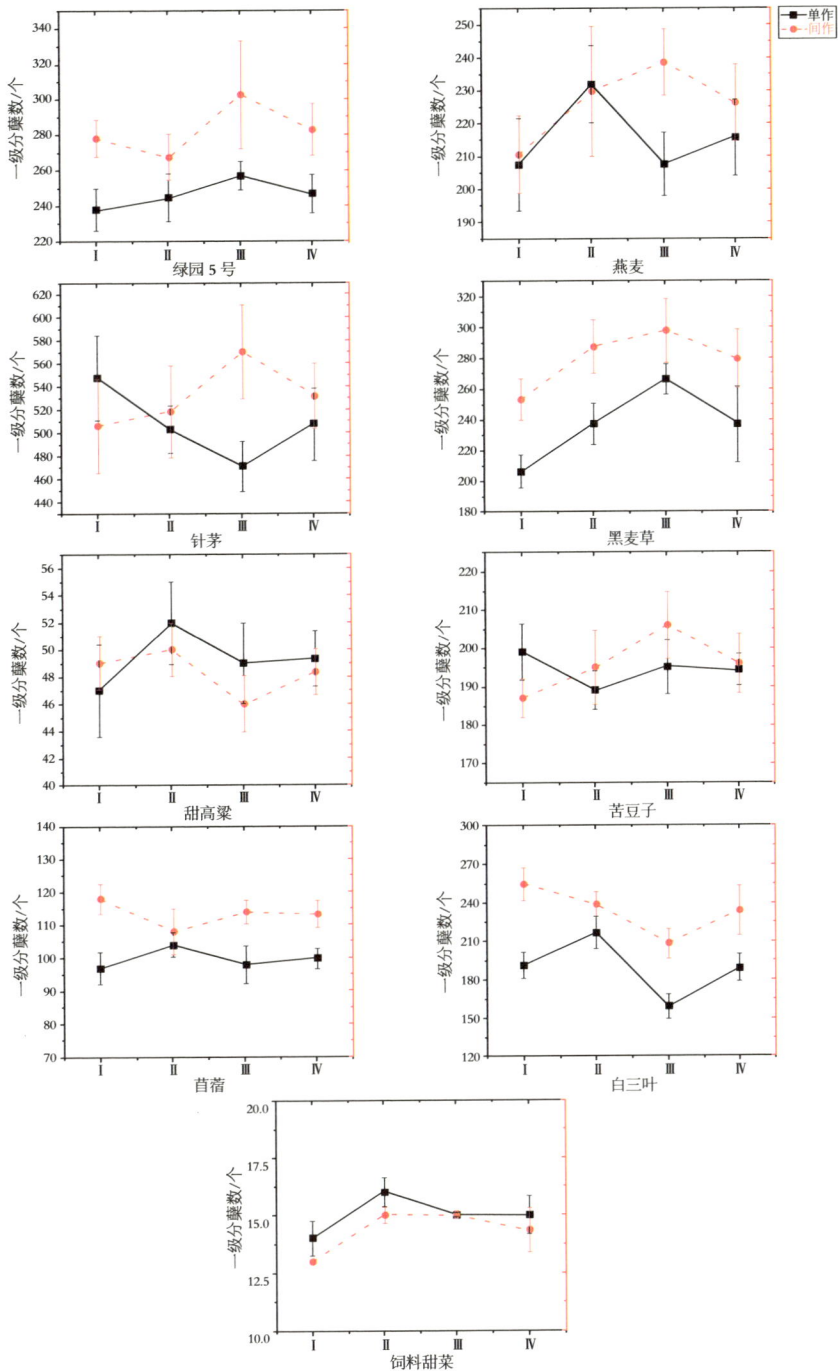

图 4-2　间作模式下不同牧草的一级分枝/蘖数折线图

Figure 4-2 Line chart of different herbage first order branching / tillering number under intercropping pattern

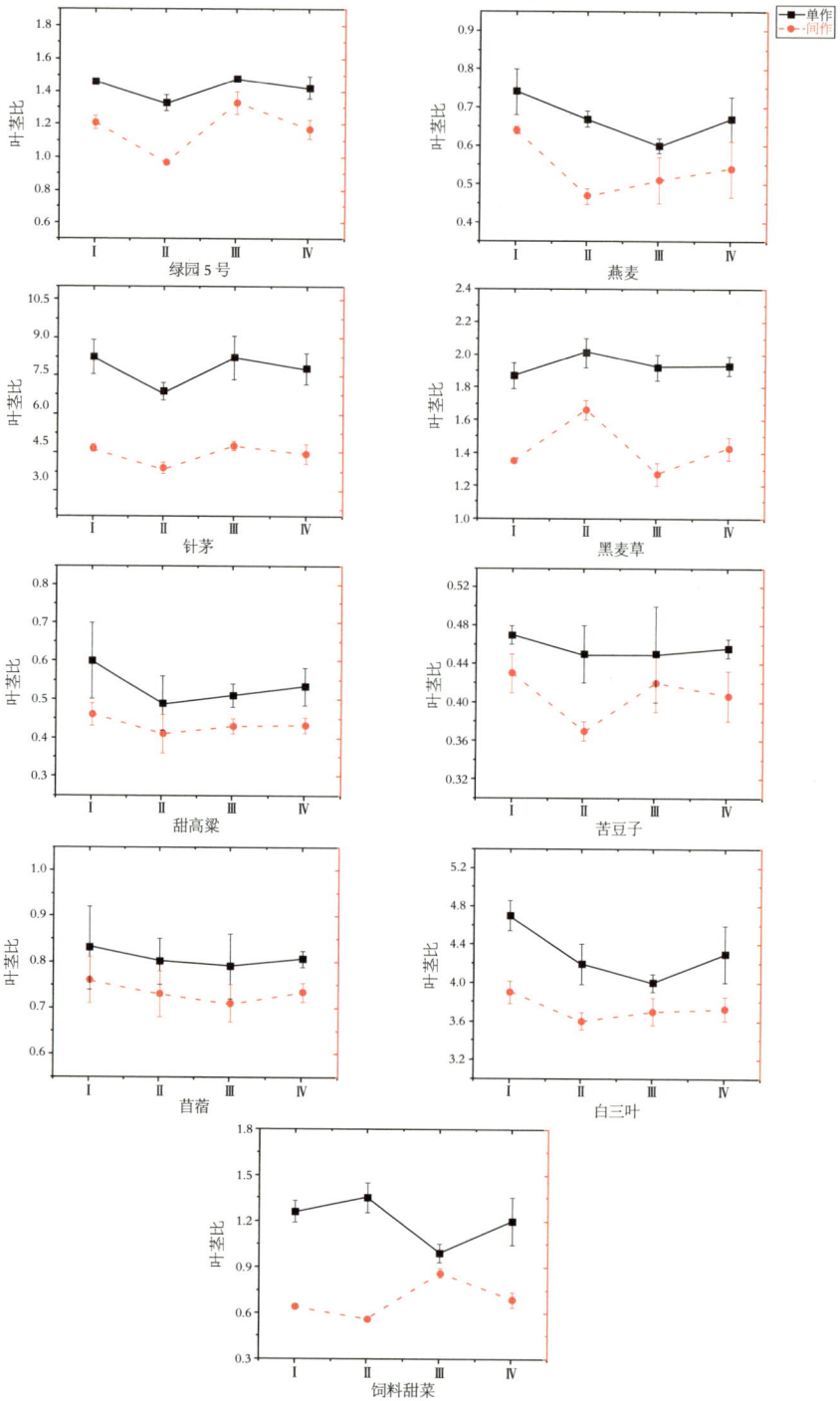

图 4-3　间作模式下不同牧草的叶茎比折线图

Figure 4-3 Line chart of different herbage leaf-stem ratio number under intercropping pattern

别表现如下：苦豆子（74.32%）、甜高粱（69.655%）、三叶草（58.97%）、针茅（46.43%）、燕麦（41.79%）、绿园 5 号（24.77%）、苜蓿（20.07%）、黑麦草（17.99%）、饲料甜菜（9.03%）。考虑到间作是在枸杞的 3 m 行间且留有 2 m 步道的前提下展开，因此，将两种种植模式下的牧草进行等面积换算后对比，可以更科学地鉴定间作模式是否能促进增产，即 I2=I1×2。进一步分析发现间

表 4-1　间作和单作模式下不同牧草的干草产量

Table 4-1 Yield of hay forage under intercropping and monocropping pattern

试验材料 Material	种植模式 Cropping pattern	干草产量/(kg·667 m⁻²) Hay yield/(kg·667 m⁻²)				产量变化/% Yield Change_I vs M	
		2019	2020	2021	Mean	Level 1	Level 2
绿园 5 号 Lvyuan 5	M	857.65± 39.71	765.09± 54.62	721.51± 44.58	781.41± 56.77	−24.77	50.46
	I1	627.25± 27.66	574.01± 31.45	562.36± 24.99	587.87± 28.25		
	I2	1 254.51± 55.32	1 148.0± 62.90	1 124.71± 49.98	1 175.74± 56.50		
燕麦 Oat	M	909.44± 68.42	795.01± 79.83	836.45± 56.16	846.97± 67.58	−41.79	16.41
	I1	565.50± 34.99	440.34± 28.56	474.14± 47.68	493.33± 35.70		
	I2	1 131.00± 69.98	880.64± 57.12	948.28± 95.36	986.43± 71.39		
针茅 Sipas	M	441.34± 32.19	378.05± 25.66	356.15± 17.87	392.07± 60.21	−46.43	7.15
	I1	225.88± 19.60	224.90± 17.80	178.97± 10.77	209.87± 36.48		
	I2	451.76± 39.19	449.80± 25.66	357.94± 17.87	419.33± 72.94		
黑麦草 Ryegrass	M	1 062.29± 43.99	1 113.67± 77.53	1 100.19± 58.98	1 092.05± 21.75	−17.99	64
	I1	895.02± 21.76	870.70± 33.67	920.76± 31.07	895.49± 20.44		
	I2	1 790.03± 43.52	1 741.40± 67.34	1 841.51± 64.12	1 790.98± 40.88		

试验材料 Material	种植模式 Cropping pattern	干草产量/(kg·667 m⁻²) Hay yield/(kg·667 m⁻²)				产量变化/% Yield Change_I vs M	
		2019	2020	2021	Mean	Level 1	Level 2
甜高粱 Sweet sorghum	M	3 005.47± 230.6	2 893.30± 270.62	2 652.23± 89.55	2 850.33± 194.76	−69.65	−39.29
	I1	915.54± 87.94	893.49± 74.69	786.61± 107.44	865.18± 72.61		
	I2	1 831.08± 175.88	1 787.98± 149.38	1 573.22± 214.88	1 730.36± 125.22		
苦豆子 Sophora alopecuroides	M	707.64± 20.56	650.07± 34.69	642.64± 19.88	666.78± 29.05	−74.32	−48.63
	I1	238.07± 23.88	138.51± 10.71	137.19± 9.88	171.26± 47.25		
	I2	476.14± 47.76	277.03± 21.42	274.38± 19.76	342.51± 94.49		
苜蓿 Alfalfa	M	1 120.92± 85.19	1 001.74± 57.31	1 077.16± 66.34	1 066.61± 49.22	−20.07	59.87
	I1	938.80± 53.88	780.99± 35.46	837.94± 60.17	852.58± 65.25		
	I2	1 877.60± 107.76	1 561.98± 70.92	1 675.88± 120.34	1 705.15± 130.51		
三叶草 White clover	M	720.14± 29.77	652.51± 18.69	646.79± 37.54	673.14± 33.31	−58.97	−17.94
	I1	345.07± 22.19	247.76± 19.80	235.79± 33.77	276.21± 48.94		
	I2	690.13± 44.38	495.53± 39.60	471.58± 67.54	552.41± 97.87		
饲料甜菜 Mangel	M	1 282.72± 101.54	1 137.80± 59.78	1 090.26± 73.99	1 170.26± 81.85	−9.03	81.94
	I1	1 107.49± 56.12	1 080.14± 87.19	1 006.19± 54.26	1 064.61± 42.79		
	I2	2 214.99± 112.24	2 160.27± 174.38	2 012.38± 108.52	2 129.21± 85.58		

注：I1 是间作模式下牧草实际产量 Actual herbage hay yield under intercropping pattern；I2 是单作和间作面积等比换算后牧草间作模式下的干草产量，即可比面积上干草产量，用于与单作比较分析 Hay herbage per area yield under intercropping pattern。

作苦豆子（48.63%）、甜高粱（39.29%）、三叶草（17.94%）减产显著（$P<0.05$）；间作针茅增产 7.15%，增产不显著（$P>0.05$）；间作燕麦、绿园 5 号、苜蓿、黑麦草、饲料甜菜增产显著（$P<0.05$），且增产率依次增加，分别为 16.41%、50.46%、59.87%、64.00% 和 81.94%。因此，我们猜测一方面可能是牧草两边各 1 m 步道为牧草生长提供了足够的空间，另一方面是枸杞提供的间作环境能够促进燕麦、绿园 5 号、苜蓿、黑麦草、饲料甜菜的增产。

分析图 4-4 发现，鲜干比整体表现为下降趋势，即单作牧草相对间作水分较高，出干草率较低。进一步分析发现间作水平下，针茅（12.39%）和三叶草（19.24%）鲜干比下降显著（$P<0.05$）；绿园 5 号（9.56%）、苦豆子（8.80%）、饲料甜菜（8.09%）和甜高粱（2.58%）鲜干比下降不显著（$P>0.05$）；而燕麦（2.29%）、黑麦草（0.88%）、苜蓿（1.59%）鲜干比略有增加，但无明显差异。

综合分析发现，单作模式下干产量较高的牧草材料分别是甜高粱（2 850.33 kg/667 m²）、饲料甜菜（1 170.26 kg/667 m²）、黑麦草（1 092.05 kg/667 m²）和苜蓿（1 066.61 kg/667 m²）；间作模式下干产量较高的牧草材料分别是饲料甜菜（1 064.61 kg/667 m²）、黑麦草（895.49 kg/667 m²）、甜高粱（865.18 kg/667 m²）和苜蓿（852.58 kg/667 m²）。结合枸杞田间除草、施肥、除根蘖等长期操作的便利和间作空间分布，发现饲料甜菜、黑麦草和苜蓿表现突出。

3.2　不同枸杞-牧草间作模式对牧草光合特性的影响

不同枸杞-牧草间作模式下光合特性存在一定的波动（图 4-5），整体表现为间作净光合速率（Pn）和气孔导度（Gs）较单作呈下降趋势；除苦豆子间作 Pn 较单作下降 10.87%，差异显著（$P<0.05$）外，其他 8 种牧草与枸杞间作时 Pn 较单作无显著差异（$P>0.05$）。绿园 5 号和黑麦草的 Gs 表现为间作高于单作，但提高分别为 0.56% 和 2.27%，无显著差异（$P>0.05$）；甜高粱、苦豆子、苜蓿、三叶草的 Gs 间作较单作分别降低 12.18%、22.00%、18.22% 和 15.60%，差异显著（$P<0.05$）。此外，蒸腾速率（Tr）整体表现为间作较单作

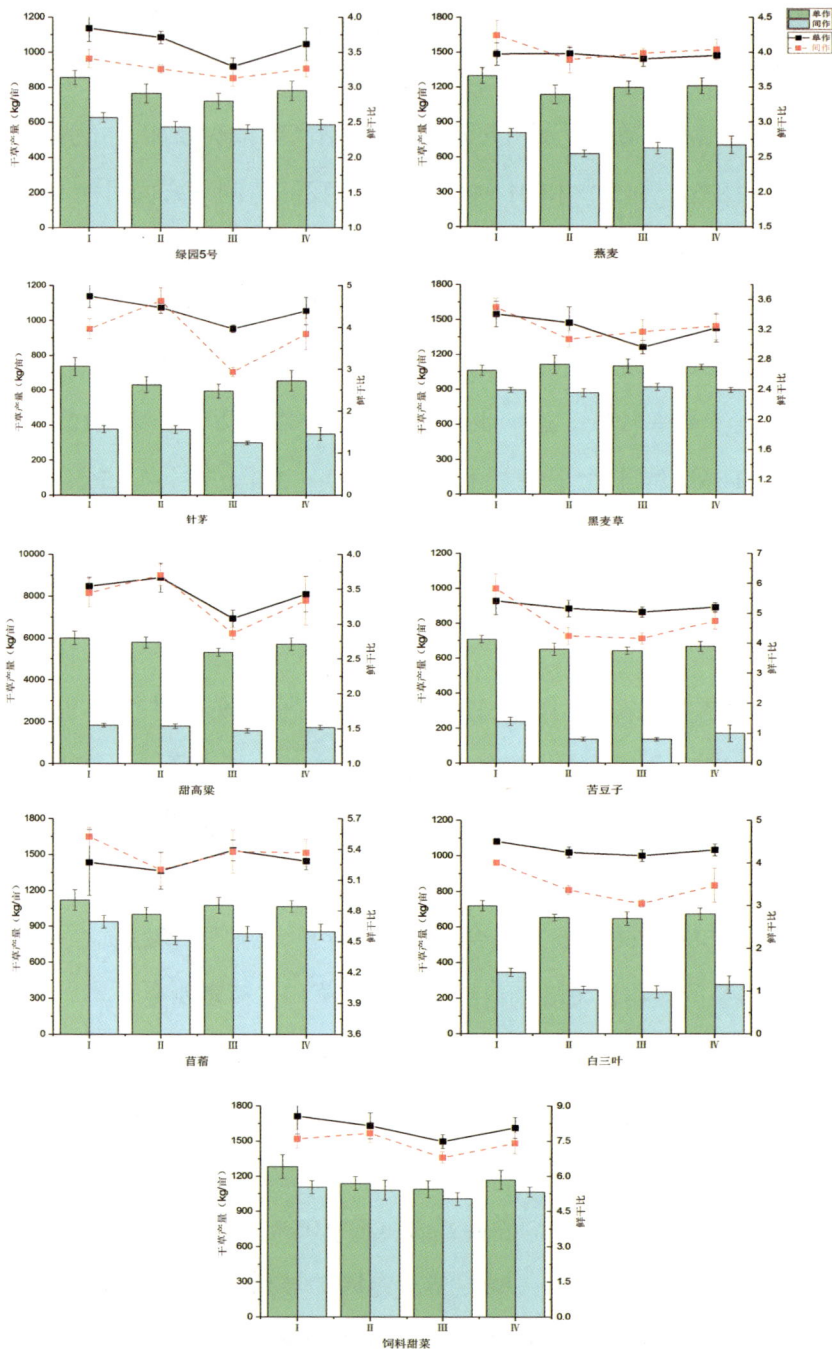

图 4-4　间作模式下不同牧草的干草产量和鲜干比折线图

Figure 4-4 Line chart of hay yield and fresh weight to dry weight ratio of different herbage under intercropping pattern

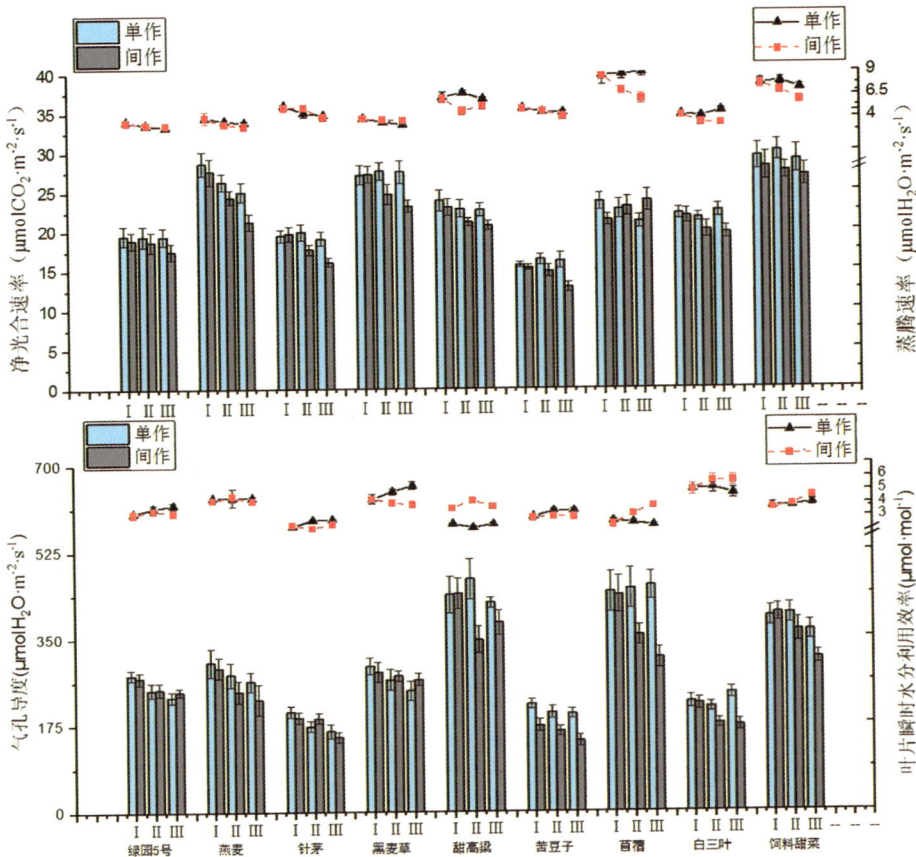

图 4-5　间作模式下不同牧草的光合特性分析

Figure 4-5 Photosynthetic characteristics analysis of different herbage under intercropping pattern

呈下降趋势。其中，甜高粱、苜蓿、三叶草、饲料甜菜间作时 Tr 较单作下降分别为 14.93%、17.44%、15.50% 和 10.30，差异显著（P<0.05）。另外，叶片瞬时水分利用效率（WUE）在不同牧草间作模式下，变化不尽相同；甜高粱、苜蓿和三叶草间作模式下 WUE 显著增加，且增长率分别为 64.31%、25.48% 和 10.24%，差异显著（P<0.05）。WUE 在黑麦草、针茅与枸杞间作时 WUE 下降趋势显著，降幅分别为 15.08%、10.35%（P<0.05）。

　　综合分析光合特性的整体表现可知，不同牧草种类在应对种植模式改变时反应趋势大致相同，但反应强度不尽相同；牧草通过光合特性的改变，进一步提高自身防御机制，进而减少环境变化对机体自身生长发育的影响。甜高粱作为一种 C4 植物，在光合特性和间套作相关关系中可能存在一种不同于 C3 植物的反馈调节机制，以满足自身生长发育的需求。

3.3 不同枸杞–牧草间作模式对牧草生理指标分析

3.3.1 不同牧草的地上部分

不同牧草单作和间作模式下叶片 MDA 含量均存在差异（图 4-6）；但不同科植物间含量差异显著（$P<0.05$），具体表现为豆科（1.93）＞禾本科（0.31）＞藜科（0.06）；同一科植物在同一种植模式下 MDA 含量差异不显著，而同一科植物在两种种植模式下 MDA 含量变化趋势基本相同。具体表现为禾本科牧草间作时叶片 MDA 含量增长较单作呈上升趋势，针茅（133.2%）、甜高粱（88.1%）和绿园 5 号（36.7%）增长显著（$P<0.05$）。豆科牧草中苦豆子

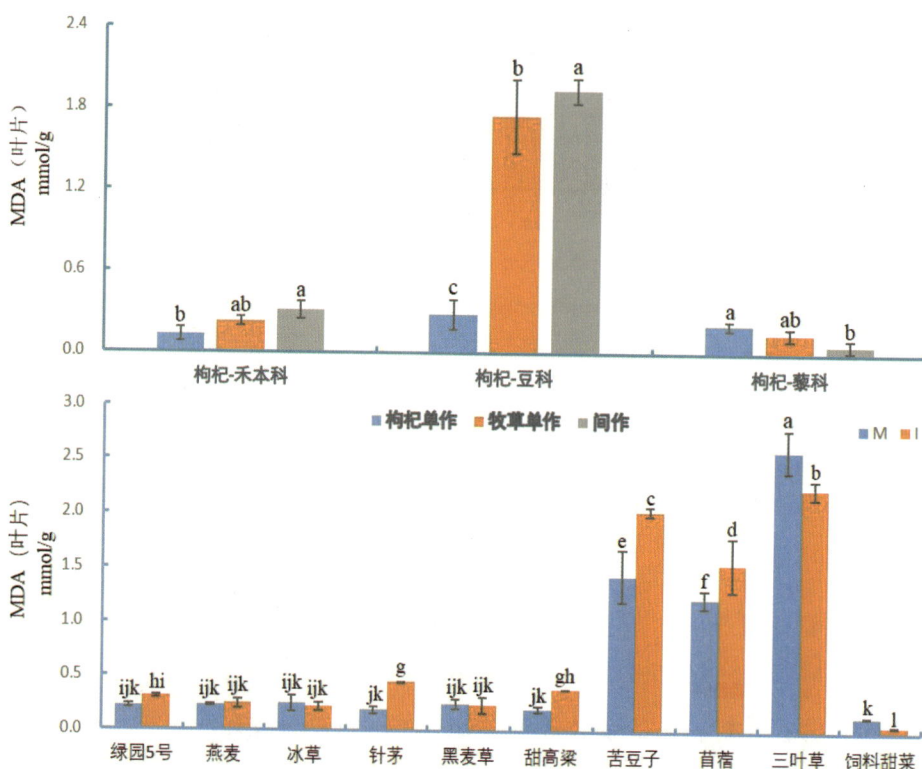

图 4-6　间作模式下不同牧草叶片的 MDA 变化

Figure 4-6 MDA changes of different herbage leaf under intercropping pattern

（41.5%）和苜蓿（26.1%）间作时叶片 MDA 含量较单作增长显著（$P<0.05$）；三叶草表现相反，间作时叶片 MDA 含量较单作降低 13.6%，差异显著（$P<0.05$）。藜科植物饲料甜菜间作时叶片 MDA 含量较单作减少 57.6%，呈显著差异（$P<0.05$）。

超氧化物歧化酶能清除活性氧和超氧化物阴离子自由基，是植物应对外界环境变化的重要基础指标。图 4-7 可以看出，不同牧草单作和间作模式下叶片 SOD 含量均存在差异；禾本科间作时除黑麦草差异不显著外，SOD 整体含量间作较单作呈降低趋势，差异不显著（$P>0.05$）；豆科间作时除苜蓿差异不显著外，SOD 整体含量间作较单作呈上升趋势，差异显著（$P<0.05$）；藜科间作时 SOD 含量较单作呈降低趋势，差异不显著（$P>0.05$）。综合分析，豆科植物尤其是三叶草表现出较强的耐受性和适应环境的能力。

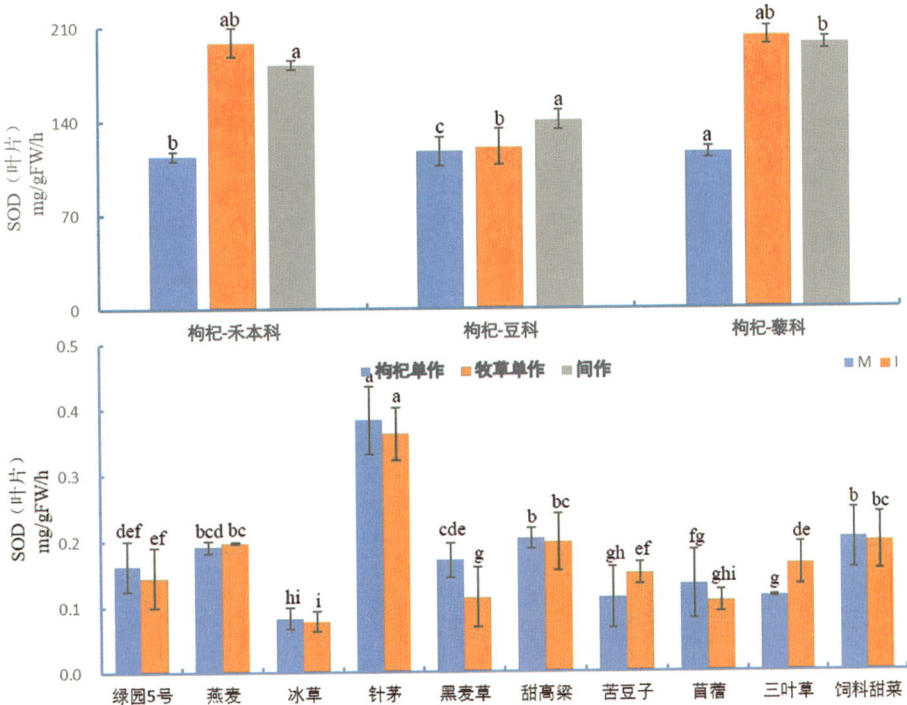

图 4-7　间作模式下不同牧草叶片的 SOD 变化

Figure 4-7 SOD changes of different herbage leaf under intercropping pattern

3.3.2 不同牧草的地下部分

不同牧草单作和间作模式下根 MDA 含量均存在差异（图 4-8）。具体表现为不同科植物间含量差异不显著（$P>0.05$）；同一科植物在同一种植模式下除豆科植物差异显著外（$P<0.05$），禾本科和藜科均无显著变化。不同种植模式下，禾本科牧草间作时根 MDA 含量除冰草（17.86%）显著增长外，其他禾本科牧草无显著变化（$P>0.05$）。三种豆科牧草变化趋势各异，其中间作苦豆子较单作显著增加 25.1%（$P<0.05$），间作苜蓿较单作显著降低 23.6%（$P<0.05$），三叶草无显著变化（$P>0.05$）。藜科植物饲料甜菜间作时根 MDA 含量较单作略有降低，但无显著变化（$P>0.05$）。

图 4-9 可以看出，不同牧草单作和间作模式下根 SOD 含量存在差异；禾本科和藜科间作时根 SOD 含量下降显著（$P<0.05$），分别为 10.33% 和 39.10%，

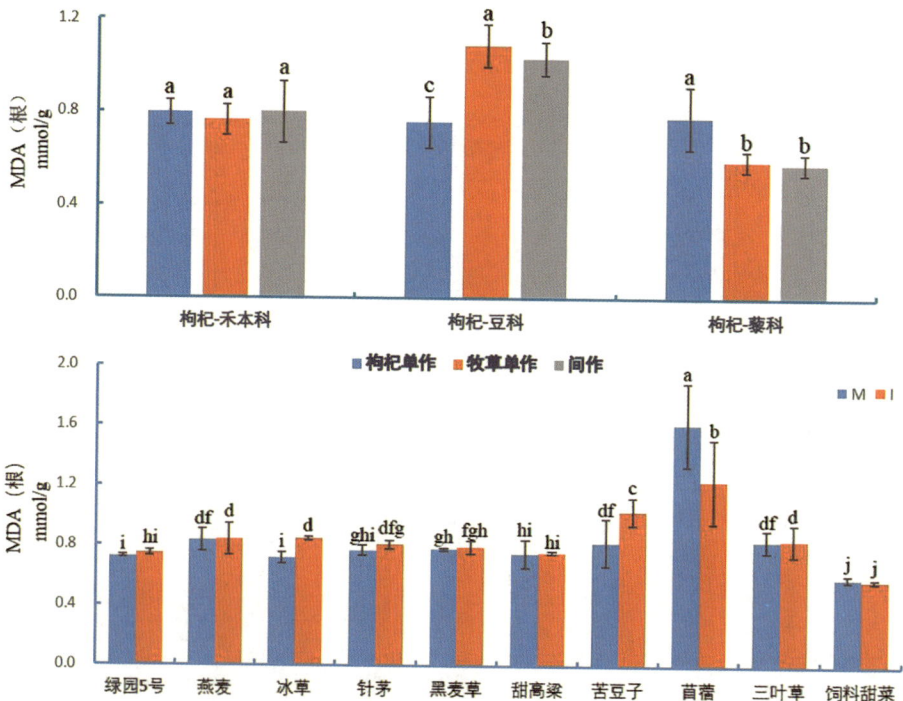

图 4-8　间作模式下不同牧草根的 MDA 变化

Figure 4-8 MDA changes of different herbage root under intercropping pattern

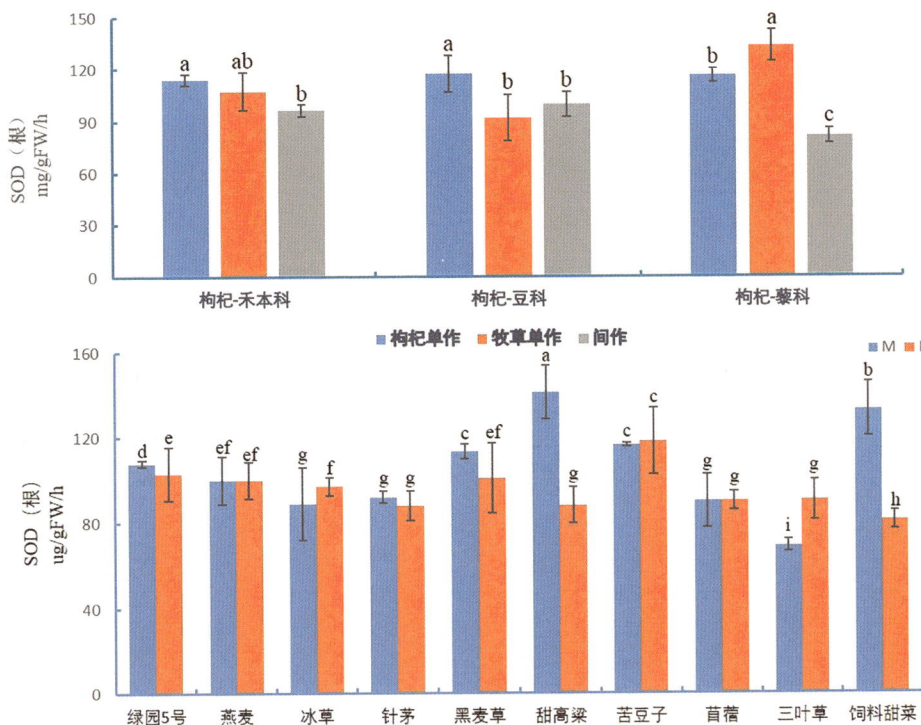

图 4-9　间作模式下不同牧草根的 SOD 变化

Figure 4-9 SOD changes of different herbage root under intercropping pattern

豆科间作时根 SOD 含量略有提升，但无显著差异（$P>0.05$）。具体分析发现，黑麦草(11.01%)、甜高粱（37.59%）和饲料甜菜（39.10%）显著下降（$P<0.05$）；三叶草(31.16%) 显著升高（$P<0.05$）；其他材料均无显著变化（$P>0.05$）。

综合分析，豆科植物尤其是三叶草表现出较强的耐受性和适应环境的能力。

3.4　不同枸杞-牧草间作模式对牧草营养指标分析

不同处理下干草的 CP 和 NDF 等营养成分的含量见表 4-2，可以看出，同一牧草在间作模式下的营养成分与单作相比均存在不同程度的差异；同一栽培模式下，10 种牧草之间营养成分差异显著；同一科属植物在不同栽培模式下的营养成分变化趋势基本保持一致。

具体表现为，CP 含量在禾本科和藜科植物间作时较单作均有不同程度的

表 4-2　间作模式下不同牧草营养成分变化

Table 4-2 Changes of Plant Nutrient Composition of different herbage under intercropping pattern

种植模式 Cropping pattern	处理 Treatment	粗蛋白 CP	中性洗涤纤维 NDF	酸性洗涤纤维 ADF	粗灰分 Ash	粗脂肪 EE	相对饲用价值 RFV
单作	绿园5号	10.41±0.89k	52.17±3.97g	38.32±1.92cd	9.94±0.98e	4.84±0.34cd	104.41±7.66gh
	燕麦	11.83±0.76h	54.37±3.19f	40.75±1.56b	10.88±0.12cd	4.41±0.14de	97.79±3.98i
	冰草	5.88±0.12n	71.50±5.66a	38.58±3.46cd	4.01±0.08j	3.58±0.11g	76.56±3.67lm
	针茅	10.57±0.35jk	70.72±3.77a	34.36±2.89f	4.58±0.12i	3.64±0.12fg	81.73±4.62k
	黑麦草	11.32±0.88g	47.43±2.19i	24.87±1.43j	13.46±0.45a	6.81±0.22b	136.36±9.36a
	甜高粱	7.87±0.21l	66.75±5.21c	45.02±1.95a	11.52±0.87b	2.75±0.06h	75.02±3.22m
	苦豆子	20.89±1.78a	56.68±1.98e	28.61±1.64h	6.38±0.32h	4.12±0.11ef	109.32±4.51e
	苜蓿	19.26±0.65b	45.86±2.06j	36.54±1.44e	10.47±0.17d	2.76±0.67h	122.59±7.90b
	三叶草	14.14±0.33de	53.45±3.42f	30.59±1.65g	7.36±0.09g	1.15±0.04i	113.25±5.07d
	饲料甜菜	13.38±0.12ef	53.43±2.99f	26.65±1.77i	9.79±0.13e	2.90±0.07h	118.63±4.11c
	L.S.D.（5%）						
间作	枸杞/绿园5号	11.09±0.66ij	51.77±3.01gh	38.53±1.57cd	9.72±0.39e	5.12±0.78c	105.81±5.62fg
	枸杞/燕麦	12.97±0.23fg	52.30±2.66g	39.23±2.01bc	10.63±1.00d	4.50±0.19de	103.77±4.77h
	枸杞/冰草	6.77±0.19m	71.43±4.56a	38.49±1.62cd	3.89±0.05k	3.72±0.09fg	76.73±2.89lm
	枸杞/针茅	11.24±0.91i	69.22±3.29b	34.11±2.34f	4.58±0.16i	3.89±0.07fg	83.76±4.61j
	枸杞/黑麦草	12.56±1.06de	46.01±1.86j	24.13±0.99j	12.09±1.12a	7.46±0.64a	141.73±7.87a
	枸杞/甜高粱	7.96±0.09l	64.52±3.42d	44.31±2.33a	11.30±0.80bc	2.81±0.03h	78.41±3.42l

续表

种植模式 Cropping pattern	处理 Treatment	粗蛋白 CP	中性洗涤纤维 NDF	酸性洗涤纤维 ADF	粗灰分 Ash	粗脂肪 EE	相对饲用价值 RFV
间作	枸杞/苦豆子	20.52± 0.89a	57.42± 3.19e	29.22± 1.90h	6.61± 0.23h	4.01± 0.04ef	107.15± 4.80f
	枸杞/苜蓿	18.47± 0.28c	47.55± 2.17i	38.09± 2.09d	10.70± 0.78d	2.58± 0.12h	115.88± 4.42c
	枸杞/三叶草	13.96± 0.68de	54.11± 3.21f	30.89± 2.01g	7.90± 0.39f	1.14± 0.09i	111.46± 3.17d
	枸杞/饲料甜菜	14.42± 1.32d	50.79± 4.06h	26.86± 1.65i	8.02± 0.64f	1.22± 0.07i	124.50± 6.99b
	L.S.D.（5%）						

提升，且增长量为 11.15% 和 7.77%，差异显著（$P<0.05$），其中在黑麦草（10.71%）、燕麦（9.64%）和饲料甜菜（7.77%）中增长较多；豆科植物 CP 含量下降约 2.39%，差异显著（$P<0.05$），在苜蓿（4.1%）间作时下降最为显著。NDF 含量在禾本科和藜科植物间作时较单作均下降，整体含量降低约 2.19% 和 4.94%，其中在饲料甜菜、燕麦、甜高粱中下降较多，下降约 4.9%、3.8% 和 3.3%，差异显著（$P<0.05$）；NDF 含量在豆科（2.1%）植物间作时较单作呈上升趋势，其中苜蓿增长量最为显著达 3.69%，差异显著（$P<0.05$）。ADF 含量在禾本科间作时较单作整体含量呈下降趋势，降幅约 1.45%，其中在燕麦、黑麦草中下降较多，下降约 3.73% 和 2.98%，差异显著（$P<0.05$）；NDF 含量在豆科（2.45%）和藜科植物（0.79%）间作时较单作呈上升趋势，其中苜蓿增长量最为显著达 4.24%，差异显著（$P<0.05$），饲料甜菜无显著差异（$P>0.05$）。Ash 含量在禾本科和藜科植物间作时较单作均下降，整体含量降低约 3.27% 和 18.08%，其中在饲料甜菜、黑麦草、冰草中下降较多，下降约 18.08%、10.18% 和 2.99%，差异显著（$P<0.05$）；Ash 含量在豆科（4.38%）植物间作时较单作呈上升趋势，其中三叶草增长量最为显著达 7.34%，苦豆子

（3.61%）次之，苜蓿（2.2%）最小，均差异显著（$P<0.05$）。EE 含量在禾本科植物间作时较单作均有不同程度的提升，且增长量为 5.06%，差异显著（$P<0.05$），其中在黑麦草（9.54%）、针茅（6.87%）和绿园 5 号（5.79%）中增长较多；豆科和藜科植物 EE 含量下降约 3.35%和 57.93%，差异显著（$P<0.05$），在苜蓿（6.52%）和饲料甜菜（57.93%）间作时下降较多。

综合分析 10 种牧草的饲用价值，两种栽培模式下，表现最好的均是黑麦草（136.36；141.73）、苜蓿（122.59；115.88）和饲料甜菜（118.63；124.5）；间作模式能够促进禾本科和藜科植物相对饲用价值的增长，达 3.1%和 5.0%，差异显著（$P<0.05$）；间作模式降低豆科植物饲用价值，达 3.01%，其中对苜蓿的抑制作用最强，达 5.5%，差异显著（$P<0.05$）。

3.5 相关性分析

通过相关性分析可知（图 4-10），净光合速率与气孔导度、叶片瞬时水分利用效率呈正相关，与叶片丙二醛、根丙二醛呈负相关（$P<0.05$）；气孔导度与蒸腾速率极显著正相关（$P<0.01$），与株高和粗灰分呈正相关（$P<0.05$）；叶片瞬时水分利用效率与蒸腾速率、超氧化物歧化酶、中性和酸洗洗涤纤维呈负相关（$P<0.05$）；蒸腾速率与气孔导度、鲜干比极显著正相关（$P<0.01$）。干草产量与中性洗涤纤维、叶片超氧化物歧化酶、分枝数和叶茎比呈正相关（$P<0.05$），其中与分枝数和叶茎比呈极显著正相关（$P<0.01$）；干草产量与株高、粗灰分、气孔导度呈负相关（$P<0.05$）。粗蛋白与酸性、中性洗涤纤维、叶片超氧化物歧化酶呈负相关（$P<0.05$）。粗脂肪与蒸腾速率、鲜干比呈负相关，与粗灰分、粗蛋白和相对饲用价值呈正相关（$P<0.05$）。粗灰分与中性洗涤纤维、叶片超氧化物歧化酶、叶茎比、干草产量呈负相关，与气孔导度、净光合速率正相关（$P<0.05$）。相对饲用价值与粗蛋白、粗脂肪、净光合速率、粗灰分、叶片瞬时水分利用效率、根丙二醛和叶丙二醛之间呈正相关（$P<0.05$），其中相对饲用价值与粗蛋白呈极显著正相关（$P<0.01$）；相对饲用价值与叶片超氧化物歧化酶呈负相关，与中性洗涤纤维和酸性洗涤纤维呈极

	SODl	Nb	Lsr	Hy	Tr	Fdr	SODr	ADF	Gs	Ph	MDAl	MDAr	WUE	Ash	Pn	EE	CP	RFV
NDF	0.78	0.36	0.47	0.47	-0.04	-0.13	0.07	0.36	-0.2	0.2	-0.17	-0.35	-0.45	-0.55	-0.38	-0.22	-0.64	0.89
SODl		0.6	0.65	0.65	-0.03	-0.02	-0.06	0.18	-0.24	-0.01	-0.44	-0.3	-0.37	-0.52	-0.08	-0.06	-0.57	0.63
Nb			0.72	0.72	-0.55	-0.47	-0.24	-0.19	-0.75	-0.67	-0.06	-0.07	-0.16	-0.44	-0.45	0.44	-0.03	-0.16
Lsr				1	-0.22	-0.16	-0.39	-0.21	-0.52	-0.51	0.12	-0.15	-0.02	-0.58	-0.12	-0.12	-0.26	-0.22
Hy					-0.22	-0.16	-0.39	-0.21	-0.52	-0.51	0.12	-0.15	-0.02	-0.58	-0.12	-0.12	-0.26	-0.22
Tr						0.69	0.06	0.16	0.74	0.44	0.01	0.45	-0.5	-0.05	0.27	-0.55	0.02	-0.02
Fdr							0.06	-0.22	0.32	0.2	-0.01	-0.01	-0.14	0.34	-0.57	0.13	0.15	
SODr								0.04	0.19	0.33	-0.31	-0.21	-0.27	0.18	0.05	0.23	0.07	-0.07
ADF									0.45	0.58	-0.27	0.1	-0.32	0.22	-0.05	-0.22	-0.74	-0.72
Gs										0.76	-0.31	0.24	-0.21	0.55	0.56	-0.28	-0.18	-0.01
Ph											-0.41	-0.13	-0.1	0.4	0.5	-0.28	-0.44	-0.39
MDAl												0.45	0.2	-0.29	-0.45	-0.4	0.35	0.24
MDAr													-0.33	0.14	-0.2	-0.03	0.38	0.24
WUE														0.31	0.42	-0.01	0.07	0.45
Ash															0.5	0.42	0.1	0.35
Pn																-0.08	-0.1	0.33
EE																	0.4	0.32
CP																		0.82

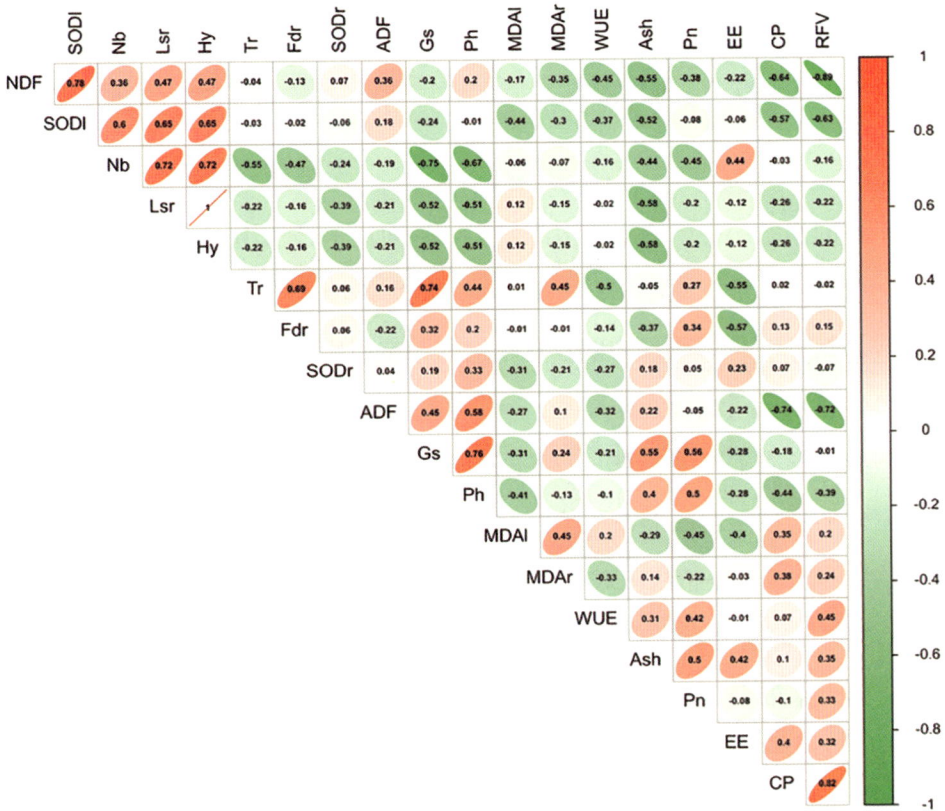

图 4-10　牧草各因子相关性分析

Figure 4-10 Correlation analysis of forage

注：CP 粗蛋白；NDF 中性洗涤纤维；ADF 酸性洗涤纤维；Ash 粗灰分；EE 粗脂肪；RFV 相对饲用价值；Pn 净光合速率；Gs 气孔导度；Tr 蒸腾速率；WUE 叶片瞬时水分利用效率；MDAl 叶片丙二醛；SODl 叶片超氧化物歧化酶；MDAr 根丙二醛；SODr 根超氧化物歧化酶；Ph 株高；Nb 分枝数；Lsr 叶茎比；Hy 干草产量；Fdr 鲜干比。

Note：CP crude protein；NDF neutral detergent fiber；ADF acid detergent fiber；Ash coarse Ash；EE crude fat；RFV relative feeding value；Net photosynthetic rate of Pn；Gs stomatal conductance；Tr transpiration rate；Instantaneous water use efficiency of WUE leaves；MDAl leaves malondialdehyde；SODl leaf superoxide dismutase；MDAr root malondialdehyde；SODr root superoxide dismutase；Ph plant height；Nb branch number；Lsr leaf to stem ratio；Hy hay yield；Fdr fresh to dry ratio.

显著负相关（$P<0.01$）。

4　讨论

林草间作系统中，由于树冠的遮阴、种间竞争等作用，使得林间光照强度、空气湿度、土壤温度和含水量等小气候环境因子改变，必然对牧草的生长造成影响[17]。间作系统中的牧草在时间和空间生态位上存在差异，另外间作较单作在牧草属性、植株高度、冠层结构、根系深浅、物候特性和光能利用的差异，形成了光照、空间、水分和养分的充分利用[47,114,232]。牧草种植模式改变伴随植物生理、形态和其他参数亦发生变化，最终导致植物生长状况和生物量的改变，是植物应对环境变化的总体反应[16,215,233]。

4.1　植物生理对牧草种植模式的响应

本研究结果表明，种植环境改变，不同牧草表现出的适应性和耐受性存在差异。MDA含量的高低指示生物膜的受损程度和膜脂过氧化强度，是生物膜系统脂质过氧化产物之一[234,235]。SOD是一种保护酶，通过抑制脂质过氧化反应而维护植物的正常生长，与植物应对外界环境的变化密切相关[236]，能够将超氧化物歧化酶等产生的活性氧维持在一个较低的水平上[237]。这两种酶相互协同组成的防御过氧化系统，可有效抵抗外界环境的改变。本研究中牧草叶片和根的关键酶活性与单作相比趋势不尽相同。其中MDA活性在禾本科植物中均表现为间作高于单作，SOD活性则相反，除冰草外其他牧草均表现为单作模式高于间作模式，但差异不显著，进一步也能说明冰草在间作模式中具有更强的适应能力和环境侵占性。3种豆科植物在两种种植模式下，叶片和根中的MDA和SOD活性均差异显著，其中苜蓿和三叶草间作模式下整体MDA均显著下降；而三叶草的SOD活性显著提升，苜蓿表现相反。藜科植物饲料甜菜的间作MDA和SOD活性均显著下降。在枸杞常年连作的土壤状态下，土壤中可能存在根系分泌的某种化感物质与间作牧草根系分泌的化感物质相互作用，进而对不同牧草酶活性调节的作用不同 [136]。该类化感物质可能会促进植物体内产生过多的过氧化物，超出阈值 [238]，导致 SOD 活性下降； H_2O_2 在机体内大量积累导致膜脂过氧化，即 MDA 含量增加 [236]，表现为禾本科植物间作时的植物生理状态。值得注意的是，尽管 MDA 和 SOD 呈现不同的变化，但各检测含量均很低，说明间作环境相对于其他生物和非生物胁迫来说，对种间植物的影响较小。但无论植物生理机制如何改变，都是多种反馈机制共同作用的结果 [239]。

4.2　光合特性对牧草种植模式的响应

光能利用对牧草的产量形成十分重要 [240]。两种植物之间的相互遮挡是间作系统光环境变化的因素之一 [241]。已有研究表明，在水、肥等环境因子充足前提下，植物光能利用率（LUE）对产量的高低起决定性作用 [242]。LUE 是植物光合特性的综合表征指标，是 Pn、Gs、Tr、WUE 等光合指标共同作用的结果，且不同指标作用效果不同。本研究发现，Pn 的表现为藜科植物>禾本科植物>豆科植物，与牧草生物量变化趋势相同，这与蔺芳 [242] 研究结果相同。牧草间作模式下，Pn 和 Gs 均呈下降趋势，并且试验过程中发现，间作牧草比单作时叶片变薄，因此牧草间作模式下 Pn 的下降可能是由于叶片中叶绿体数量的减少而导致的，这一结果与 Shao 关于叶片净光合速率与叶绿素含量相关 [243] 的研究结果一致；另外，枸杞-牧草间作模式中，为了不影响枸杞的正常生长，牧草高度应相对较低，造成部分光能被枸杞截获，进而 Pn 和 Gs 等受到抑制，影响光合效率，这与前人研究结果一致 [244,245]。间作模式下牧草 Tr 和 WUE 整体与单作模式无显著差异。

4.3　牧草饲用价值对牧草种植模式的响应

枸杞与牧草间作存在竞争关系和种间效应，会影响牧草的生长。研究发现，牧草与枸杞间作后，单位面积牧草产量均下降，与 Giacomini 等研究表明，间作燕麦因播种比例的下降会影响燕麦的干草产量 [246] 的研究结果一致。但是间作模式中设置步道，影响了间作牧草的播种面积，经等面积换算发现，饲料甜菜、黑麦草、苜蓿与枸杞间作时增产显著，苦豆子、甜高粱和三叶草间作时减产显著。陈恭等对燕麦-箭筈豌豆间作研究发现，间作能促进燕麦的生长，表现为株高的显著增长，却抑制箭筈豌豆的生长[247]。与我们的研究结果相符。

除产量之外，品质亦是评价牧草优劣的关键因素。提高牧草的饲草品质是间作群落的重要目的之一，粗蛋白是衡量牧草品质最常用的指标[248]。研究表明，间作模式对不同牧草的促进作用不同，一方面能通过显著提高粗蛋白、粗脂肪和粗灰分，降低中性和酸性洗涤纤维的方式来提高牧草的饲用价值，例如饲料甜菜、黑麦草；另一方面也可以通过此途径降低另一些牧草的饲用价值，如甜高粱和苦豆子，这一研究与江舟结果相符，即间作燕麦的粗蛋白含量明显高于单作，间作金花菜粗蛋白含量显著低于单作[249]。牧草营养物质主要累积在叶片中，叶茎比高可以增加牧草中的营养物质含量和牧草的适口性，进而影响牧草 NDF 与 ADF 的含量[250]。我们的结果发现，9 种牧草的叶茎比在间作模式下均降低，叶片比重降低，NDF 含量下降，进而增加了牧草的饲用价值。此外，与单作相比，间作显著提高了藜科和禾本科植物的品质，降低了豆科植物品质，这与赵雅姣[251]的研究结果相符。并且该结果是通过影响 CP、EE 和 Ash 而产生的。说明间作有利于提高藜科和禾本科植物的饲用价值，不利于豆科植物饲用价值的提高。但综合分析 9 种牧草饲用价值，表现较好的是饲料甜菜、黑麦草和苜蓿。

5 小结

（1）不同枸杞-牧草间作模式对牧草形态指标变化特征分析发现，枸杞-牧草间作模式整体表现为抑制牧草株高增长、降低叶茎比，其中对燕麦和苦豆子的抑制率达 40.95% 和 32.88%，对针茅、饲料甜菜、黑麦草叶茎比的降低百分比分别为 42.89%、42.78% 和 26.21%；枸杞-牧草间作模式促进牧草一级分枝数的增加，尤其三叶草、黑麦草、绿园 5 号、苜蓿一级分枝数增加显著，较单作增长率依次为 23.76%、18.05%、14.69%和 13.71%。

（2）不同枸杞–牧草间作模式对牧草产量指标变化特征分析发现，枸杞–牧草间作模式对不同牧草的鲜重产量影响不同，根据间作和单作面积等比换算发现，间作模式能显著促进燕麦、绿园 5 号、苜蓿、黑麦草、饲料甜菜可比面积上产量的增加，且增产率依次为 16.19%、37.57%、59.73%、64.03%、70.12%；枸杞–牧草间作模式下鲜干比整体表现为下降趋势，说明制干比增加，尤其在针茅和白三叶间作模式表现显著。结合枸杞田间长期操作的便利和间作空间分布，发现饲料甜菜、黑麦草、苜蓿和白三叶在间作模式下表现突出。

（3）通过光能利用分析发现，枸杞–牧草间作模式整体表现为降低了牧草的 Pn、Gs 和 Tr；通过对植物生理分析发现，枸杞–牧草间作模式下禾本科植物叶片和根的 MDA 活性显著提高，豆科植物 SOD 活性显著降低。综合分析发现，豆科植物尤其是三叶草表现出较强的耐受性和适应环境的能力。

（4）牧草饲用价值方面，枸杞–牧草间作模式整体表现为显著提升黑麦草、饲料甜菜的饲草品质，表现为显著增加粗蛋白含量分别达 32.1%、9.64%，显著降低酸性洗涤纤维含量达 10.18%、18.08%；豆科植物饲草品质降低，表现为粗蛋白含量的降低和酸性洗涤纤维的增加；分析单作和间作模式下 10 种牧草的相对饲用价值，表现较好的均是黑麦草（136.36；141.73）、苜蓿（122.59；115.88）和饲料甜菜（118.63；124.5）。

第 5 部分
枸杞–牧草间作模式对枸杞生长的影响研究

1 引言

枸杞（*Lycium bararum* L.）为茄科多年生落叶灌木，广泛分布于干旱半干旱的西北地区，是我国几千年来广泛使用的传统药用植物 [252]，具有抗氧化衰老[253]、抗肿瘤 [254]、降血糖血脂 [255]、提高免疫力 [256]、保护神经系统及生殖系统等 [257] 重要功能。宁夏作为全国枸杞产业的核心区，截至"十二五"末，宁夏枸杞年综合产值 达 100 亿元，其中种植面积达到 35 万亩，占全国总种植面积的 45%以上；干果总产量 8.8 万吨，约占全国干果总产量的 55%。但宁夏作为枸杞主产区，常年连作种植及种植界限的南移，导致病虫害和农业气象灾害连年加重，大大加重了枸杞的种植风险 [258,259]。

枸杞行间间作牧草，能够达到培肥地力、减少水土流失并改善土壤结构的作用，在优化农牧产业结构、促进绿色高效生产、推动林草业供给侧结构性改革和改善生态环境等方面发挥着重要且独特的作用。枸杞间作牧草，突破了原有枸杞、牧草的单一生产方式，在改善土壤结构、减少水土流失、提高单位面积生产力和增加生物多样性和稳定性方面发挥巨大潜力 [229]。

本研究旨在解决牧草生产短缺问题的同时，将牧草引入枸杞种植结构，开发一种新的牧草栽培方式。但枸杞在该模式的开发中仍占据主导地位，因此间作模式对枸杞的影响也是模式开发中的重要参考指标。以 10 种枸杞-牧草间作模式为研究对象，对比不同种植模式对枸杞生长量、产量、光合特性、营养品质及病虫害发生程度的影响，旨在明确枸杞-牧草间作对枸杞生长及其病虫害发生的影响，为提高林草间作生产力以及枸杞-牧草优势间作组合的开发等提供依据和技术支撑。

2　材料与方法

2.1　供试材料

试验材料同第 2 部分 1.4。

2.2　测定指标及方法

2.2.1　样品的采集及处理

2021 年在试验地内采集不同处理盛果期和秋果期果实，每个处理调查 3 株树，共调查 9 株，将 3 株树的果实混合后取样。

2.2.2　枸杞植株经济指标测定

每个处理调查 3 株树，共调查 9 株，用米尺分别测量株高、地径、冠幅及枝条生长量等；用 LA-S 植物图像分析仪进行枸杞叶绿素、叶面积、白粉病病斑损害的分析。

2.2.3　病虫害统计

病虫害统计均于温室取样，用 LA-S 植物图像分析仪进行枸杞白粉病病斑损害面积的拍照及分析；蚜虫统计部位为新生枝条，每处理 6 重复，分别统计 12 cm 长蚜虫的数量。

2.2.4　果实品质的测定

外观品质：各处理采摘后的新鲜果实中随机抽取 30 粒果实，用游标卡尺测量果实的横径、纵径和宽度，按照国家标准（GB/T 18672-2002）中的方法测定。

药用品质：多糖、β-胡萝卜素和甜菜碱均按照《中华人民共和国药典》2015 年版一部中的方法进行测定，总黄酮含量采用紫外分光光度法进行测定。

营养品质：（抗坏血酸）维生素 C 含量按照国家标准（GB/T 5009-2003）进行测定。

2.3 数据处理与分析

所有试验数据通过 Excel 2010 和 SPSS 17.0 统计软件进行分析。采用 LSD 法对不同处理间差异进行显著性检验（Fisher's LSD $P<0.05$）。绘图使用 Excel 2010、Origin 17.0 和 Corrplot v0.1.0 软件。

3 结果与分析

3.1 枸杞-牧草间作模式对枸杞生长的影响

3.1.1 不同间作组合对枸杞产量的影响

由表 5-1 可知，从枸杞产量来看，枸杞单作与间作 10 种牧草处理下的枸杞产量平均值表现为饲料甜菜>枸杞单作>黑麦草>三叶草>甜高粱>燕麦>苜蓿>绿园5号>针茅>苦豆子>冰草。枸杞间作饲料甜菜，尽管与单作无显著差异，但能在一定程度上促进枸杞增产；枸杞间作黑麦草尽管产量有所下降，但降幅不显著；枸杞间作三叶草产量下降，尽管降幅显著，但相对其他 7 种牧草，仍具备一定优势。从枸杞单果重来看，平均值表现为饲料甜菜>枸杞单作>黑麦草>三叶草>针茅>绿园 5 号>苜蓿>燕麦>甜高粱>苦豆子>冰草。枸杞间作饲料甜菜、黑麦草、三叶草和单作的果实单果重与产量变化趋势相同。说明 3 种牧草与枸杞间作具有一定产量和果实品质优势。此外，枸杞-藜科植物间作模式，在促进枸杞增产、增质方面有绝对优势；禾本科和豆科植物对枸杞产量和品质无明显差异。

表 5-1　间作模式对枸杞产量的影响

Table 5-1 Effects of intercropping patterns on the yield of wolfberry

处理 Treatment	枸杞产量/(kg·667 m⁻²)			均值 Mean value	枸杞单果重/g			均值 Mean value
	2019 年	2020 年	2021 年		2019 年	2020 年	2021 年	
枸杞单作 Lb-CK	880.59± 60.09	855.82± 55.63	798.90± 36.70	845.11± 50.81ab	1.46± 0.05	1.29± 0.09	1.20± 0.04	1.32± 0.07a
枸杞-绿园 5 号 Wolfberry-Lvyuan5	711.62± 69.60	694.64± 17.15	663.45± 35.09	689.90± 40.71f	1.11± 0.10	1.08± 0.09	1.03± 0.07	1.07± 0.08c
枸杞-燕麦 Wolfberry/Oat	743.33± 27.67	708.62± 26.29	694.64± 19.25	715.53± 24.40f	0.91± 0.03	0.90± 0.08	0.90± 0.01	0.90± 0.04de
枸杞-冰草 Wolfberry/Wheatgrass	611.19± 24.45	567.05± 25.07	638.72± 36.15	605.65± 28.56h	0.77± 0.03	0.77± 0.01	0.74± 0.07	0.76± 0.04f
枸杞-针茅 Wolfberry/Sipas	708.62± 60.09	694.64± 35.15	660.45± 24.78	687.90± 39.97f	1.19± 0.11	1.13± 0.03	1.34± 0.13	1.22± 0.09b
枸杞-黑麦草 Wolfberry/Ryegrass	790.08± 35.05	858.83± 47.65	836.33± 60.09	828.41± 47.60b	1.36± 0.08	1.28± 0.12	1.31± 0.07	1.32± 0.09ab
枸杞-甜高粱 Wolfberry/Sweet sorghum	772.83± 30.74	703.69± 49.97	733.33± 35.16	736.62± 38.62d	0.86± 0.01	0.86± 0.01	0.85± 0.05	0.86± 0.03def
枸杞-禾本科 Wolfberry/Gramineae	722.95± 41.67	704.58± 33.33	704.49± 35.17	710.67± 36.42	1.03± 0.07	1.00± 0.06	1.03± 0.07	1.02± 0.08
枸杞-苦豆子 Wolfberry/Kudouzi	608.62± 23.28	694.64± 28.62	660.45± 33.51	654.57± 28.47g	0.84± 0.02	0.80± 0.06	0.78± 0.06	0.81± 0.05ef
枸杞-苜蓿 Wolfberry/Alfalfa	700.69± 27.99	740.33± 63.28	698.62± 28.17	713.21± 39.81e	0.95± 0.06	0.94± 0.09	0.93± 0.03	0.94± 0.06d
枸杞-白三叶 Wolfberry/White clover	810.13± 53.31	772.83± 28.55	753.69± 43.73	778.88± 41.86c	1.35± 0.11	1.29± 0.08	1.20± 0.02	1.28± 0.07b
枸杞-豆科 Wolfberry/Leguminous	706.48± 34.86	735.93± 34.67	704.25± 35.87	715.56± 33.66	1.05± 0.06	1.01± 0.08	0.97± 0.03	1.01± 0.06
枸杞-饲料甜菜 Wolfberry/Mangel	872.83± 46.18	853.69± 69.60	843.33± 50.35	856.62± 55.38a	1.34± 0.16	1.28± 0.09	1.52± 0.23	1.38± 0.16a
枸杞-藜科 Wolfberry/ Chenopodiaceae	872.83± 46.18	853.69± 69.60	843.33± 50.35	856.62± 55.38a	1.34± 0.16	1.28± 0.09	1.52± 0.23	1.38± 0.16a
L.S.D.（5%）								

3.1.2　不同间作组合对枸杞生长量的影响

由图 5-1 可知，从枸杞分枝数来看，枸杞单作与枸杞-牧草间作模式下枸杞分枝数平均值表现为黑麦草>枸杞单作>饲料甜菜>三叶草>甜高粱>苜蓿>苦豆子>针茅>燕麦>绿园 5 号>冰草。枸杞间作黑麦草相对于单作能够促进分枝数增加，且差异显著（$P<0.05$）；枸杞间作饲料甜菜和三叶草时相对于单作分枝数降低，但无显著差异（$P>0.05$）。从枸杞分枝伸长来看（图 5-2），平均值表现为绿园 5 号>饲料甜菜>枸杞单作>针茅>三叶草>苜蓿>黑麦草>甜高粱>燕麦>苦豆子>冰草。枸杞间作绿园 5 号和饲料甜菜时，尽管无显著差异但能促进枸杞分枝增长；枸杞间作针茅时分枝长有所下降，但与单作差异

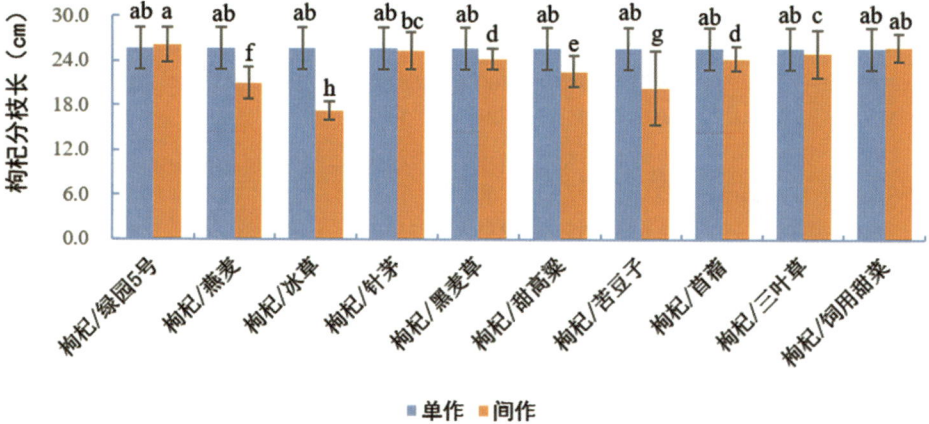

图 5-1　间作模式对枸杞新生分枝个数的影响

Figure 5-1 Effects of intercropping patterns on the number of new branches of wolfberry

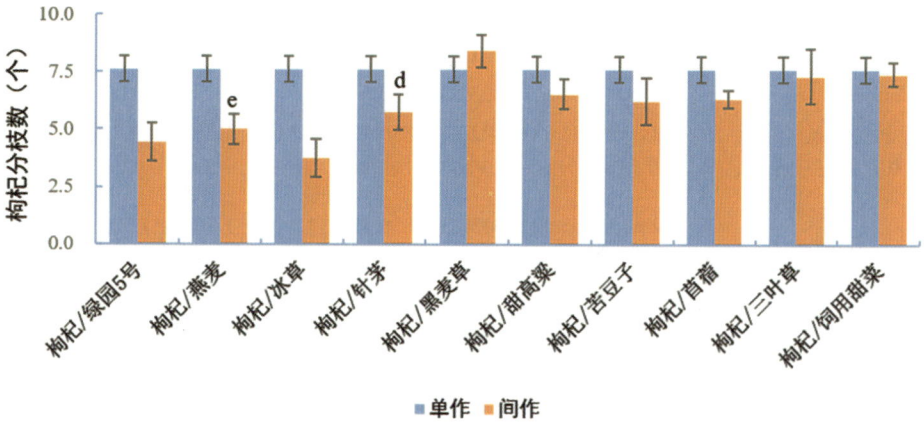

图5-2　间作模式对枸杞新生分枝长度的影响

Figure 5-2 Effects of intercropping patterns on the length of new branches of wolfberry

不显著；前期表现较好的黑麦草，在与枸杞间作时抑制分枝数的伸长，且效果显著。

3.1.3　不同间作组合对枸杞光合指标的影响

由图 5-3 可知，从枸杞叶面积来看，枸杞单作与枸杞-牧草间作模式下的枸杞叶面积平均值整体表现为间作促进枸杞叶面积的增加，其中苦豆子、冰草、针茅、黑麦草、甜高粱对叶面积增长的促进作用显著；其他 5 种牧草较单作无显著差异。根据叶面积指数的概念可知，叶面积指数越大，光合作用强度越大，合成的有机物越多，干物质积累越多，因此间作有利于对枸杞光合作用提供物质条件。从枸杞叶绿素含量来看，枸杞单作与枸杞-牧草间作模式下的枸杞叶面积平均值整体表现为间作略高于单作，但无显著差异，说明间作牧草能够促进枸杞叶绿素含量的增加。对牧草进行分类发现，枸杞间作禾本科，叶面积和叶绿素均无明显变化；间作豆科，枸杞叶面积有增大，叶绿素无明显差异；间作藜科植物，叶面积呈较小趋势，叶绿素呈上升趋势。间作模式对枸杞叶面积和叶绿素含量的影响均对光合作用有促进作用。

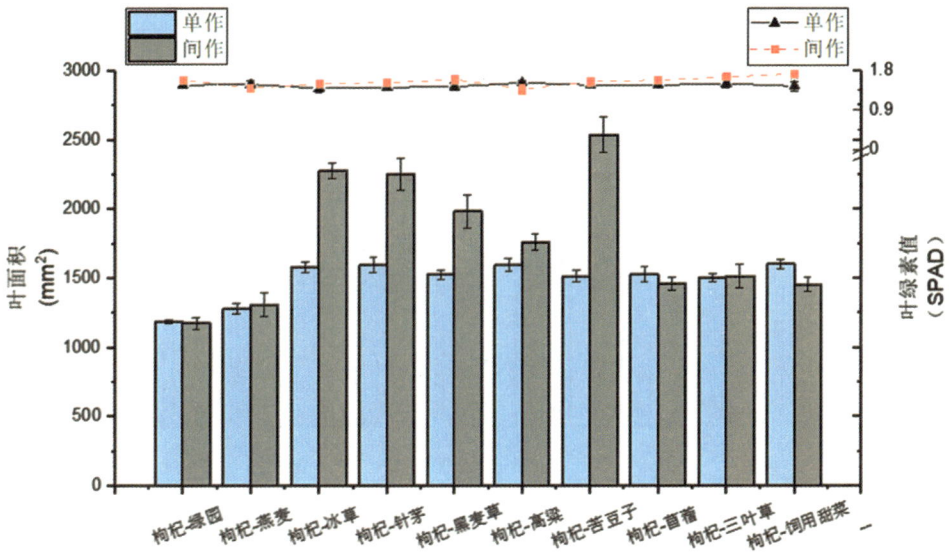

图 5-3　间作模式对枸杞叶片面积和叶绿素值的影响

Figure 5-3 Effects of intercropping patterns on the leaf area and Chlorophyll value of wolfberry

　　不同枸杞–牧草间作模式下枸杞光合特性存在一定的波动（图 5–4），整体表现为枸杞–牧草间作模式下净光合速率（Pn）较单作呈上升趋势，且差异显著（$P<0.05$），尤其在间作苜蓿、三叶草和饲料甜菜时增幅显著，依次为 21.92%、23.82% 和 29.63%。蒸腾速率（Tr）和叶片瞬时水分利用效率（WUE）变化趋势基本相同，较单作均为下降趋势，且差异显著（$P<0.05$）。气孔导度（Gs）在枸杞与甜高粱、苦豆子、绿园 5 号、燕麦、针茅和黑麦草间作时下降，且与甜高粱、苦豆子间作显著下降（$P<0.05$），降幅为 28.78% 和

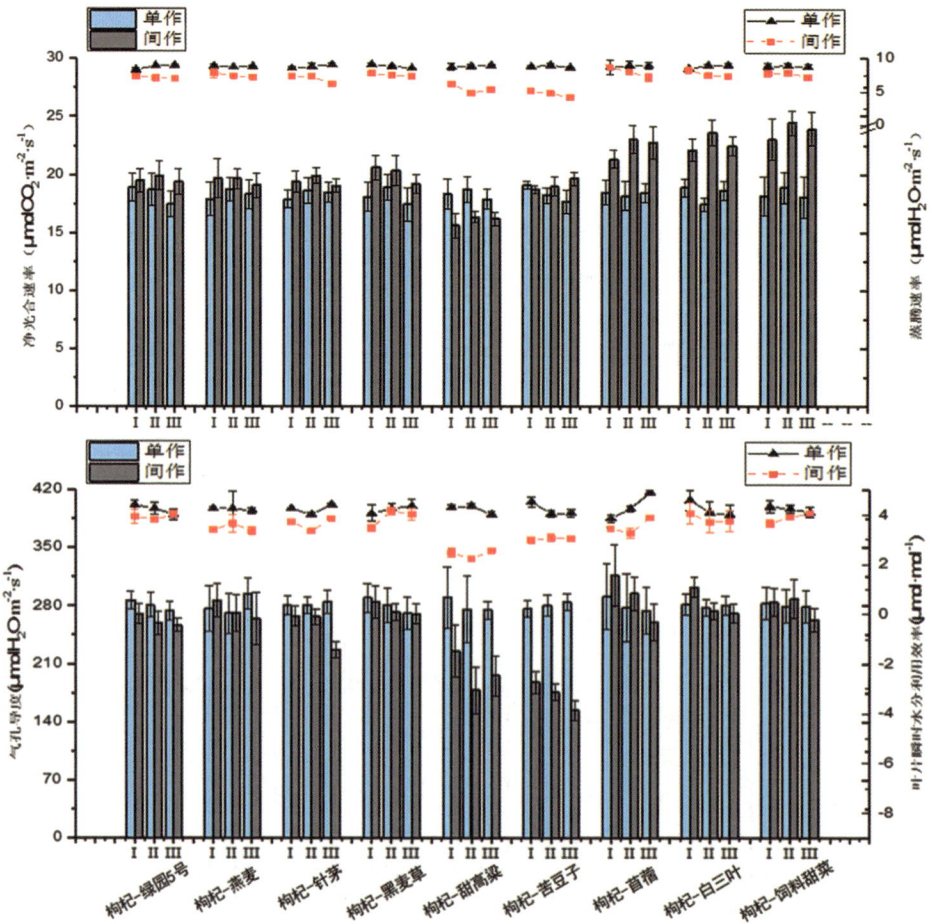

图 5–4　不同牧草间作模式下枸杞的光合特性分析

Figure 5–4 Photosynthetic characteristics analysis of Wolfberry under different herbage intercropping pattern

38.59%；与苜蓿和三叶草间作时 Gs 增大，但增幅不显著（$P>0.05$）。

　　枸杞–牧草间作模式对枸杞光合特性的影响，整体表现为枸杞–牧草间作模式促进叶面积、叶绿素含量、净光合速率（Pn）的增加，且在间作苜蓿、三叶草和饲料甜菜时增幅显著，进一步说明枸杞–牧草间作模式能够有效促进枸杞的光合效率的增加。

3.2　枸杞–牧草间作模式对枸杞病虫害的影响

3.2.1　不同间作组合对枸杞白粉病的影响

　　不同枸杞–牧草间作模式下白粉病调查：5 月中旬，温室爆发白粉病，我们发现枸杞单作、枸杞–牧草间作时白粉病的危害存在差异，并且不同牧草与枸杞间作对白粉病的发生影响不同。我们对枸杞单作和间作分别进行取样，用LA-S 全能型植物图像分析仪系统对枸杞叶片进行叶面积、病斑损害的模拟。部分图片见图 5-5，各病害结果统计见图 5-6 和表 5-2。对白粉病病斑面积进行统计和分析发现，枸杞间作禾本科、豆科和藜科植物时，白粉病病斑面积差异显著（$P<0.05$）；白粉病危害指数为：豆科>禾本科>藜科牧草，病

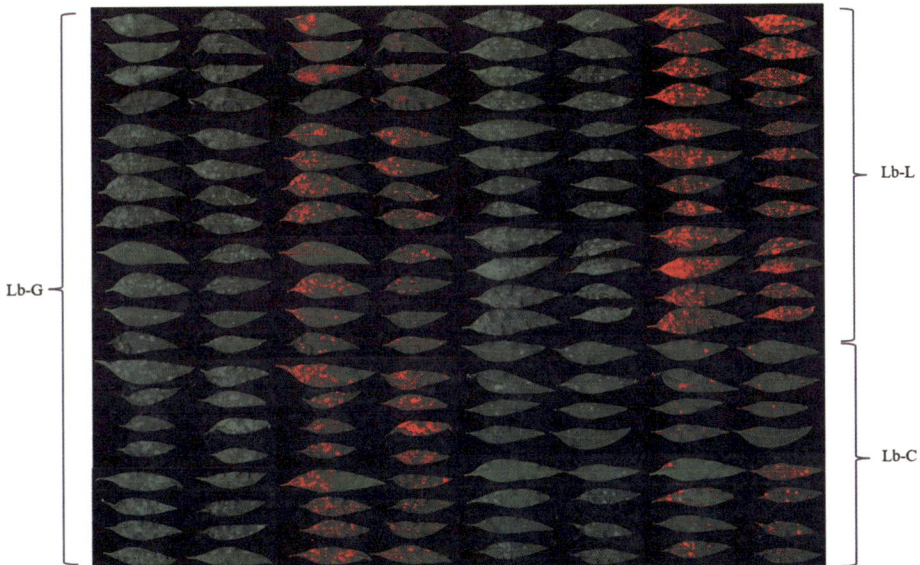

图 5-5　不同牧草处理下病害情况及病斑模拟

Figure 5-5 Disease situation and spot simulation under different herbage intercropping treatments

092 | 枸杞间作模式开发研究

变比分别为 12.45%、14.57%、4.49%。与枸杞单作病变比（11.09%）相比，间作藜科植物饲料甜菜（4.49%）显著下降；间作禾本科植物整体无显著变化，但各牧草对枸杞白粉病的影响不尽相同，表现为间作绿园 5 号、燕麦、冰草时能显著促进白粉病发生（$P<0.05$），间作针茅、黑麦草时无显著变化，间作甜高粱时能抑制白粉病发生（$P<0.05$）；间作豆科植物显著增加，尤其与苦豆子（20.48%）和苜蓿（15.02%）间作时表现最为显著（$P<0.05$）。结合不同牧草品种种植模式下白粉病发病的病变比及叶片大小，可初步筛选出 6 个能够减少白粉病病害的牧草材料，但结合生态位分布及补偿效应分析，舍弃高粱植株。初步获得能够抵抗白粉病侵染的牧草材料：饲料甜菜、三叶草、黑麦草、针茅。

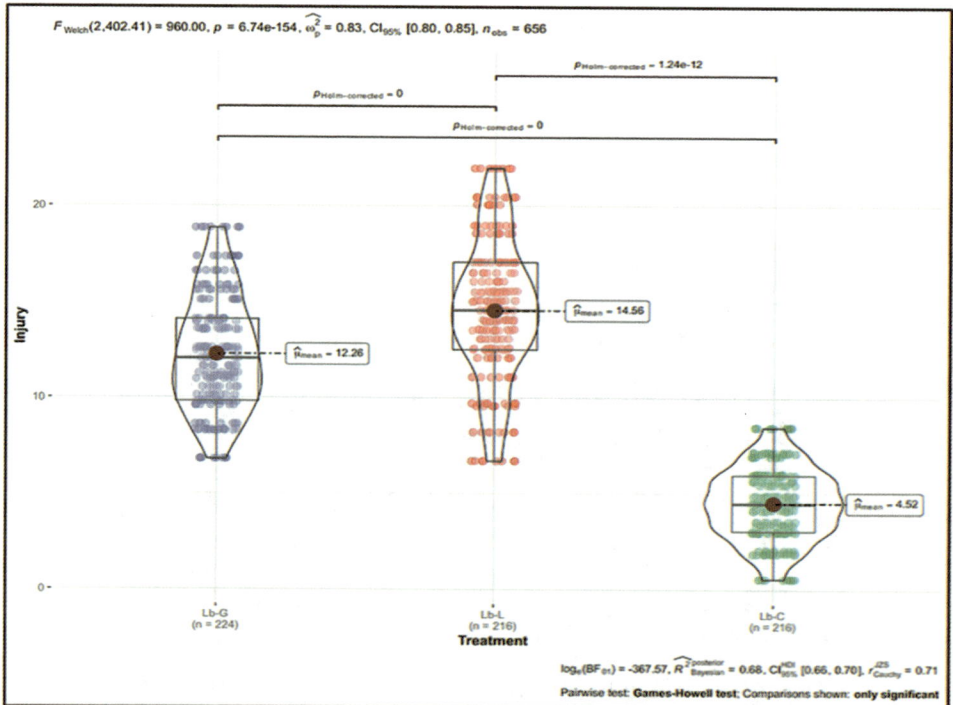

图 5-6　不同科牧草间作处理下病害情况 Betweenstats 组间差异分析

Figure 5-6 Betweenstats Differences Analysis of herbage intercropping in different families

表 5-2　不同牧草间作处理下枸杞白粉病危害调查

Table 5-2 Investigation of Powdery mildew hazard on Lycium barbarum under different herbage intercropping

种植方式 Planting pattern	病斑面积 Lesion area/mm²	总面积 Total area/mm²	病变比 Percentage/%
CK Wlofberry monoculture	229.59±1.73c	2070.50±4.96cd	11.09
枸杞/绿园 5 号 Wolfberry/Lvyuan 5	204.16±0.69c	1176.89±3.77a	17.35***
枸杞/针茅 Wolfberry/Sipas	212.61±8.93c	2102.05±16.15cd	10.11ns
枸杞/燕麦 Wolfberry/Oat	223.68±10.37c	1482.39±11.66ab	15.09**
枸杞/冰草 Wolfberry/Wheatgrass	320.05±4.52e	2271.26±0.98d	14.09*
枸杞/黑麦草 Wolfberry/Ryegrass	213.87±1.09c	2190.49±21.66d	9.76ns
枸杞/甜高粱 Wolfberry/Sweet sorghum	148.15±0.77ab	1781.72±7.89bc	8.31*
枸杞/禾本科 Wolfberry/Gramineae	228.41±3.98c	1834.13±8.77c	12.45ns
枸杞/苜蓿 Wolfberry/Alfalfa	286.35±12.66d	1906.52±10.07c	15.02**
枸杞/白三叶 Wolfberry/White clover	212.17±de	2584.77±3.21ab	8.21*
枸杞/苦豆子 Wolfberry/S.alopecuroides	304.29±17.66c	1486.14±19.86e	20.48***
枸杞/豆科 Wolfberry/Leguminosae	290.26±15.13de	1992.48±11.09c	14.57*
枸杞/饲料甜菜 Wolfberry/Mangel	65.35±0.66a	1454.49±16.77ab	4.49***
枸杞/藜科 Wolfberry/Chenopodiaceae	65.35±0.66a	1454.49±16.77ab	4.49***
L.S.D.（5%）			

3.2.2　枸杞-牧草间作模式对枸杞蚜虫的影响

　　枸杞-牧草间作模式下蚜虫调查：对 5 月底爆发的蚜虫进行虫害调查，统计结果见图 5-7，发现枸杞间作苜蓿、针茅、黑麦草和燕麦时能降低蚜虫虫害的发生，且间作苜蓿、针茅、黑麦草时差异显著（$P<0.05$），降低幅度依次为66.5%、65.8%、17.5%和 2.5%；枸杞间作苦豆子、冰草、饲料甜菜、绿园 5号、甜高粱和三叶草时有增加蚜虫虫害发生的风险，尤其以苦豆子和冰草增幅更为严重，分别为137.24%和133.27。将调查统计结果与枸杞单作进行对比分析发现，枸杞间作苦豆子、冰草等材料时明显加重蚜虫虫害的发生；而间

作燕麦、针茅、苜蓿和黑麦草则能减少蚜虫虫害的发生。前期表现较优的饲料甜菜，存在加重蚜虫虫害发生的风险，生长季节应做好提前防控。

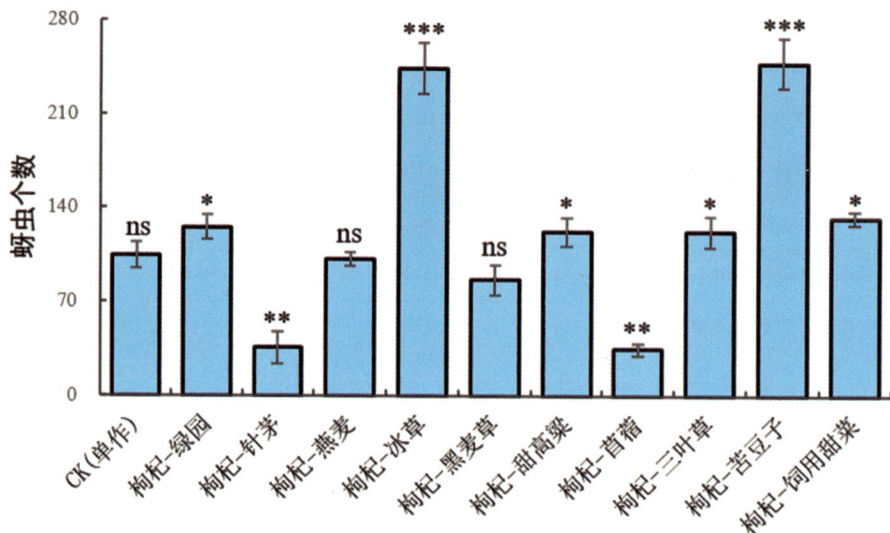

图 5-7　不同牧草与枸杞间作对枸杞蚜虫的影响

Figure 5-7 Effects of aphids hazard on Lycium barbarum under different forages intercropping

注：ns 表示无显著差异；* 表示差异显著，* $P < 0.05$，** $P < 0.01$，*** $P < 0.001$。

Note: ns represent no significant difference; * represent significant difference, One, two and three asterisks represent significance at $P < 0.05$, $P < 0.01$ and $P < 0.001$, respectively.

3.3　枸杞–牧草间作模式对枸杞生理的影响

枸杞单作及枸杞–牧草间作模式下枸杞叶片生理物质含量测定见表 5-3。枸杞在与豆科植物间作时叶片 MDA 含量显著增加，尤其与三叶草间作时含量增加更为明显；尽管枸杞叶片 MDA 含量与针茅、甜高粱间作时有增加趋势，但与禾本科和藜科间作时整体分析无明显差异。枸杞在与禾本科和藜科植物（饲料甜菜）间作时相对枸杞单作叶片 SOD 含量明显增加，尤其与针茅间作增加更为明显；与豆科植物间作时无明显差异。

枸杞单作及枸杞–牧草间作模式下枸杞根生理物质含量测定见表 5-3。枸杞在与豆科植物间作时根 MDA 含量显著增加，增幅表现为：三叶草>苦豆子>苜蓿；尤其以三叶草增加更为明显（$P<0.05$）；与藜科植物间作，根 MDA 含量显著降低，这与叶片 MDA 变化趋势有明显差异（$P<0.05$）；与禾本科植物间作时较单作无显著差异（$P>0.05$）。枸杞在与藜科植物（饲料甜菜）间作

表 5-3　枸杞-牧草间作模式下养分指标的测定

Table 5-3 Determination of nutrient indexes in lycium barbarine-herbage intercropping system

种植方式 Planting pattern	枸杞叶片 Leaf		枸杞根 Root	
	MDA/(mg·g⁻¹·FW·min⁻¹)	SOD/(U·g·g⁻¹·FW·min⁻¹)	MDA/(mg·g⁻¹·FW·min⁻¹)	SOD/(U·g·g⁻¹·FW·min⁻¹)
CK Wlofberry monoculture	0.14±0.04e	0.12±0.001c	0.78±0.011c	116.17±4.042a
枸杞/绿园 5 号 Wolfberry/Lvyuan 5	0.28±0.001de	0.14±0.019c	0.73±0.001cd	102.70±9.24ab
枸杞/燕麦 Wolfberry/Oat	0.25±0.017de	0.20±0.001b	0.84±0.035c	100.46±3.364ab
枸杞/冰草 Wolfberry/ Wheatgrass	0.23±0.014e	0.08±0.006c	0.85±0.004bc	97.22±1.732ab
枸杞/针茅 Wolfberry/Sipas	0.45±0.002d	0.36±0.016a	0.81±0.010c	87.98±10.97bc
枸杞/黑麦草 Wolfberry/ Ryegrass	0.25±0.030de	0.11±0.019c	0.79±0.014c	101.37±7.506ab
枸杞/甜高粱 Wolfberry/ Sweet sorghum	0.39±0.003d	0.20±0.055b	0.76±0.003cd	88.12±7.505bc
枸杞/禾本科 Wolfberry/ Gramineae	0.31±0.020de	0.18±0.058b	0.80±0.003c	96.17±0.943bc
枸杞/苜蓿 Wolfberry/Alfalfa	1.54±0.184c	0.12±0.007c	1.23±0.094a	89.68±1.414bc
枸杞/白三叶 Wolfberry/White clover	2.23±0.033a	0.16±0.013bc	0.84±0.035c	90.50±7.778bc
枸杞/苦豆子 Wolfberry/S.alopecuroides	2.03±0.016b	0.15±0.007bc	1.03±0.031b	117.62±5.185a
枸杞/豆科 Wolfberry/Leguminosae	1.93±0.077b	0.14±0.009c	1.03±0.009b	99.50±3.850bc
枸杞/饲料甜菜 Wolfberry/Mangel	0.06±0.002e	0.20±0.018b	0.58±0.004d	81.22±1.422c
枸杞/藜科 Wolfberry/Chenopodiaceae	0.06±0.002e	0.20±0.018b	0.58±0.004d	81.22±1.422c
L.S.D.（5%）				

时相对枸杞单作根的 SOD 含量明显增加，与叶片 SOD 含量变化趋势相同（$P<0.05$），与禾本科和豆科植物间作时无明显差异（$P<0.05$）。

3.4 枸杞–牧草间作模式对树体生长及果实品质的影响

3.4.1 间作和单作模式下枸杞树体生长情况调查

对所有枸杞–牧草间作模式下的样本进行混合取样作为一个间作模式下的处理，通过对枸杞–牧草间作模式和枸杞单作进行整体汇总后发现个别指标存在显著差异，见表 5-4。通过对枸杞–牧草间作和单作两种栽培模式下枸杞新品系 401 的株高、地径、冠幅、叶面积、叶长、叶宽、新发枝条数和长度等生长指标的调查统计和分析发现，枸杞间作牧草后株高降低，地径增加，但变化幅度不显著（$P>0.05$）；间作枸杞一层和二层主分枝数减少，差异不显著（$P>0.05$），但两层主分支上的发枝数显著增加（$P<0.05$），增幅分别为43.24%、44.51%；间作枸杞一层拉枝冠幅较单作减小，差异不显著（$P>0.05$），二层拉枝冠幅较单作显著（$P<0.05$），其中南北增幅 5.13%，差异不显著，东西增幅 26.09%。因此，枸杞间作牧草整体表现为促进枸杞植株冠层发枝数的增多。

3.4.2 间作和单作模式下枸杞果实品质情况调查

对间作和单作栽培下枸杞 401 果实性状进行测定，分析结果见表 5-5，间作枸杞在果实横径、纵径和宽度上较单作无显著差异，但单果重显著降低，降幅为 22.90%（$P<0.05$），另外单株产量略有降低，但无显著差异（$P>0.05$），这一结果与前面相符，尽管枸杞单果重减小，发枝量增加，进一步保证了间作枸杞的产量。果实品质方面，间作较单作发现，类胡萝卜素、黄酮和抗坏血酸含量显著增加（$P<0.05$）增幅分别为 21.1%、53.3% 和 126.7%；而甜菜碱含量显著下降，降幅为 36.8%（$P<0.05$）；枸杞多糖和总糖无显著变化（$P>0.05$）。因此，牧草间作栽培能促进枸杞品质的提高。

3.5 枸杞生长及产量相关因子的相关性分析

对枸杞生长量、产量、光合作用、植物生理及枸杞病虫害发生情况之间

表 5-4　枸杞品系 401 树体生长情况调查

Table 5-4　Investigation on tree growth of Lycium barbarum strain 401

处理 Treatment	株高 Plant height/ cm	地径 Ground diameter/ cm	叶 Leaf				一层主枝 Main branch of first canopy			一层拉枝冠幅 Crown size of first canopy		二层主枝 Main branch of second canopy			二层拉枝冠幅 Crown size of second canopy	
			长度 Length/ cm	宽度 Width/ /cm	面积 Area/ cm	含水量 Water content/ %	个数 Number	发枝数 Branch number	发枝长 Branch length/ cm	南北 North to south/ cm	东西 East to west/ cm	个数 Number	发枝数 Branch number	发枝长 Branch length/ cm	南北 North to south/ cm	东西 East to west/ cm
间作 Intercropping	165.3a	4.21a	6.21a	2.43a	8.33a	27.35a	3.7a	5.3a	23.70a	98.6a	102.3a	3.72a	12.5a	25.33a	75.8a	92.3a
单作 Monocropping	170.5a	3.87a	5.98a	2.35a	8.12a	28.67a	4.24a	3.7b	25.87a	103.7a	107.5a	4.35a	8.65b	29.34a	72.1a	73.2b

表 5-5　不同种植模式对枸杞果实品质的影响

Table 5-5　Effects of different planting patterns on fruit quality of Lycium barbarum

处理 Treatment	横径 Transverse diameter/ mm	纵径 Longitudinal diameter/mm	宽度 Lateral diameter/ mm	单果重 Single fruit weight/g	单株产量 Plant yield/g	类胡萝卜素 Carotenoid /(mg·100 g⁻¹)	黄酮 Flavonoid /(g·100 g⁻¹)	甜菜碱 Betaine /(g·100 g⁻¹)	多糖 Poly-saccharides /(g·100 g⁻¹)	总糖 Total sugar /(g·100 g⁻¹)	抗坏血酸 Ascorbic acid /(mg·100 g⁻¹)
间作 Intercropping	10.73a	19.11a	10.43a	1.01b	920a	40.8a	0.23a	0.043b	3.52a	62.1a	50.1a
单作 Monocropping	10.43a	22.49a	9.96a	1.31a	952a	33.7b	0.15b	0.068a	3.8a	60.1a	22.1b

相关因子进行相关性分析发现，各相关因子之间存在相关关系，具体表现见图 5-8。

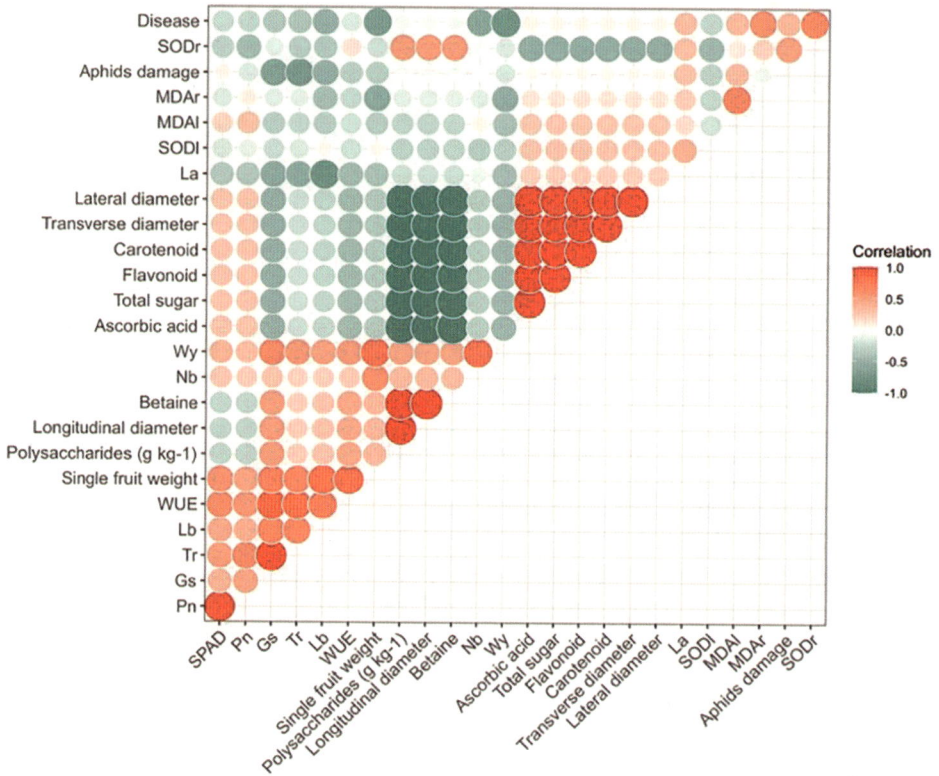

图 5-8　枸杞各因子相关性分析

Figure 5-8 Correlation analysis of Wolfberry under different forages intercropping

注：Nb 枸杞分枝数；Lb 枸杞分枝长；La 枸杞叶面积；SPAD 枸杞叶绿素值；Pn 净光合速率；Gs 气孔导度；Tr 蒸腾速率；WUE 叶片瞬时水分利用效率；MDAl 叶片丙二醛；SODl 叶片超氧化物歧化酶；MDAr 根丙二醛；SODr 根超氧化物歧化酶；Disease 白粉病病害；Aphids damage 蚜虫损害；Single fruit weight 单果重；Wy 枸杞产量。

Note: Nb Branch number of wolfberry; Lb wolfberry branches length; La Leaf area of wolfberry; SPAD Chlorophyll value of wolfberry; Pn photosynthetic rate; Gs stomatal conductance; Tr transpiration rate; WUE Leaf instantaneous water use efficiency; MDAl leaves malondialdehyde; SODl leaf superoxide dismutase; MDAr root malondialdehyde; SODr root superoxide dismutase; Disease Powdery mildew Disease; Aphids damage; Single fruit weight; Wy Yield of wolfberry.

通过对各因子相关关系进行分析发现：光合指标方面，枸杞叶绿素值与净光合速率极显著正相关（$P<0.01$），与气孔导度、蒸腾速率、叶片瞬时水分利用效率呈显著正相关（$P<0.05$）；净光合速率与气孔导度、蒸腾速率、叶片瞬时水分利用效率之间显著正相关（$P<0.05$）；另外，光合利用率相关指标与枸杞单果重、枸杞分枝长显著正相关，与蚜虫虫害和白粉病病害呈显著负相关（$P<0.05$）；气孔导度、蒸腾速率、枸杞分枝数与枸杞叶面积、丙二醛含量显著负相关（$P<0.05$）。果实性状及产量方面，单果重与枸杞产量、各光合指标、枸杞分枝数显著正相关（$P<0.05$），与丙二醛和白粉病病害显著负相关（$P<0.05$）；枸杞产量与单果重、横径、纵径、多糖、甜菜碱等指标显著正相关，与类胡萝卜素、黄酮、抗坏血酸含量、丙二醛含量、白粉病病害显著负相关（$P<0.05$）。果实营养方面，甜菜碱与类胡萝卜素、黄酮、抗坏血酸含量之间显著负相关，与超氧化物歧化酶显著正相关（$P<0.05$）；类胡萝卜素、黄酮、抗坏血酸含量之间极显著正相关（$P<0.01$），均与超氧化物歧化酶显著负相关（$P<0.05$）；植物病虫害方面，枸杞蚜虫虫害与白粉病病害均与植物丙二醛和超氧化物歧化酶含量显著相关（$P<0.05$）；且虫害与病害发生之间呈正相关关系（$P<0.05$）。

4　讨论

间作作为一种农艺方法，能够通过有效利用养分、光能和水资源，提高植物产量和质量而在许多国家得到广泛应用 [203]。此外，间作可以减少植物之间光照损失，为单株植物的生长发育和资源的充分利用创造有利的环境，从而提高整体生产力 [51]。植物生长依赖于细胞变化和干物质积累，而干物质积累主要靠光合作用 [260]。叶绿素值和 Pn 是反映植物光合作用最重要的因子 [261]，对枸杞光合作用、产量提高等具有重要作用 [262]。我们研究发现，不同牧草与枸杞间作模式下枸杞光合特性存在一定的波动（图 5-3、图 5-4），枸杞叶绿素值、净光合速率、气孔导度、蒸腾速率、叶片瞬时水分利用效率之间呈显著正相关，尤其 Pn 整体表现为枸杞间作净光合速率（Pn）较单作呈显著上升趋势，尤其在苜蓿、三叶草和饲料甜菜上增幅显著，此外，叶绿素值在间作中整体表现为大于单作，这都将为枸杞间作材料的筛选提供了重要依据。

我们的研究发现，与单作系统相比，间作系统下枸杞的果实大小在第一年显著减小，第二年没有显著差异（表 5-1），而与图 5-1、图 5-2 结合分析，枸杞行间种植牧草对枸杞的产量没有显著影响。在间作模式下，分枝数的增加导致花朵数的增加，促进枸杞果实数量增加。然而，果实的大小在第一年显著减小，因此果实的总产量无显著增加。这与张承关于猕猴桃套种吉祥草的研究发现间作与清耕处理在果实性状和产量上差异显著，尽管对猕猴桃果实横纵径和果形指数没有显著影响，但对猕猴桃单果体积、单果重和亩产上提高显著 [263]，与我们的研究结果相符。

此外张承对猕猴桃果实品质研究分析发现，套种吉祥草能显著提高猕猴桃果实维生素 C、干物质、可溶性总糖、固形物和可滴定酸含量 [263]；Dong 等人研究亦发现，草覆盖对椪柑果实品质有改善作用 [164]，对比我们试验中单作和间作模式中枸杞果实营养成分变化发现，间作系统的类胡萝卜素、类黄酮和抗坏血酸含量显著增加（表 5-5），直接证明了间作牧草可以改善枸杞果实品质和代谢生理。这与研究者对板栗-豆科植物间作更有利于提高果实品质和林地土壤养分含量的结果亦相符 [264]。研究者还发现，梨园套种平菇能显著提高梨单果质量、硬度、可溶性固形物及可溶性糖含量，降低可滴定酸含量 [265]。此外，Benard 的研究表明，间作一方面增加了改善口感的总硫代葡萄糖酸盐含量，同时维持了与健康相关矿物质的含量；另一方面山奈酚苷和羟基肉桂酸衍生物在间作处理下有所减少 [78]。这与我们的研究结果发现四个指标（类胡萝卜素、类黄酮和抗坏血酸等）的间作系统表现出显著的增长趋势，尤其是抗坏血酸增长了两倍，而甜菜碱含量显著降低的结果基本一致，表明间作可以通过影响代谢物含量来改变果实营养品质，但并非所有的发展都是有利的。并且 Testolin 研究结果也发现，随着果实的发育和成熟，果实内部的各种成分伴随各种反应而发生变化，如苯丙烷、类黄酮、花青素、糖等被合成、积累或消耗 [80]，与我们的研究结果相符。综上所述，枸杞的生长、产量和果实品质相对单作均显著提高。

　　不同类型牧草间作枸杞，对枸杞病虫害影响不同，通过田间试验的分析，发现枸杞间作燕麦、针茅、苜蓿和黑麦草时能减少蚜虫虫害的发生，而前期表现较优的饲料甜菜，存在加重蚜虫虫害发生的风险，因此，生长季节应做好提前防控。此外，通过分析间作和单作模式下白粉病发病情况，进一步获得能够减少白粉病侵染的牧草材料：饲料甜菜、三叶草、黑麦草、针茅等。尽管部分牧草间作枸杞能增加病虫害的发生，但我们的研究结果也为进一步筛选适合枸杞间作材料提供了理论基础。这也与前人研究合理的间作能控制病虫害发生，减少化学农药的投入，提高食品安全性的结果相符 [266,267]。但间作对病虫害的防控效果受植物种类 [268]、播种时间 [269]、间作时空布局 [270,272] 等因素影响，合适且高效的间作模式有待更深入、系统地研究。

5　小结

　　间作模式对枸杞生长的影响，整体表现为枸杞的光合作用有所增加；另外间作黑麦草能增加枸杞分枝数，间作绿园 5 号和饲料甜菜促进枸杞分枝的伸长。此外，从病虫害的角度分析而言，间作饲料甜菜、三叶草、甜高粱、黑麦草、针茅均能减小枸杞白粉病的病斑面积，而间作苜蓿、针茅、黑麦草均减少蚜虫的发生。并且，枸杞–牧草间作模式能够显著促进类胡萝卜素、黄酮和抗坏血酸含量显著增加，有利于枸杞品质的改善；综合分析，最终筛选出枸杞–饲料甜菜、枸杞–黑麦草、枸杞–紫花苜蓿、枸杞–白三叶草 4 种间作组合。

第⑥部分
枸杞-牧草间作模式对土壤微生态的影响

1 引言

　　植物地下部比地上部拥有更敏感的反馈机制，其生长发育极易受各种环境因素的影响 [273]。林草间作系统对生草的影响因区域、环境和草种的不同，在土壤养分含量和酶活性上表现结果各异。研究发现，葡萄园行间覆盖马齿苋 [274]，橘园间作黑麦草和白三叶草 [275]，梨园覆草 [276] 均能有效提升土壤养分和有机质含量。李世清等 [277] 分析还发现，在半干旱地区土壤剖面氮素的累积可以通过覆草改变。此外，梨园可以通过多年间作黑麦草提升土壤速效养分和全磷的含量，多年间作白三叶草提升土壤全氮和全钾的含量 [278]。土壤酶与微生物在维系农业生态系统平衡中也起着重要作用。土壤是植物能量与物质代谢及土壤微生物活跃的区域 [279]，土壤酶作为土壤生物化学过程中的积极参与者，能够有效推动土壤代谢，并且在物种循环和能量流动中占有重要地位。土壤酶活性与土壤全氮、全磷、全碳等养分元素的转换有着密切的关系 [109]，并且，土壤微生物是土壤养分转化和循环的重要驱动力，在生态系统中起重要的作用 [280]，同时也是构成土壤生态系统的重要因子，影响土壤健康状态和植物生长 [281]。研究发现，合适的林草间作可增加土壤微生物丰度和多样性。如橘园间作黑麦草和白三叶草能重塑并优化土壤细菌和真菌群落结构[275]；

此外，间作生草后，龙眼园土壤微生物丰度增加[282]，甜柿园土壤微生物数量及酶活性均得到提升[283]；我们前期的研究也证实，枸杞间作禾本科牧草能显著提高细菌群落丰度和多样性，并显著促进 5 类酶活性的增加[16]。

国内外对林草间作技术研究较多，由于各研究区域的差异性，林草间作呈现的结果存在很大差异，而土壤、水分、气候、间作类型、覆盖类型、播种密度以及林草品种等可能是这种差异产生的原因。而且，目前宁夏地区关于林草间作的研究多集中在半荒漠化的林灌草交错生长地区，用于庇护草地生长[25]，以及以农户为单位开展的果园覆草的生产实践，而在枸杞 3 m 行间开展间作牧草的研究很少且起步较晚。第 5 部分对不同牧草间作模式下的生长状况进行了分析，而牧草的生长发育极易受土壤环境因素的影响，那么，不同牧草与枸杞间作下土壤环境又发生了哪些变化？为了探明这一问题，本试验对不同牧草间作模式下土壤养分、酶活性进行了研究与分析，结合前文进一步筛选出 4 种具有间作优势且有利于改良土壤的间作组合，随后对 4 种牧草间作模式下微生物群落结构进行测定与分析，以期进一步明确土壤环境对 4 种优势枸杞-牧草间作组合的响应机制。为枸杞-牧草间作模式开发和土壤环境质量评估提供科学依据。

2　材料与方法

2.1　样品采集及测定

（1）供试材料。试验材料和品种来源同第 2 部分 1.4。

（2）2021 年 8 月初对土壤样品进行取样，间作模式下枸杞与牧草间距 1 m，为保证两种植物对土壤贡献相同，因此枸杞-牧草间作时在其 1 m 间距的中间位置进行取样（距离均为 50 cm）；牧草单作时在距离其边行 50 cm 处取样；枸杞单作时在距离其 50 cm 的行间取样；在每个处理内分别随机选取 3 个点，铲去土壤表层 0~10 cm 的土壤，分别取 10~30 cm 土壤，相同处理形成一个混合样，迅速置于保温箱中（0℃以下）保存，带回实验室。采集的新鲜土样过 2 mm 筛，土壤平均分成两份，一份在避光条件下自然风干后测定土壤理化性质，另一份用冻存管分装保存于-80℃超低温冰箱，并尽快进行土壤微生物测序的送样。

2.2 土壤理化指标测定

土壤理化性质测定参照《土壤农化分析》[284]：pH 和电导率用电位法，将 10 g 土壤悬浮在 25 mL 去离子水悬浮液（1∶2.5，w/v）中；全氮用凯式定氮法；全磷用近红外光谱法；有效磷 $NaHCO_3$ 浸提-钼锑抗比色法；铵态氮采用纳氏试剂比色法；硝态氮采用紫外分光光度法；有机质含量用重铬酸钾氧化加热法；每处理 3 组平行试验，取平均值。

2.3 土壤酶活性测定

用检测试剂盒（ELISA）结合半自动的酶标仪进行土壤过氧化氢酶（Catalase）、土壤碱性磷酸酶（Alkaline phosphatase）、土壤脲酶（Urease）、土壤蔗糖酶（Sucrase）和土壤纤维素酶（CE）的测定。

2.4 土壤微生物测定

土壤微生物基因组 DNA 提取试剂盒（PowerSoil ® DNA Isolation kit）用于 DNA 提取，琼脂糖凝胶电泳（1%的琼脂糖凝胶）用于 DNA 纯度及浓度检测，待 DNA 检测合格后置于-80℃超低温冰箱保存，用来进行 PCR 扩增。对细菌 16S rDNA 基因全长使用特异性引物 27F：5′-AGRGTTTGATYNTG-GCTCAG-3′ 和 1492R：5′-TASGGHTACCTTGTTASGACTT-3′ 进行 PCR 扩增；真菌使用 ITS1：5′-CTTGGTCATTTAGAGGAAGTAA-3′ 和 ITS4：5′-TCCTCCGCT TATTGATATGC-3′ 扩增 ITS 基因全长。本研究使用青岛百迈客生物科技有限公司的 Illumina Hiseq 2500 平台对构建的细菌和真菌扩增子文库并进行三代测序。

2.5 数据处理与分析

使用 Excel 2010 软件对数据进行基础整理，使用 SPSS 17.0 软件进行数据统计和分析，Origin 2017 软件完成柱形图和相关性分析，使用 Canoco 5.0 进行冗余分析（RDA），使用 Mo&ur 软件和 QIIME 软件对样品进行 Alpha 多样性（Alpha diversity）指数 Chao 指数、Ace 指数、Simpson 指数、Shannon 指数和 Beta 多样性（Beta diversity）分析；使用 http：// huttenhower.sph.harvard. edu / galaxy / 网站进行线性判别分析 LEfSe）在基于 Wilcoxon $P<0.05$ 和 LDA 得分>3.5 的条件下筛差异生物标记；使用 Mantel 检验来评价微生物群落组成与土壤理化性质、酶活性等的相关性。

3　结果与分析

3.1　枸杞-牧草间作模式对土壤理化性质的影响

由图 6-1 可知，相对于枸杞单作，间作禾本科、豆科还是藜科植物均能显著提高土壤有机质、全氮和硝态氮的含量；间作禾本科、豆科和藜科植物均能显著降低土壤全磷、铵态氮含量和电导率值；枸杞与禾本科、豆科间作时降低了土壤有效磷含量，而间作藜科（饲料甜菜）时增加土壤有效磷含量。相对于牧草单作，间作模式下不同科植物对土壤的改良不同，禾本科植物能够显著提高土壤有机质和有效磷含量而显著降低土壤硝态氮和电导率的值。豆科植物显著降低土壤有效磷含量，反而增加土壤电导率。藜科植物显著降低有机质、全磷含量和电导率的值，但显著增加有效磷和硝态氮含量。整体而言，枸杞行间间作牧草后，能显著提高土壤有机质、全氮和硝态氮的含量，对改良枸杞地土壤肥力具有促进作用。

进一步从与枸杞间作的不同牧草品种分析（表 6-1），发现间作模式下土壤有机质，除燕麦和三叶草外，其他 8 种牧草均促进枸杞土壤有机质含量的增加，且增幅在 31.78%~175.01%；间作模式下土壤全氮，除燕麦、针茅和三叶草作用不显著外，其他 7 种牧草均促进枸杞土壤全氮含量的增加，且增幅在 12.89%~49.57%，苜蓿增氮作用最为显著；进一步分析铵态氮含量变化发现，除黑麦草间作对土壤铵态氮和硝态氮含量作用不显著外，其他牧草与枸杞间作均表现为铵态氮含量的降低和硝态氮含量的增加，降幅为 5.63%~69.76%，增幅为 33.33%~273.81%；分析全磷和有效磷含量变化发现，间作显著降低枸杞地土壤全磷含量，饲料甜菜最为显著，达 31.11%；除针茅和饲料甜菜能提高间作土壤有效磷含量外，其他牧草材料均显著降低，降幅为 3.50%~86.65%；此外，间作整体表现为能有效降低枸杞地电导率，较少盐碱危害对植物的损害。综上分析，黑麦草显著提高了有机质、全氮含量，苜蓿显著提高了有机质、全氮和硝态氮含量，白三叶显著提高了硝态氮含量，饲料甜菜显著提高了有机质、全氮、有效磷和硝态氮的含量，且均降低了间作土壤电导率，对土壤肥力改善具有促进作用。

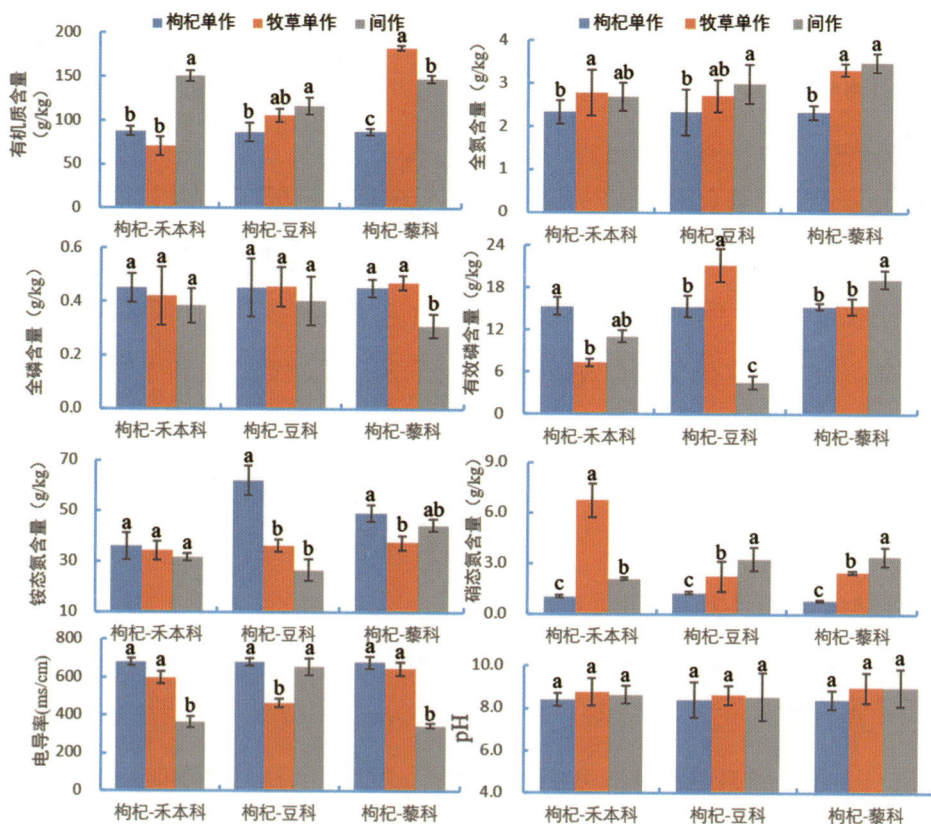

图 6-1　间作不同科牧草对土壤理化性质的影响

Figure 6-1 Effects of intercropping different herbage families on soil physicochemical properties

表 6-1　枸杞-牧草间作模式下土壤理化指标

Table 6-1 Soil physicochemical properties under Wolfberry-Forage intercropping systems

试验材料 Material	模式 Cropping pattern	有机质 Organic Matter (OM: g·kg⁻¹)	全氮 Total Nitrogen (TN: g·kg⁻¹)	全磷 Total Phosphorus (TP: g·kg⁻¹)	有效磷 Rapidly Available Phosphorus (AP: g·kg⁻¹)	铵态氮 Ammonium Nitrogen (AN: g·kg⁻¹)	硝态氮 Nitrate Nitrogen (NN: g·kg⁻¹)	电导率 Electrical Conductivity (EC: ms·cm⁻¹)	酸碱度 pH
绿园 5 号 Lvyuan 5	M	106.44±14.66fgh	2.49±0.02hij	0.38±0.005df	6.71±0.52jk	36.87±2.07de	2.20±0.06efg	502±33.17efg	8.72±0.16bcde
	I	206.48±20.35b	2.88±0.01de	0.34±0.007fg	11.87±1.08gh	46.22±1.56b	1.50±0.01hi	306±18.72ij	8.37±0.11f
燕麦 Oat	M	11.03±1.79l	2.10±0.04l	0.41±0.004bcd	1.70±0.04l	14.25±1.09j	2.20±0.32efg	359±22.16hij	8.45±0.13ef
	I	64.14±1.22j	2.40±0.02jk	0.35±0.009dfg	4.10±0.07kl	14.81±1.20j	1.40±0.04jl	363±19.43hij	8.93±0.09abc
冰草 Wheatgrass	M	96.81±4.96ghi	2.64±0.17fgh	0.45±0.011ab	6.25±0.14jk	38.90±2.41de	2.10±0.06efg	698±53.94c	8.88±0.11bc
	I	126.13±4.37e	3.29±0.17bc	0.46±0.017ab	9.88±0.28hi	26.02±3.55hi	3.10±0.02d	274±3.51j	9.21±0.10a
针茅 Sipas	M	29.27±2.01k	4.26±0.18a	0.46±0.013ab	16.60±1.96cde	36.48±4.58def	6.87±0.17a	909±47.93a	9.00±0.06ab
	I	134.96±1.94de	2.16±0.04l	0.44±0.020abc	18.77±2.19bcd	22.85±2.98i	3.22±0.11cd	561±43.75def	8.28±0.07f
黑麦草 Ryegrass	M	140.97±9.57de	2.70±0.05efg	0.40±0.010cd	6.94±0.27jk	40.40±2.91cd	1.80±0.03ghi	528±34.06ef	8.84±0.11bcd
	I	237.36±19.43a	2.62±0.02fgh	0.35±0.002dfg	12.05±0.98gh	53.64±3.33a	1.00±0.01j	316±20.34hij	8.44±0.12ef
甜高粱 Sweet sorghum	M	37.54±3.06k	2.46±0.07hij	0.42±0.004abc	5.86±0.31jk	38.17±3.67de	6.40±0.20a	599±30.12cde	8.78±0.06bcd
	I	136.78±13.79de	2.73±0.09efg	0.36±0.005df	9.90±1.02hi	26.99±2.02ghi	2.40±0.12ef	364±1.87hij	8.65±0.05cde
禾本科 Gramineae plants	M	70.34±4.69j	2.77±0.12ef	0.42±0.006abc	7.34±0.22ij	34.18±2.89ef	6.74±0.14a	599±37.96cde	8.78±0.11bcd
	I	150.97±9.79d	2.68±0.06efg	0.38±0.010df	11.10±0.97gh	31.76±11.29fg	2.10±0.05efg	364±18.32hij	8.65±0.09cde

续表

试验材料 Material	模式 Cropping pattern	有机质 Organic Matter (OM: g·kg⁻¹)	全氮 Total Nitrogen (TN: g·kg⁻¹)	全磷 Total Phosphorus (TP: g·kg⁻¹)	有效磷 Rapidly Available Phosphorus (AP: g·kg⁻¹)	铵态氮 Ammonium Nitrogen (AN: g·kg⁻¹)	硝态氮 Nitrate Nitrogen (NN: g·kg⁻¹)	电导率 Electrical Conductivity (EC: ms·cm⁻¹)	酸碱度 pH
苜蓿 Alfalfa	M	110.63±8.19fg	2.52±0.07ghi	0.44±0.007abc	13.08±0.65fg	45.81±3.42bc	2.30±0.12efg	414±20.66gh	8.93±0.10abc
	I	178.26±9.19c	3.47±0.16b	0.40±0.012cd	7.10±0.77ij	27.88±2.05gh	3.70±0.07bc	799±34.91b	8.34±0.07f
白三叶 White clover	M	114.93±7.46f	2.55±0.10ghi	0.47±0.009a	34.70±2.48a	36.85±2.19de	1.93±0.07fgh	335±17.89hij	8.48±0.09ef
	I	55.97±1.87j	2.22±0.02kl	0.38±0.017df	2.45±0.05l	25.46±1.46hi	3.93±0.18b	487±12.67fg	8.72±0.10bcde
苦豆子 S. alopecuroides	M	92.18±3.17hi	3.05±0.09d	0.45±0.012ab	15.85±1.21def	25.83±3.07hi	2.56±0.14e	645±34.67cd	8.44±0.14ef
	I	114.54±2.03c	3.26±0.08c	0.43±0.008abc	3.95±0.22kl	26.58±0.98ghi	2.21±0.08efg	681±9.88c	8.57±0.09def
豆科 Leguminous plants	M	105.92±5.45fgh	2.71±0.11efg	0.45±0.006ab	21.21±1.34g	36.17±2.17def	2.26±0.16efg	465±22.17fg	8.62±0.11cde
	I	116.25±3.43f	2.98±0.08d	0.40±0.013cd	4.50±0.09jkl	26.64±2.07ghi	3.28±0.11cd	655±19.33cd	8.54±0.08def
饲料甜菜 Mangel	M	183.00±6.77c	3.32±0.13bc	0.47±0.016a	15.43±0.89ef	37.42±3.18de	2.50±0.09e	648±34.19cd	8.96±0.06ab
	I	147.30±9.29d	3.48±0.09b	0.31±0.012g	19.23±1.48bc	44.31±2.84bc	3.40±0.08bcd	347±11.02hij	8.97±0.11ab
枸杞 Wolfberry	M	86.92±0.35i	2.32±0.05jkl	0.45±0.012ab	15.33±0.35ef	48.98±3.99b	1.05±0.02ij	680±27.66c	8.41±0.08ef
L.S.D. (5%)									

3.2 枸杞-牧草间作模式对土壤酶活性的影响

间作水平下纤维素酶整体表现为显著下降，尽管禾本科牧草和豆科牧草与枸杞间作时无显著变化，但藜科牧草间作时显著降低；具体表现为 10 种牧草间作均降低了土壤纤维素酶活性，表现非常显著的是三叶草、饲料甜菜和针茅，降幅依次为 25.20%、16.78% 和 15.70%。脲酶在枸杞-牧草间作模式下显著上升；且 10 种牧草间作枸杞表现最好的是饲料甜菜，显著促进脲酶活性增加，增幅为 37.83%。碱性磷酸酶能在不同科属植物与枸杞间作模式中表现不同，尽管禾本科和豆科植物与枸杞间作整体上无显著差异，但黑麦草、苜蓿、饲料甜菜间作模式下均能显著降低枸杞地土壤碱性磷酸酶活性，降幅分别为 14.85%、18.59%、23.57%。禾本科、豆科植物与枸杞间作能显著促进蔗糖酶含量的升高，其中甜高粱、苜蓿和三叶草间作时增加显著，增幅为42.36%、38.39% 和 37.17%；藜科牧草间作土壤蔗糖酶较枸杞单作无显著变化。过氧化氢酶在间作水平下显著升高，其中黑麦草、苜蓿和饲料甜菜与枸杞间作时增加显著，且增幅依次为 51.94%、42.25%、10.42%。整体而言，黑麦草显著提高过氧化氢酶活性，饲料甜菜显著提高脲酶活性，白三叶和苜蓿显著提高过氧化氢酶和蔗糖酶活性（表 6-2、图 6-2）。

表6-2　枸杞-牧草间作模式下土壤酶活性

Table 6-2 Soil enzyme activities under Wolfberry-Forage intercropping systems

Treatment	纤维素酶 Cellulase (U/mL)	脲酶 Urease (U/mL)	碱性磷酸酶 Alkaline phosphatase (U/mL)	蔗糖酶 Sucrase invertase (U/mL)	过氧化氢酶 Catalase (U/mL)
枸杞-绿园 5 号 Wolfberry-Lvyuan 5	0.35±0.001a	0.42±0.015ab	2.89±0.102ab	4.10±0.209b	6.59±0.320b
枸杞-燕麦 Wolfberry-Oat	0.37±0.016a	0.32±0.001c	2.48±0.061bc	4.12±0.635b	6.98±0.615b
枸杞-冰草 Wolfberry-Wheatgrass	0.34±0.012ab	0.36±0.003bc	3.39±0.217a	4.14±0.520b	6.47±0.580b
枸杞-针茅 Wolfberry-Sipas	0.31±0.020ab	0.37±0.018bc	3.17±0.341a	4.09±0.179b	5.49±0.191c

续表

Treatment	纤维素酶 Cellulase (U/mL)	脲酶 Urease (U/mL)	碱性磷酸酶 Alkaline phosphatase (U/mL)	蔗糖酶 Sucrase invertase (U/mL)	过氧化氢酶 Catalase (U/mL)
枸杞–黑麦草 Wolfberry–Ryegrass	0.34±0.008ab	0.33±0.018c	2.39±0.029c	3.43±0.075c	8.24±1.412a
枸杞–甜高粱 Wolfberry–Sorghum	0.37±0.023a	0.30±0.003c	3.06±0.491a	4.66±0.335a	5.76±0.416c
枸杞–禾本科 Wolfberry–Gramineae	0.35±0.003a	0.35±0.003b	2.90±0.192ab	4.09±0.319b	6.86±0.160b
枸杞–苜蓿 Wolfberry–Alfalfa	0.36±0.002a	0.36±0.010b	2.29±0.136c	4.53±0.006ab	7.71±0.364a
枸杞–白三叶 Wolfberry–White clover	0.28±0.014b	0.33±0.021c	2.63±0.058bc	4.49±0.121a	6.78±0.001b
枸杞–苦豆子 Wolfberry–Salopecuroides	0.38±0.051a	0.30±0.018c	2.92±0.271ab	3.39±0.110c	5.97±0.017c
枸杞–豆科 Wolfberry–Leguminous	0.34±0.021ab	0.33±0.003c	2.61±0.064b	4.14±0.079a	6.82±0.115b
枸杞–饲料甜菜 Wolfberry–Mangel	0.31±0.017ab	0.44±0.026a	2.15±0.078c	3.47±0.029c	5.99±0.113c
枸杞 Lb–CK	0.37±0.037a	0.32±0.019c	2.76±0.030b	3.29±0.191c	5.42±0.199c
L.S.D.（5%）					

3.3 植物生长特性与土壤环境因子 的 RDA 分析

采样 RDA 分析进一步解析土壤性质变化与植物生长特性间的相互关系
(图6-3)。结果表明，前两个轴共解释 60.95% 的信息，基本能反映植物生长特
性、土壤环境因子和不同牧草种植模式之间的相关性。可知，土壤理化性质
与生长的关系表现为 TN、AN、OM 与牧草生物量、SODr 呈正相关，与
MADr、MADl 呈负相关；NN、AP 与 SODl 呈正相关，NN、TP 与 MADr、
MADl 呈正相关。土壤酶活性与生长的关系表现为 Cellulas 与 SODr, Catalase、
Sucrase、ALP 与 MADr、MADl, Urease、Catalase、Sucrase 与 SODl 呈正相关；
Sucrase、ALP 与 MADr、MADl 呈正相关。土壤理化性质与酶活性的关系表现
为表征土壤养分的 TN、AN、OM 与 Cellulas 呈正相关，与 Catalase、Sucrase、

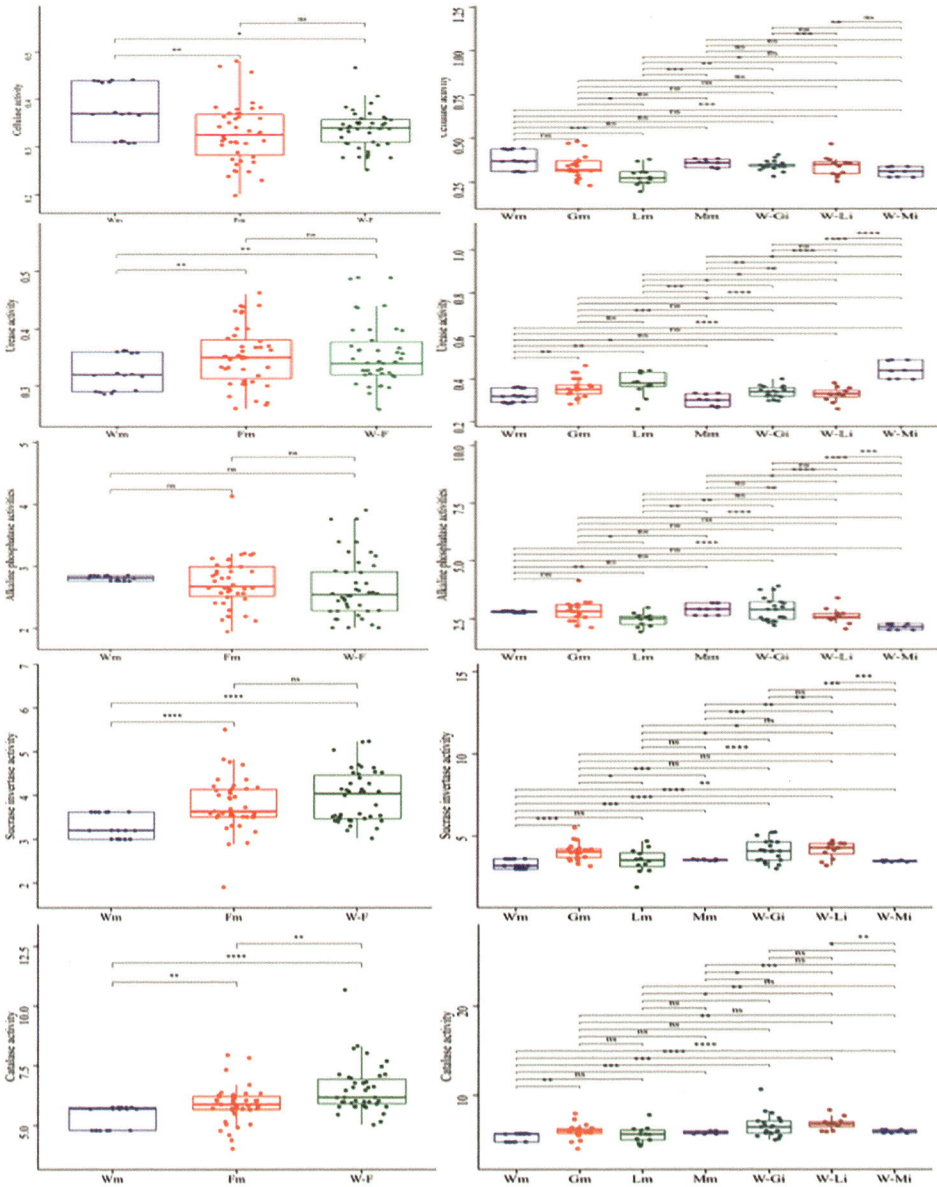

图 6-2　单作及间作模式下土壤酶活性差异

Figure 6-2 Differences of soil enzyme activities between monoculture and intercropping modes

注：Wm、Fm、W-F 分别代表枸杞单作、牧草单作、枸杞-牧草间作总体水平，W-Gi、W-Li、W-Mi 分别代表枸杞-禾本科、枸杞-豆科、枸杞-藜科间作。

Note：Wm，Fm，W-F represent wolfberry monocropping， herbage monocropping and wolfberry-herbage intercropping. W-Gi，W-Li，W-Mi represent wolfberry-gramineae， wolfberry-legume and wolfberry-chenopodiaceae intercropping.

ALP 呈负相关； NN、AP 和 Urease、Catalase、Sucrase 呈正相关； NN、TP 与
Sucrase、ALP 呈正相关。植被因子之间其他的相关性较小。从样地与土壤指
标间的关系分析可知，苜蓿间作、黑麦草间作和单作、三叶草间作种植模式

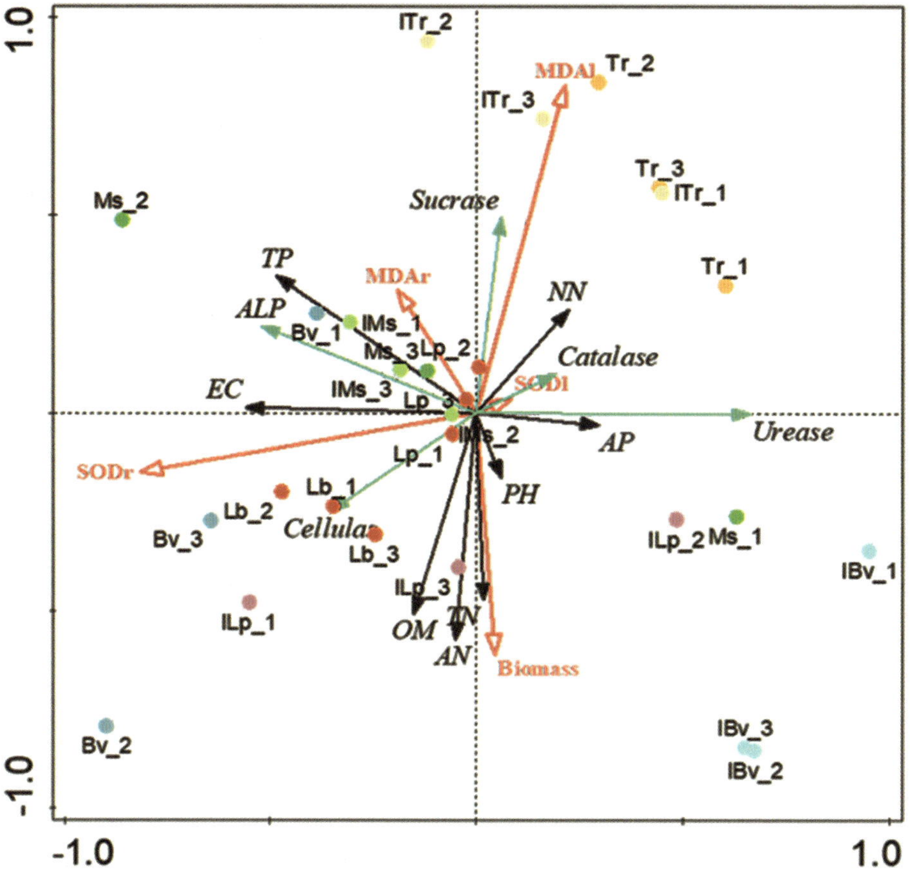

图 6-3　不同种植模式下植物生长指标与土壤指标 RDA 分析

Figure 6-3 RDA analysis of plant growth indicators and soil indicators

注：黑色线段表示土壤理化性质，绿色表示土壤酶活性，红色表示植物生长指标。
三叶草间作（ITr）； 三叶草单作（Tr）； 苜蓿间作（IMs）； 苜蓿单作（Ms）； 黑麦
草间作（ILp）； 黑麦草单作（Lp）； 饲料甜菜间作（IBv）； 饲料甜菜单作（Bv）；
枸杞单作。

Note：Black，green and red line stand for physical，enzyme activities and plant growth
indicators. white clover intercropping, white clover monocropping, alfalfa intercrop-
ping, alfalfa monocropping, ryegrass intercropping, ryegrass monocropping, mamgel
intercropping, mamgel monocropping, wolfberry monocropping.

下土壤养分指标和土壤酶活性更加丰富，说明该种植模式对土壤影响较小；在饲料甜菜间作模式下土壤养分的指标很少，但与生物量指标汇集在一起。

综合分析，黑麦草显著提高过氧化氢酶活性，饲料甜菜显著提高脲酶活性，白三叶和苜蓿显著提高过氧化氢酶和蔗糖酶活性；黑麦草、苜蓿、白三叶和饲料甜菜对土壤养分含量的增加和酶活性有一定促进作用，结合第 3 至第 5 部分研究结果，进一步确定枸杞-饲料甜菜、枸杞-黑麦草、枸杞-苜蓿、枸杞-白三叶为优势间作组合。

3.4 枸杞-牧草间作模式对土壤微生物群落多样性的影响

3.4.1 枸杞-牧草间作模式对土壤微生物群落 α 多样性分析影响

对以上筛选获得 4 个间作优势牧草：饲料甜菜、黑麦草、白三叶和苜蓿土壤微生物多样性分析结果发现（图 6-4），四种牧草与枸杞间作较枸杞单作 SOBS 指数均显著降低，相较于牧草单作，黑麦草和饲料甜菜间作模式下 SOBS 指数显著升高，苜蓿和白三叶两种种植模式下无显著差异；饲料甜菜、黑麦草、白三叶间作时 SHANNON 指数显著高于单作，相较于枸杞单作，苜蓿间作时 SHANNON 指数显著降低；SIMPSON 指数在间作模式下与枸杞单作无差异，均显著低于各自单作；ACE、SOBS、CHAO 指数表现趋势一致；COVERAGE9 种种植模式下均无显著差异。

对土壤真菌群落 α 多样性分析发现（图 6-5），SOBS 指数除饲料甜菜在间作模式下无显著差异外，其他 3 种牧草间作均显著降低 SOBS 指数；间作较牧草单作 SOBS 指数整体表现为显著增加，且苜蓿、饲料甜菜和白三叶增加显著。SHANNON 指数相较枸杞单作，白三叶和苜蓿间作时显著下降；较牧草单作，白三叶间作时显著下降，其他无显著变化。相较枸杞单作，除黑麦草无显著变化外，其他间作均显著提高 SIMPSON 指数。ACE 除黑麦草在两种种植模式下无显著差异外，饲料甜菜、苜蓿、白三叶均表现为间作显著高于单作；四种牧草两种种植模式下均低于枸杞单作。CHAO 均表现为间作高于单作。COVERAGE9 种种植模式下均无显著差异。

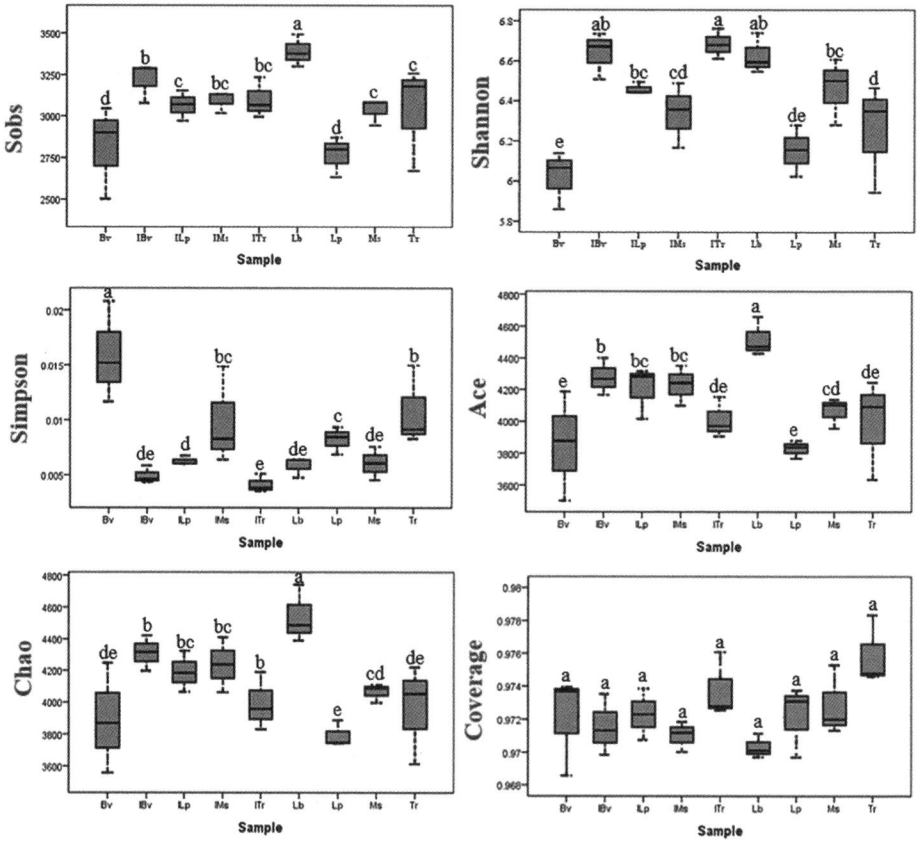

图 6-4 牧草单作和间作系统土壤细菌丰度

Figure 6-4 Soil microbial abundances of bacteria in monoculture and intercropping systems of herbage

基于 UniFrac 距离的 NMDS 分析表明，单作和间作模式下各牧草土壤细菌和真菌群落结构明显不同（*Padonis* 和 *Panosim* < 0.01）；但 Lb 与 IBv、IMs、ILp 的真菌群落具有相似性（图 6-6）。

3.4.2 不同间作模式下土壤微生物群落组成

（1）不同间作模式下土壤微生物门水平群落组成。不同种植模式下土壤中放线菌门（*Actinobacteriota*，19%~31%）、厚壁菌门（*Firmicutes*，16%~33%）和变形菌门（*Proteobacteria*，18%~24%）是最主要的细菌门。对细菌而言，饲料甜菜间作相较于枸杞单作能显著增加土壤中 *Chloroflexi*、*Acidobacteriota*、*Deinococcota*

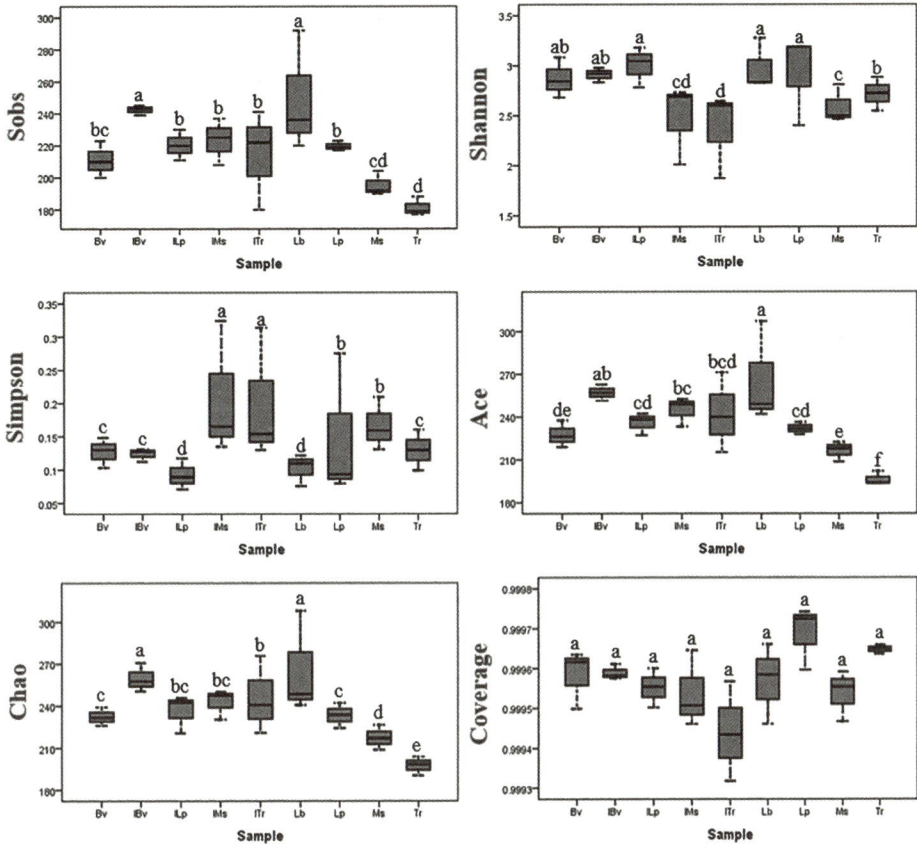

图 6-5　牧草单作和间作系统土壤真菌丰度

Figure 6-5 Soil microbial abundances of fungi in monoculture and intercropping systems of herbage

的相对丰度，增幅分别为 13.44%、17.27%和 35.67%，能显著降低 *Myxococcota*、*Patescibacteria* 的相对丰度，降幅为 19.86%和 53.95%；黑麦草间作模式显著增加土壤中 *Actinobacteriota*、*Chloroflexi*、*Bacteroidota* 和 *Deinococcota* 的相对丰度，增幅分别为 20.16%、13.68%、20.65%和 35.67%，能显著降低 *Acidobacteriota*、*Myxococcota* 和 *Patescibacteria* 的相对丰度，降幅为 35.78%、27.10%和 23.55%；枸杞-苜蓿间作模式能显著增加土壤中 *Chloroflexi* 和 *Deinococcota* 的相对丰度，增幅分别为 42.62%和 108.41%，能显著降低 *Proteobacteria*、*Acidobacteriota*、*Gemmatimonadota* 和 *Myxococcota* 的相对丰度，降幅为 13.16%、24.55%、33.78%和 33.50%；枸杞-

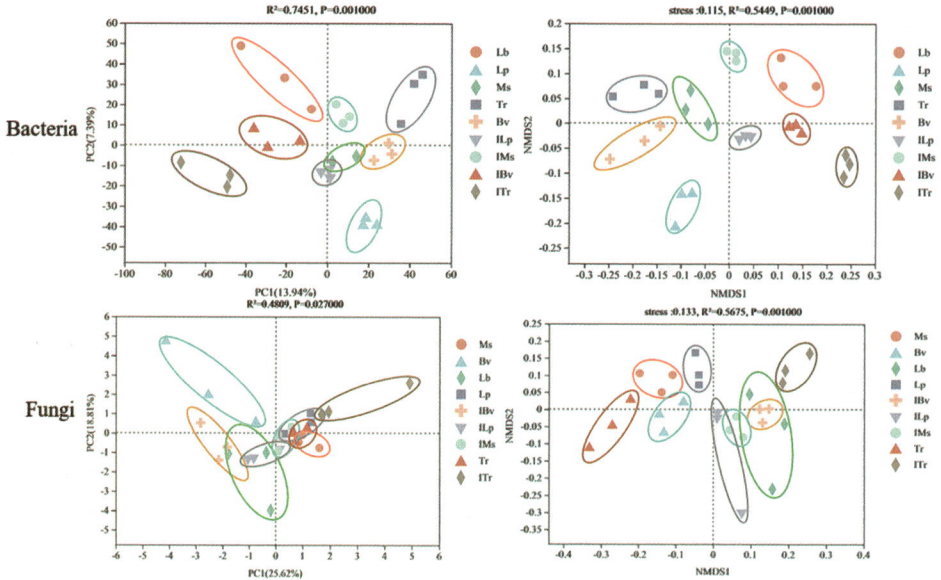

图 6-6 土壤细菌、真菌 β 多样性主成分分析图和 NMDS 分析图

Figure 6-6 Principal Component and NMDS Analysis Diagram of Soil Bacteria and Fungus β Diversity

白三叶间作模式能显著增加土壤中 *Actinobacteriota*、*Acidobacteriota* 和 *Gemmatimonadota* 的相对丰度，增幅分别为37.56%、14.62%和16.11%，能显著降低 *Firmicutes*、*Bacteroidota*、*Myxococcota*、*Deinococcota* 和 *Patescibacteria* 的相对丰度，降幅为26.54%、36.92%、19.18%、32.33%和61.59%。

不同种植模式下土壤中子囊菌门（*Ascomycota*，48%~98%）、拟杆菌门（*Basidiomycota*，1%~11%）和被孢霉门（*Mortierellomycota*，1%~9%）是主要的真菌门。对于真菌门而言，枸杞-饲料甜菜间作能显著增加土壤中 *Ascomycota* 和 *Chytridiomycota* 的相对丰度，增幅分别为 14.69%和 253.26%，能显著降低 *Basidiomycota* 和 *Rozellomycota* 的相对丰度，降幅为 68.44%和25.83%；枸杞-黑麦草间作模式能显著增加土壤中 *Ascomycota*、*Rozellomycota*和 *Chytridiomycota* 的相对丰度，增幅分别为 18.69%、158.86%和 88.20%，能显著降低 *Basidiomycota* 和 *Mortierellomycota* 的相对丰度，降幅为 68.85%和21.94%；枸杞-苜蓿间作促进 *Ascomycota* 和 *Rozellomycota* 相对丰度的增加，增幅分别为24.53%和132.13%，能

显著降低 *Basidiomycota*、*Mortierellomycota* 和 *Chytridiomycota* 的相对丰度，降幅为 70.91%、64.01%和 18.65%；枸杞-白三叶间作能显著增加土壤中 *Ascomycota* 的相对丰度，增幅为 34.11%，能显著降低 *Basidiomycota*、*Mortierellomycota*、*Rozellomycota* 和 *Chytridiomycota* 的相对丰度，降幅为 97.62%、69.63%、92.78%和 71.66%（图 6-7）。

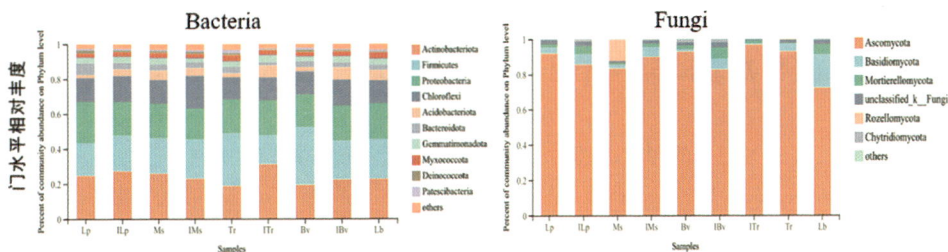

图 6-7　间作对土壤细菌和真菌门水平主要类群的影响

Figure 6-7 Effects of intercropping treatments on the relative abundances of the top main microbial strains bacterial and fungi at the phyla level

（2）不同间作模式下土壤微生物属水平群落组成。不同种植模式下土壤中 *Romboutsia*（2%~11%）、*SBR*1031（1%~12%）和 *CM*45（2%~6%）是主要的细菌属（图 6-8，表 6-3）。牧草间作和枸杞单作处理相比，饲料甜菜间作能显著增加根际土壤中 *Methylocaldum* 和 *Nocardioides* 的相对丰度，显著降低 *Longispora* 的相对丰度；黑麦草间作能显著增加根际土壤中 *Truepera*、*Gaiellales* 和 *Nocardioides* 的相对丰度，显著降低 *Longispora* 的相对丰度；苜蓿间作能显著增加根际土壤中 *Arthrobacter*、*Truepera* 和 *Methylocaldum* 的相对丰度，显著降低 *Longispora* 和 *Streptomyces* 的相对丰度；白三叶间作能显著增加根际土壤中 *Arthrobacter*、*Gaiellales* 和 *Nocardioides* 的相对丰度，显著降低 *Romboutsia*、*Paeni-clostridium* 和 *Longispora* 的相对丰度（表 6-3，图 6-8）。

不同种植模式下 *Chordomyces*（55%~55%）、*Gibberella*（1%~51%）和 *Microas-caceae*（1%~25%）是主要的真菌属。对真菌属而言，牧草间作和枸杞单作处理相比，饲料甜菜间作能显著增加土壤中 *Chordomyces*、*Cladosporium*、*Verticillium* 和

Lophotrichus 的相对丰度，显著降低 *Geminibasidium*、*Basidioascus* 和 *Humicola* 的相对丰度；黑麦草间作能显著增加土壤中 *Cladosporium*、*Plectosphaerella* 和 *Verticillium* 的相对丰度，显著降低 *Geminibasidium*、*Basidioascus* 和 *Humicola* 的相对丰度；苜蓿间作能显著增加土壤中 *Chordomyces*、*Cladosporium* 和 *Plectosphaerella* 的相对丰度，降低 *Gibberella*、*Kernia* 和 *Basidioascus* 的相对丰度；白三叶间作能显著增加土壤中 *Chordomyces*、*Gibellulopsis* 和 *Cladosporium* 的相对丰度，显著降低 *Coprinellus*、*Geminibasidium* 和 *Basidioascus* 的相对丰度（$P < 0.05$）（表 6-3，图 6-8）。

表 6-3　间作对土壤微生物属水平主要类群的差异性分析

Table 6-3 Significance analysis of soil microbial main strains of intercropping under genus level

前 15 细菌属类群 Top15 bacterial genera	Lp	ILp	Ms	IMs	Tr	ITr	Bv	IBv	Lb
Romboutsia	c	c	c	c	b	d	a	c	c
Paeniclostridium	cd	c	cd	c	b	e	a	d	cd
Turicibacter	d	cd	d	cd	b	e	a	cd	c
Bacillus	b	e	b	e	bc	a	d	bc	cd
Longispora	a	d	d	cd	cd	e	d	c	b
Clostridium_sensu_stricto_1	d	cd	d	cd	b	e	a	d	c
Arthrobacter	de	c	b	b	de	a	e	cde	cd
Truepera	a	c	c	b	bc	e	b	d	d
Gaiellales	c	b	c	d	d	a	e	d	d
Methylocaldum	a	c	c	b	a	e	cd	a	d
Streptomyces	a	b	b	f	e	c	c	de	d
Solirubrobacter	c	b	a	d	e	a	e	cd	d
Ilumatobacter	f	a	bc	d	e	cd	cd	b	d
Nocardioides	c	b	d	d	a	d	a	d	d
Microscillaceae	ef	a	ef	d	cd	f	e	b	c
L.S.D.（5%）									

续表

前 15 细菌属类群 Top15 bacterial genera	Lp	ILp	Ms	IMs	Tr	ITr	Bv	IBv	Lb
Chordomyces	h	f	b	a	cd	e	de	c	g
Gibberella	a	c	f	e	g	d	f	de	b
Gibellulopsis	g	b	ef	d	h	a	f	de	c
Cladosporium	d	c	a	b	cd	a	b	b	e
Mortierella	de	c	f	f	f	e	d	a	b
Coprinellus	d	a	e	b	c	f	f	a	d
Plectosphaerella	f	d	ef	e	a	b	c	c	f
Hapsidospora	a	e	d	de	b	e	b	de	c
Kernia	a	c	e	e	d	e	c	d	b
Verticillium	d	d	b	bc	a	d	c	d	d
Lophotrichus	c	f	g	e	a	de	b	d	h
Basidioascus	b	b	b	b	b	b	b	b	a
Humicola	c	c	c	c	c	a	c	c	b
Preussia	b	a	d	d	d	d	d	c	d
L.S.D.（5%）									

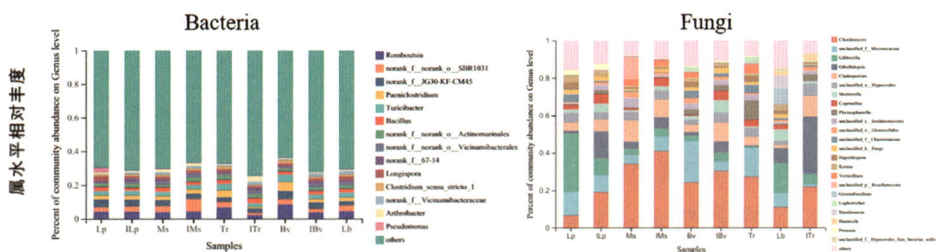

图 6-8　间作对土壤细菌和真菌属水平上主要类群的影响

Figure 6-8 Effects of intercropping treatments on the relative abundances of the top main microbial strains bacterial and fungal at the genus level

3.4.3　不同间作模式对特定微生物类群的影响

从门到种水平对四种牧草对应的处理（例如饲料甜菜对应间作、单作和枸杞单作）进行 LEfSe 分析（线性判别分析），将不同处理下土壤中筛选 LDA 得分大于 3.5 的细菌类群和真菌类群进行整合分析。黑麦草对应处理分别筛选出 47 个细菌和 23 个真菌作为生物标记；其中细菌方面黑麦草间作对应 11 个，黑麦草单作对应 24 个，枸杞单作对应 12 个；真菌方面黑麦草间作对应 10 个，黑麦草单作对应 11 个，枸杞单作对应 5 个。苜蓿对应处理分别筛选出 8 个细菌和 33 个真菌作为生物标记；其中细菌方面苜蓿间作对应 3 个，苜蓿单作对应 5 个，枸杞单作对应 0 个；真菌方面苜蓿间作对应 6 个，苜蓿单作对应 10 个，枸杞单作对应 17 个。白三叶对应处理分别筛选出 46 个细菌和 51 个真菌作为生物标记；其中细菌方面白三叶间作对应 18 个，白三叶单作对应 27 个，枸杞单作对应 1 个；真菌方面白三叶间作对应 18 个，白三叶单作对应 20 个，枸杞单作对应 12 个。饲料甜菜对应处理分别筛选出 21 个细菌和 56 个真菌作为生物标记；其中细菌方面饲料甜菜间作对应 9 个，饲料甜菜单作对应 9 个，枸杞单作对应 3 个；真菌方面饲料甜菜间作对应 17 个，饲料甜菜单作对应 27 个，枸杞单作对应 11 个。线性判别分析显著性阈值 3.5 的分类单元微生物细菌和真菌展示如图 6-9。

3.5　生长因子、土壤因子和微生物群落间相关性分析

3.5.1　生长因子、土壤因子和微生物群落间 Spearman 相关性

由图 6-10A 可知，门水平上细菌与生长因子之间表现为 *Planctomycetota* 和 *Verrucomicrobiota* 与 MODr 呈正相关；*Myxococcota* 和 *Planctomycetota* 与 SODr，*Planctomycetota* 和 *Verrucomicrobiota* 与 SODl，*Planctomycetota*、*Proteobacteria* 和 *Bdellovibrionota* 与 Yield 呈负相关关系。细菌与土壤养分之间表现为 *Bdellovibrionota* 与 TP、AP，*Myxococcota*、*Planctomycetota* 与 AP，*Bacteroidota*、*Deinococcota* 与 OM、TN 呈正相关关系；*Actinobacteriota* 与 TP、AP、TN，*Gemmatimonadota*、*Nitrospirota*、*Myxococcota* 与 OM、TN，*Gemmatimonadota* 与 EC，*Acidobacteriota* 与 OM，*Nitrospirota* 与 TP，*Bacteroidota*、*Deinococcota*、*Proteobacteria*、*Bdellovibrionota* 与 NN 呈负相关关系。细菌与土壤酶活性之间表现为 *Planctomycetota*

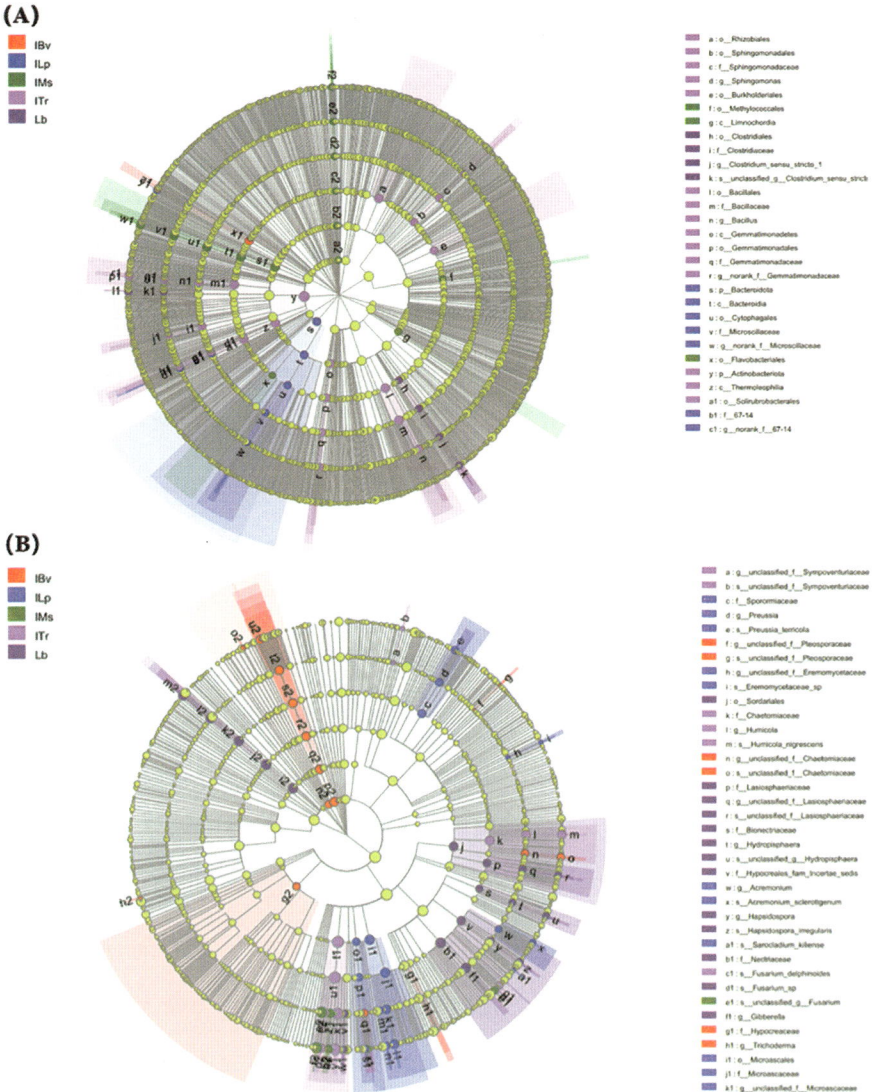

图 6-9　LEfSe 分析牧草在不同种植模式下土壤细菌（A）和真菌（B）群落的关键类群

Figure 6-9 LEfSe analysis key phylotypes of bacterial（A）and fungal（B）communities responding to different planting pattern in rhizosphere of forage

注：绿色、蓝色和黄色圆圈分别表示 Bv、Lb 和 IBv 处理中相对富集的微生物类群（也即生物标记物）。图中仅显示线性判别分析显著性阈值 3.5 的分类单元。分支图的六个环代表由里到外依次是界、门、纲、目、科和属。

Note：Green, blue and yellow circles stand for taxa that were abundant in the rhizoshpere under the different planting pattern, respectively. Only taxa meeting a linear discriminant analysis significance threshold of 3.5 were shown. The six rings of the cladogram stand for domain (innermost), phylum, class, order, family, genus and species.

与 Urease，*Halanaerobiaeota*、*Firmicutes*、*Patescibacteria* 与 Cellulase 显著正相关；*Gemmatimonadota* 与 Cellulase，*Bacteroidota*、*Deinococcota* 与 Catalase，*Proteobacteria*、*Bdellovibrionota* 与 Catalase 呈负相关关系。

由图 6-10B 可知，属水平上细菌与生长因子之间表现为 *f_JG30-KF-CM45* 与 Yield 显著正相关，*Bacillus* 与 Yield，*o_Actinomarinales* 与 SODl，*f_AKYG1722* 与 SODr 呈显著负相关。细菌与土壤养分之间表现为 *Clostridium_sensu_stricto_1*、*Turicibacter*、*Romboutsia*、*Paeniclostridium* 均与 TP、AP、OM，*f_JG30-KF-CM45* 与 OM，*norank_f_AKYG1722* 与 AP 呈显著正相关，*Bacillus*、*norank_f_67-14*、*norank_f_Gemmatimonadaceae* 与 OM、TN，*norank_f_67-14* 与 EC、TP，*norank_f_Gemmatimonadaceae* 与 OM、TN，*o_Actinomarinales* 与 PH，*Longispora* 与 NN 均呈显著负相关。细菌与土壤酶活性之间表现为 *Clostridium_sensu_stricto_1*、*Turicibacter*、*Romboutsia*、*Paeniclostridium* 与 Cellulase，*o_Actinomarinales* 与 Catalase，*norank_f_AKYG1722* 与 Urease 呈显著正相关，*Bacillus*、*norank_f_67-14*、*norank_f_Gemmatimonadaceae* 与 Cellulase，*o_Actinomarinales* 与 ALP 呈显著负相关关系。

真菌门水平上，由图 6-11A 可知，真菌与生长因子之间表现为 *Olpidiomycota*、*Zoopagomycota*、*Chytridiomycota*、*Mortierellomycota*、*unclassified_k_Fungi* 均与 MDAl、MDAr 显著负相关，与 Yield 显著正相关；*Olpidiomycota* 与 SODl、SODr，*Zoopagomycota* 与 SODl，*Rozellomycota* 与 MDAr，*Ascomycota* 与 MDAl 呈显著正相关关系。真菌与土壤养分之间表现为 *Olpidiomycota*、*Zoopagomycota*、*Chytridiomycota*、*Mortierellomycota*、*unclassified_k_Fungi* 均与 TN，*Olpidiomycota* 与 EC，*Zoopagomycota* 与 PH，*Chytridiomycota* 与 AN、OM，*Mortierellomycota* 与 AN，*Rozellomycota* 与 AP、TP，*Ascomycota* 与 NN 均呈显著正相关关系；*Ascomycota* 与 AN，*Glomeromycota* 与 AP、OM、TP，*Blastocladiomycota* 与 AP 均呈显著负相关关系。真菌与土壤酶活性之间表现为 *Olpidiomycota* 与 Cellulase，*Ascomycota*、*Glomeromycota* 与 Sucrase 均呈显著正相关关系。

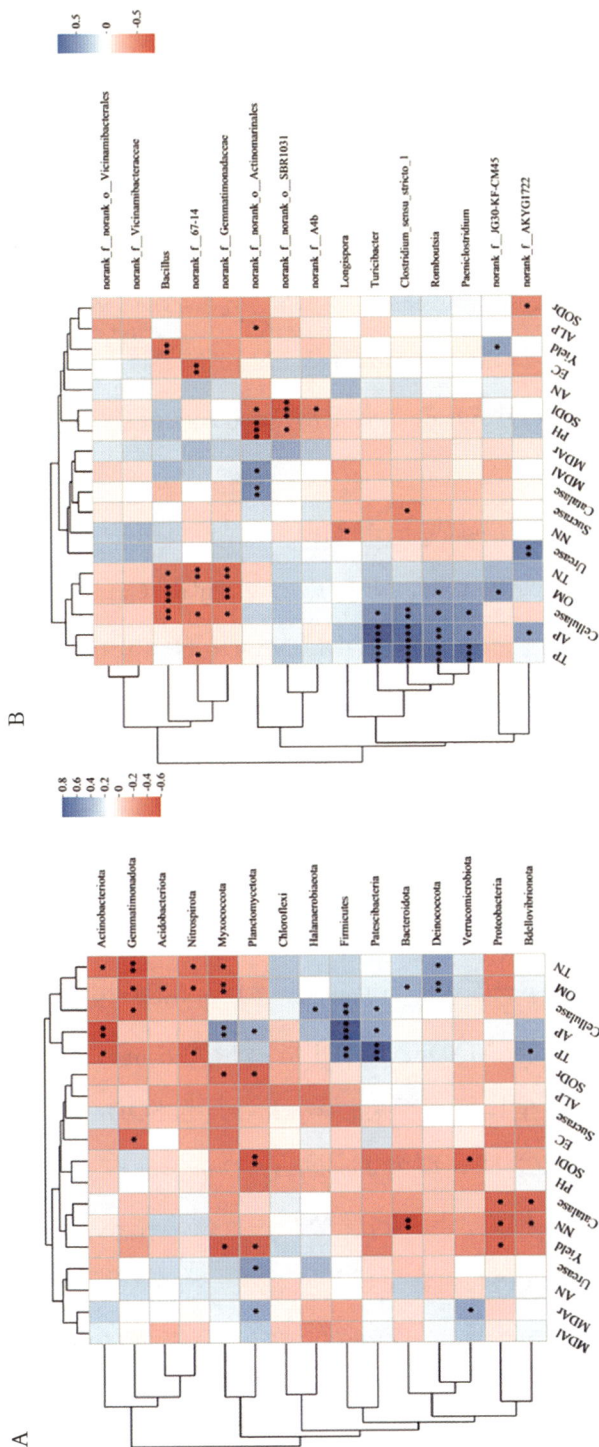

图 6–10　土壤因子、植物生理、产量相关性状与细菌前 15 优势门（A）和属（B）水平类群间的 Spearman 相关关系

Figure 6–10 Spearman's correlation coefficients between soil traits, plant physiology, yield related traits and the 15–dominant bacterial phyla （A） and genera （B） .

注：蓝色和红色填充分别表示正相关和负相关。* P < 0.05，**P < 0.01，*** P < 0.001。

Note： Shades of blue and red represent a positive and negative correlation coefficient （r）, respectively. One, two and three asterisks represent significance at P< 0.05, P< 0.01 and P < 0.001, respectively.

真菌属水平上，由图 6-11B 可知，真菌与生长因子之间表现为 *Mortierella* 与 Yield，*o_Hypocreales* 与 MDAl 显著正相关；*Cladosporium*、*o_Hypocreales*、*Plectosphaerella* 与 SODr，*Kernia*、*Mortierella* 与 MDAl、MDAr，*f_Chaetomiaceae* 与 MDAr 显著负相关。真菌与理化性质之间表现为 *Cladosporium* 与 AN、AP、TP，*o_Hypocreales* 与 AN，*c_Sordariomycetes* 与 EC，*f_Microascaceae*、*Hapsidospora* 与 NN，*Mortierella* 与 TP 显著负相关，*Cladosporium* 与 NN，*c_Sordariomycetes* 与 AP，*Glomerellales* 与 NN，*Coprinellus* 与 OM，*Mortierella* 与 TN、AN 显著正相关。真菌与酶活性之间表现为 *Cladosporium* 与 Sucrase 显著正相关；*o_Hypocreales* 与 Cellulase，*Chordomyces*、*Plectosphaerella* 与 ALP，*Gibberella* 与 Urease，*Kernia* 与 Catalase、Urease、Sucrase，*f_Microascaceae*、*Hapsidospora* 与 Catalase 显著负相关（$P<0.05$）。

Mantel 检验表明，土壤TP、AP、OM、NN、EC、Cellulas、Catalase、Urease 和细菌群落组成显著影响植物生理 SODr、SODl、MODr（$P < 0.05$）（图 6-10）；土壤 TN、AN、AP、TP、OM、PH、NN、EC、Sucrase、Cellulas 和真菌群落结构显著影响植物生理 MDAl、MDAr、SODl、SODr（$P < 0.05$）（图 6-11）。

3.5.2 不同间作模式下牧草生长相关因子、土壤因子和微生物群落间 RDA 分析

门水平下的冗余分析（RDA）发现前两轴解释 74.86% 的信息，且分析表明（图 6-12A），细菌与生长因子之间表现为 *Firmicutes*、*Deinococcota* 与牧草产量、SODr、SODl 呈显著正相关，与 MADr、MADl 呈负相关关系；*Chloroflexi*、*Acidobacteriota* 与 MADr、MADl 呈显著正相关；*Myxococcota* 与 SODr、SODl 呈显著正相关。细菌与理化性质之间表现为 *Firmicutes*、*Deinococcota* 与土壤 AP、TP、AN、TN、OM、EC 呈正相关，与 NN 呈负相关；*Chloroflexi*、*Acidobacteriota* 与 NN，*Myxococcota* 与 AN、PH、TP 呈显著正相关。细菌与酶活性之间表现为 *Firmicutes*、*Deinococcota* 与 Cellulas、Urease，*Chloroflexi*、*Acidobacteriota* 与 Catalase、Sucrase，*Myxococcota* 与 ALP 显著正相关，*Firmicutes*、*Deinococcota* 与 Catalase、Sucrase 显著负相关，这与前面Mantel 检验相关性热图分析结果基本

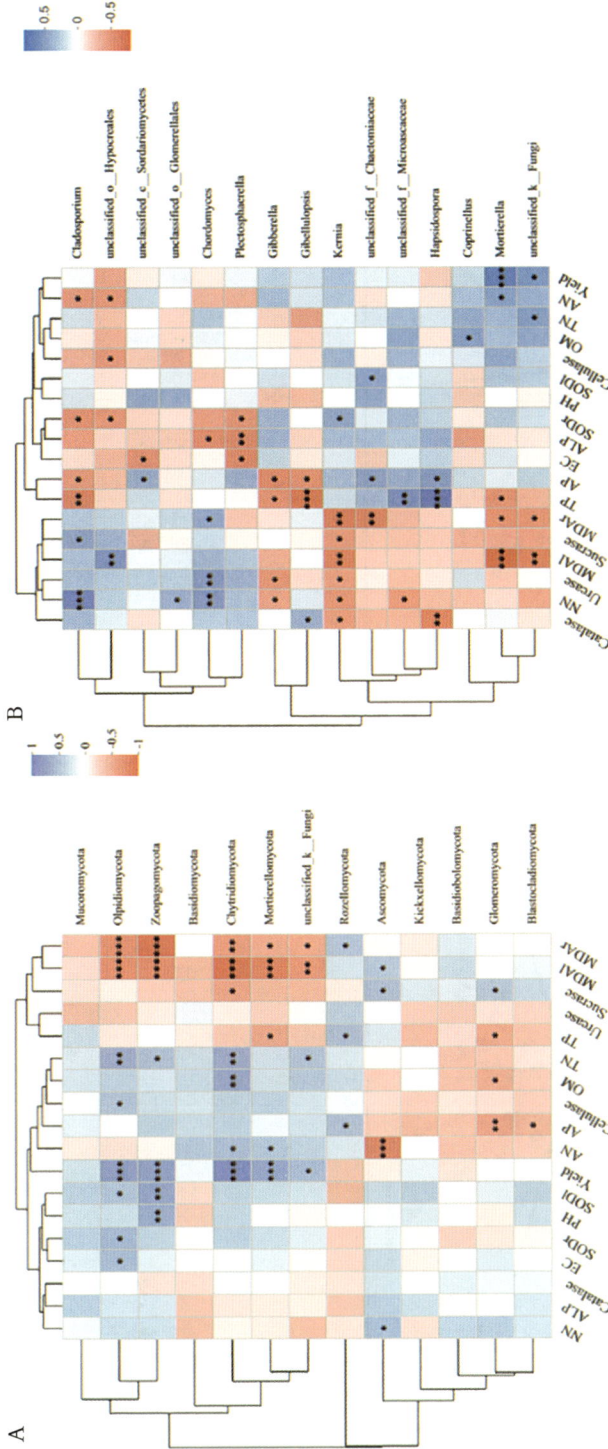

图 6-11　土壤因子、植物生理、产量等与真菌前 15 优势门（A）和属（B）水平类群间的 Spearman 相关关系

Figure 6-11 Spearman's correlation coefficients between soil traits, plant physiology, yield related traits and the 15-dominant fungal phyla (A) and genera (B).

注：蓝色和红色填充分别表示正和负相关。* $P < 0.05$，** $P < 0.01$，*** $P < 0.001$。

Note: Shades of blue and red represent a positive and negative correlation coefficient (r), respectively. One, two and three asterisks represent significance at $P < 0.05$, $P < 0.01$ and $P < 0.001$, respectively.

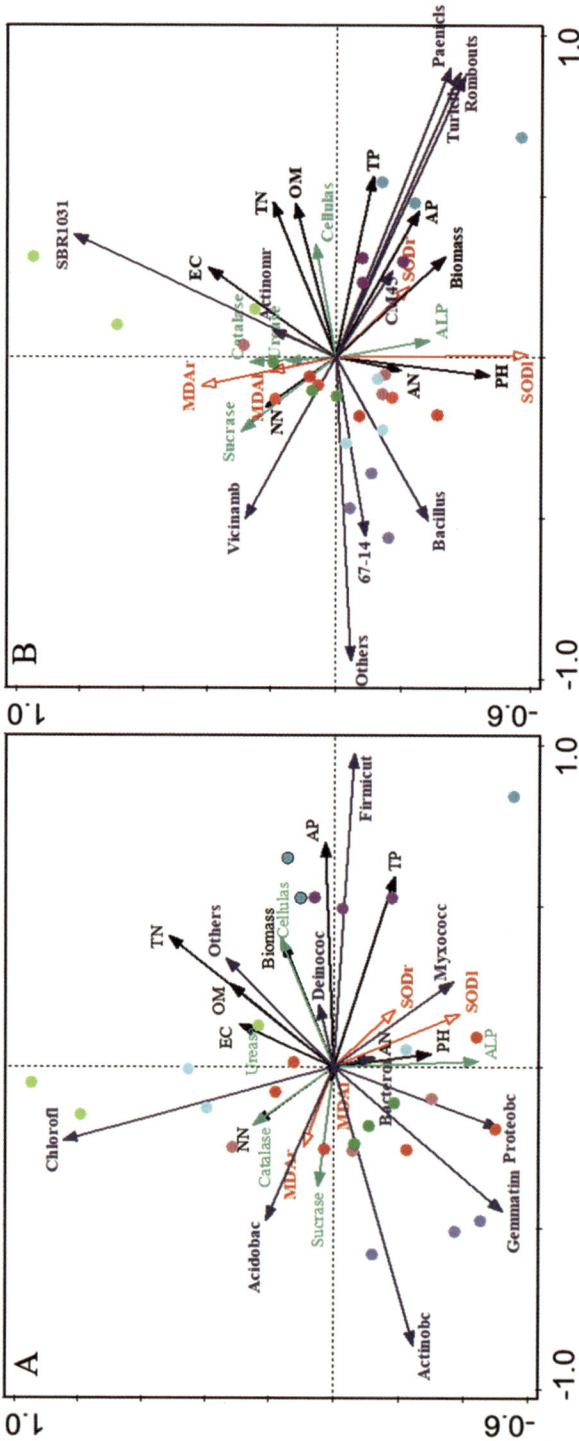

图 6-12 土壤因子、植物生理、产量相关性质与细菌前 10 优势门和属水平类群间 RDA 分析

Figure 6-12 RDA analysis of soil traits, plant physiology, yield related traits and the 10 dominant bacterial phyla and genera

注:黑色线段表示土壤理化性质,绿色表示土壤酶活性,红色表示土壤植物生长指标。● 三叶草间作 (ITr);● 苜蓿间作 (IMs);● 苜蓿单作 (Ms);● 黑麦草间作 (ILp);● 黑麦草单作 (Lp);● 三叶草单作 (Tr);● 三叶草间作 (ITr);● 饲料甜菜间作 (IBv);● 饲料甜菜单作 (Bv);● 枸杞单作。

Note: Black, green and red line stand for physical, enzyme activities and plant growth indicators. ● white clover intercropping, ● white clover monocropping, ● alfalfa intercropping, ● alfalfa monocropping, ● ryegrass monocropping, ● ryegrass intercropping, ● mangel intercropping, ● mangel monocropping, ● wolfberry monocropping.

保持一致。

　　细菌门水平 *Firmicutes*、*Deinococcota* 主要受白三叶和饲料甜菜单作的影响，而 *Chloroflexi*、*Acidobacteriota* 主要受黑麦草单作与饲料甜菜间作的影响，*Actinobacteriota*、*Proteobacteria*、*Bacteroidota*、*Gemmatimonadota* 与白三叶间作、黑麦草间作、苜蓿单作、枸杞单作时密切相关，说明这 4 类菌门在这 4 种牧草细菌群落形成中发挥重要作用；单个细菌属对牧草和枸杞不同种植模式的反应不同，对细菌前 10 优势属水平类群间 RDA 进行分析发现，前两轴解释 81.50% 的信息，且 4 类重要的优势细菌属 *Romboutsia*、*Paeniclostridium*、*Turicibacter*、*CM45* 与白三叶和饲料甜菜单作样地密切相关，同细菌门水平 *Firmicutes*、*Deinococcota* 保持一致；*SBR1031*、*Actinomarinales* 与苜蓿间作显著相关；*Bacillus*、*Vicinamibacterales*、*67-14* 与白三叶间作、饲料甜菜间作、黑麦草间作、枸杞单作密切相关，对牧草间作细菌属群落形成影响显著（图6-12B）。

　　真菌门水平下 RDA 分析，前两轴解释 73.19% 的信息，分析发现 Ascomycota 受更多的种植模式的影响，包括白三叶和黑麦草单间作、苜蓿间作、饲料甜菜单作，但不能将各栽培方式区分开来；Rozellomycota 与苜蓿单作密切相关，能明显与其他种植方式区分开；Basidiomycota、Mortierellomycota、Chytridiomycota 与黑麦草、苜蓿、饲料甜菜间作和枸杞单作显著相关，并能够将各种植方式区分开来，该三类菌明显受间作的影响（图 6-13A）。单个真菌属对牧草和枸杞不同种植模式的反应不同，对真菌前 10 优势属水平类群间 RDA 进行分析发现，前两轴解释 63.30% 的信息，且 2 类重要的优势真菌属 Chordomyces、Microascaceae、Plectosphaerella 与苜蓿单间作、白三叶和饲料甜菜单作显著相关，且能明显区分开来；Gibberella、Mortierella、Coprinellus 与黑麦草单间作、枸杞单作显著相关，且能明显区分；Gibellulopsis 对黑麦草、白三叶间作影响显著，且能明显区分；Cladosporium、Hypocreales 与饲料甜菜、苜蓿密切相关，且能明显区分，各类菌在不同种植模式下各司其职、相互作用共同对群落的形成发挥重要作用（图 6-13B）。

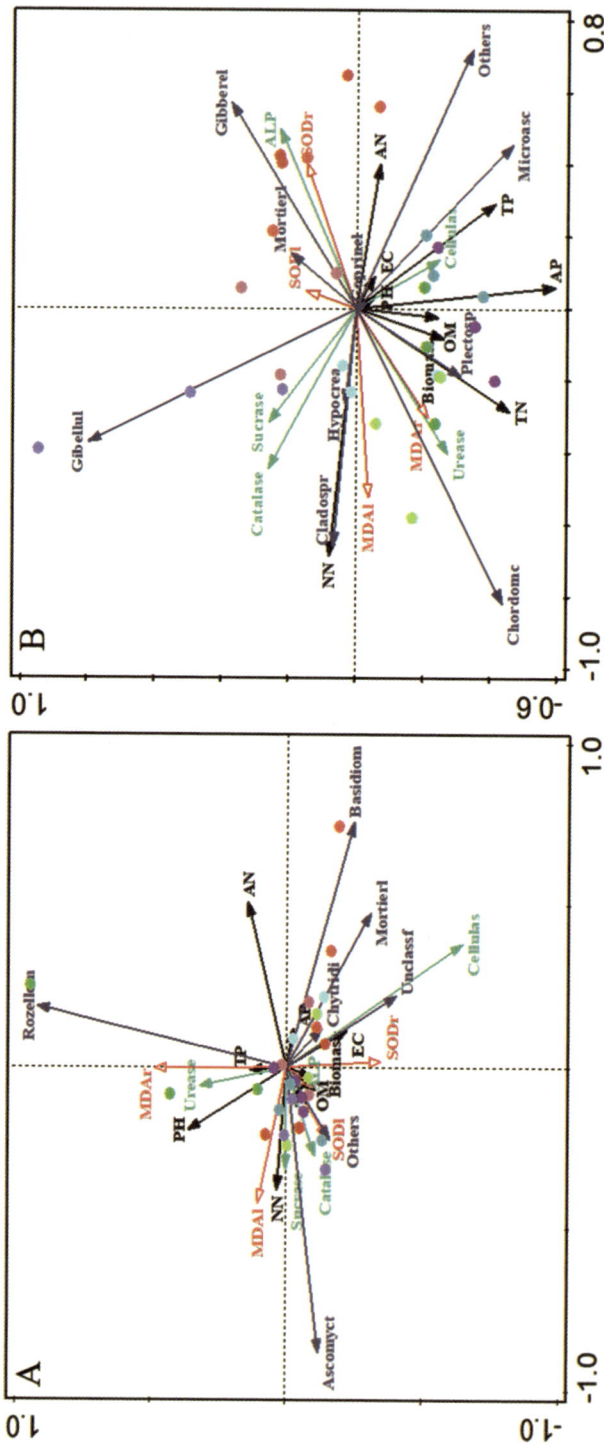

图 6-13 土壤因子、植物生理、产量相关性性质与真菌前 10 优势门（A）和属（B）水平类群间 RDA 分析

Figure 6-13 RDA analysis of soil traits, plant physiology, yield related traits and the 10 dominant fungal phyla (A) and genera (B).

注：黑色线段表示土壤理化性质，绿色表示土壤酶活性，红色表示植物生长指标。三叶草单作（Tr）；苜蓿间作（IMs）；苜蓿单作（Ms）；黑麦草间作（ILp）；黑麦草单作（Lp）；饲料甜菜间作（IBv）；饲料甜菜单作（Bv）；枸杞单作。三叶草间作（ITr）；三叶草单作（Tr）；

Note: Black, green and red line stand for physical, enzyme activities and plant growth indicators. white clover monocropping, alfalfa intercropping, alfalfa monocropping, ryegrass intercropping, ryegrass monocropping, mamgel intercropping, mamgel monocropping, wolfberry monocropping. white clover intercropping, mamgel intercropping,

4　讨论

4.1　牧草不同种植模式对土壤理化性质的影响

土壤有机质是反馈土壤肥力的重要因子，对土壤物理性状、保肥供肥和养分利用等作用显著[285]。前人研究表明，果园行间覆盖生草能促进土壤有机质累积[286]。本研究发现，相对于枸杞单作，禾本科、豆科和藜科牧草与枸杞间作时均能显著提高土壤有机质含量，但不同牧草材料对有机质积累的影响不同。8 种牧草能显著促进间作土壤有机质含量的增加，究其原因可能是清耕土壤中生物量积累较少，加上土壤自然分解的作用，导致清耕土壤中有机质积累少于行间间作牧草的有机质含量。这与 Wu 等在一些树木间作系统中证实间作土壤有机碳含量高于常规农田[287] 的结果相符。

土壤健康是植物可持续发展的基础，土壤氮、磷、钾等营养元素的稳定供应是保证植物正常生长发育的前提。本研究发现，禾本科、豆科和藜科牧草与枸杞间作均能显著提高土壤全氮和硝态氮的含量，这与 Zhang 等人[288] 发现山药间作苜蓿、三叶草增加了 0~40 cm 土层中 NN 的浓度，Zheng 等人研究发现，生草覆盖能显著提高全氮和有机碳含量[289] 的结果相符。此外，肖力婷等[275] 研究发现，南丰蜜橘园生草能够改善土壤氮、磷、钾的供应，曹永[290] 研究也证明，梨园间作紫花苜蓿和白三叶草能够提高土壤中碱解氮、速效磷、速效钾的含量。此外，马震珠等[291] 研究发现，果园 0~20 cm 土壤速效钾和速效氮含量的改善能够通过间作高羊茅草和白三叶来实现，均与我们研究基本相符。其主要原因是牧草覆盖增加枝叶残体进入土壤，且刈割后的根系保留在土壤中，能够为土壤中氮、磷、钾等养分提供了可靠稳定的来源。此外，禾本科和藜科牧草与枸杞间作时电导率呈显著下降趋势，豆科牧草与枸杞间作无显著变化，与 Zhang 等人[288] 研究中豆科植物间作的结果相符。我们研究还发现，间作整体表现为促进枸杞行间土壤硝态氮含量的增加和铵态氮含量的降低，且不同牧草与枸杞间作结果表现不同。这与我们之前混播禾本科植物在土壤分层上的研究结果存在差异 [16]；这可能是因为枸杞生长期行间覆草消耗了原始土壤养分，这与之前的研究一致 [289]。

4.2 牧草不同种植模式对土壤酶活性的影响

土壤酶活性是反映土壤代谢活性的重要因子，它涉及土壤中有机质分解和养分循环等生化过程 [292]。我们研究发现，将不同牧草引入枸杞行间发现，不同牧草对酶活性的影响存在差异，相较于单作模式，脲酶、蔗糖酶和过氧化氢酶活性显著升高，这与 Gong 等人 [101] 对小米与绿豆间作显著提高了转化酶、脲酶和过氧化氢酶的活性的研究结果一致。另外，饲料甜菜间作模式对脲酶活性，苜蓿和三叶草间作对土壤中蔗糖酶活性，黑麦草、苜蓿和饲料甜菜间作对土壤中过氧化氢酶活性促进作用最为显著。这一发现与我们之前在禾本科混播中的研究结果存在差异 [16]，但这种不一致可能是采样地点和牧草材料的差异造成的，而且间作种植模式由清耕改为覆草，不同牧草向土壤中输入的物质不同，对土壤环境和土壤酶活性的影响也不同。Yao 等人观察到，连续单作不利于土壤酶活性，在连续黄瓜单作条件下，土壤过氧化氢酶、转化酶和脲酶活性显著降低 [293]，这也与我们研究的结果相符。Zheng 等人还发现，在一个与覆盖植物间作了八年的果园能促进土壤纤维生物水解酶的活性增加 [289]，这与我们部分间作纤维素酶下降的研究结果存在差异。该结果可能与我们的间作种植时间短、生态环境的稳定性还没有完全建立。

4.3 牧草不同种植模式对土壤微生物群落的影响

土壤微生物在促进植物健康生长、维持土壤肥力和生态系统可持续发展等方面具有重要作用 [294,295]。细菌和真菌在陆地土壤生境中占主导地位，群落组成的变化在一定程度上也改变了土壤的营养成分和结构特征 [296]。本研究结果表明，间作系统下的土壤细菌和真菌多样性指数和丰富度指数整体高于单作（图6-4、图 6-5），其中细菌类群 SOBS、SIMPSON、ACE、CHAO 指数在 4 种牧草中均表现为间作大于单作；真菌类群 SOBS、ACE、CHAO 指数在 4 种牧草中均表现为间作大于单作，表明枸杞-牧草间作模式可以显著提高微生物群落丰度和多样性，这些研究结论与前人研究果园生草有利于促进土壤微生物生长繁殖的结果一致[275]。这与 Gong 等人与清耕研究相比发现，豆类（绿豆）与禾本科植物间作增加了土壤细菌 α 多样性[101] 的结果一致；此外我们的研究结果也支持 Diakhate 等人发现谷子-灌木间作系统中细菌多样性指数显著增加的结果[297]。此外，细菌门水平丰度较真菌具有明显优势，这与肖力婷[275] 和钱雅丽[298] 等的研究结果一致。出现该结果的原因可能是微生物对土壤有机物偏好性有关，表现为细菌偏好于在有机物易分解且营养丰富的土壤环境繁殖而真菌倾向于在低氮及低营养的土壤环境中繁殖。

植被类型影响土壤中微生物群落结构，我们的分析发现单作和间作模式下各牧草细菌群落结构明显不同，但枸杞单作与间作土壤的真菌群落具有相似性，这也与前人的研究结果相似[299]。不同种植模式下土壤中放线菌门（Actinobacteriota）、厚壁菌门（Firmicutes）和变形菌门（Proteobacteria）是主要的细菌门；子囊菌门（Ascomycota）、拟杆菌门（Basidiomycota）和被孢霉门（Mortierellomycota）是主要的真菌门，这与前人研究结果一致[300,301]。具体而言，细菌门水平中 Actinobacteriota、Chloroflexi、Acidobacteriota 在牧草间作中整体表现为显著增加，而 Firmicutes 和 Patescibacteria 在牧草间作中显著下降；Bhatti 认为放线菌广泛分布于陆地和水生生态系统尤其是土壤中，它们通过分解和形成腐殖质在难降解生物材料的循环中发挥关键作用[302]，这进一步支持了本研究中放线菌相对丰度的变化及其对间作模式下土壤较低 TP、AP、TN 以及 EC 的响应，这也与合理的间作模式有助于改善土壤性质[195] 的研究结果一致。变形菌门中包括多种能氧化氨为亚硝酸的细菌。我们的研究中，枸杞-牧草间作模式整体表现为铵态氮含量降低和硝态氮含量升高，并且根据相关性分析结果发现，该菌与铵态氮和硝态氮含量存在显著相关关系（图 6-12A），因此变形菌门在促进铵态氮转化为硝态氮的过程中发挥重要作用。Chloroflexi（绿弯菌门）是自然界中一类能够促进土壤有毒物质降解的菌，我们的研究发现，黑麦草、饲料甜菜和苜蓿与枸杞间作时均显著促进绿弯菌门的增加，间接说明枸杞间作牧草有利于降低土壤中的有毒物质。这一研究结果与肖力婷等 [275] 南丰蜜橘园间作黑麦草显著促进绿弯菌门的增加的结果相符。此外，*Acidobacteria* 是土壤中常见的嗜酸性门，能通过高效降解植物残渣中的纤维素和木质素，进而促进碳循环 [303]，并且大量富集可促进部分土壤养分循环，进一步提高土壤肥力和可持续利用 [304]。前人研究发现土壤 pH 与 *Acidobacteria* 的相对丰度显著负相关 [303]，这与本研究结果基本一致。此外，本研究中 *Acidobacteria* 的丰度与有机质含量显著相关，且在饲料甜菜和白三叶间作水平下较清耕均表现为显著增加，这与 Zhang 等发现有机物覆盖增加棕壤土中 *Acidobacteria* 相对丰度的结果相一致 [304]。*Firmicutes* 和 *Patescibacteria* 的相对丰度较清耕均显著下降，并且与土壤理化性质的变化相结合发现，两类菌均与 TP、AP、Cellulase 呈极显著正相关，这与行间引入牧草后两种植物对土壤养分的利用和竞争有关。细菌属水平中 *JG30-KF-CM45*、*Turicibacter*、*Clostridium_sensu_stricto_1*、*Romboutsia* 和 *Paeniclostridium* 细菌属受土壤中养分的显著影响，这与前人研究中不同农业生态系统受长期无机肥显著影响 [305-307] 的结果相符，这也可以通过 Spearman 相关分析中该类菌丰度与 TP、AP、Cellulase 和 OM 等含量均显著正相关的结果进一步证实。

对真菌群落而言，*Ascomycota*、*Basidiomycota* 和 *Mortierellomycota* 是枸杞、牧草单间作的优势群体，这与 Na 对土壤真菌群落分析的研究结果一致 [308]。子囊菌门主要由腐生菌构成 [309]，可以为土壤植物提供养分，是土壤养分循环过程中的重要真菌。本研究发现，四种牧草在间作水平下均提高了 *Ascomycota* 相对丰度，且其与 NN、Sucrase 和 AN 显著正相关；而 *Basidiomycota* 相对丰度呈降低趋势，与张东艳 [310] 和肖力婷 [275] 的研究结果不符，究其原因，可能与我们试验田是新开垦的山地，没有过多化学肥料积累等因素相关，具体影响因素还需进一步研究。此外，*Ascomycota* 与 *Cladosporium* 均与 NN 显著正相关，与 AN 显著负相关；因此，两类真菌与变形菌门中亚硝化单胞菌共同促进枸杞-牧草间作模式下铵态氮转化为硝态氮。*Glomeromycota* 是植物中最广泛的真菌共生体 [311]，对寄主植物的养分吸收和健康生长具有重要作用 [312,313]。本研究结果表明，在 3 种牧草间作模式下 *Glomeromycota* 相对丰度显著降低，且该菌与有机质含量呈显著负相关，与前人研究中田间施有机肥可降低植物和林木等土壤中 *Glomeromycota* 相对丰度 [314,315] 的研究结果一致。我们的研究还发现，不同牧草间作模式对 *Chytridiomycota* 相对丰度的影响不同，其在饲料甜菜和黑麦草间作枸杞模式下显著增加，而在苜蓿和白三叶间作枸杞模式下显著下降，这与前人的研究结果基本相符 [316,317]。此外，*Rozellomycota* 相对丰度与 AP、TP 均呈显著正相关，说明该类菌可能参与土壤磷循环过程。

5　小结

（1）枸杞-牧草间作的种间关系能通过增加土壤养分含量、酶活性以及降低物理性质来调节，具体表现为土壤有机质、全氮和硝态氮含量的增加，铵态氮含量、土壤电导率、土壤全磷和有效磷含量的降低；枸杞-牧草间作模式下土壤酶活性表现为黑麦草显著提高过氧化氢酶活性达 52%，饲料甜菜显著提高脲酶活性达 38%，白三叶和苜蓿显著提高过氧化氢酶和蔗糖酶活性分别为 36%、38% 和 25%、42%。

（2）枸杞-牧草间作增加土壤细菌和真菌多样性，且对细菌的影响高于真菌；从门到种水平对枸杞-牧草间作模式下细菌和真菌类群进行整合分析，黑麦草、苜蓿、白三叶和饲料甜菜分别筛选出 47、8、46、21 个细菌和 23、33、51、56 个真菌作为生物标记，并作为其关键微生物类群；细菌 *Actinobacteriota*、*Chloroflexi*、*Acidobacteriota* 和真菌 *Ascomycota*、*Chytridiomycota*、*Rozellomycota* 是牧草间作中优势群体；且不同种植模式下土壤中细菌和真菌丰度存在显著差异。RDA 等分析发现，间作引起的土壤铵态氮、有效磷、全氮、全磷、有机质和土壤酶活性的变化是预测细菌多样性的潜在因素。

第7部分
根系分泌物在种间互作中的作用

1 引言

    根系分泌物是植物响应外界胁迫的重要途径，是传递和交换植物根际土壤信息的重要载体物质，能够调控植物根际对话，也是形成根际微生态特征的重要因素 [129,130]。根系分泌物参与植物生物地球化学循环、根际生态过程调控、植物生长发育等，并在此过程发挥重要功能 [128]。刘成等报道了人参根系分泌物明显抑制了人参种子的出苗率和幼苗株高、最大叶长和叶宽、根长等形态指标 [318]；Yan 等在瑞香狼毒根系分泌物中鉴定出的两种重要香豆素类化合物能抑制莴苣根尖的有丝分裂过程，进而影响莴苣的生长 [143]。大量研究还发现，间作不仅可以减少植物叶片病害的发生，同时有效抑制土传病害的传播和扩大 [73,74,319]。植物土传病害的防治是保证农业生产可持续发展的关键因素之一。近年来，随着生态学的建立和发展，人们开始从一种全新的角度研究植物土传病害的问题。据报道，自毒素和病原体在土壤中的积累是土传病害的主要驱动因素 [320,321]，例如豆科植物苜蓿根系分泌物中检测出的一些水溶性物质，能导致严重的自毒作用，且不同浓度对周边植物的生长促进或抑制作用不同 [322]，不同苜蓿品种分泌物对种子萌发和幼苗生长的自毒效应不同，长期连作毒性作用更大 [323]。

根腐病相关及有害病原菌随重茬时间逐年积累，是饲料甜菜和枸杞生产中危害最为严重的土传病害之一[324]，是枸杞和饲料甜菜种植的最大障碍。国内外关于根腐病发病因素已有许多研究，发现与种植年份、地区、重茬年限及前茬、土质、品种及杂草等密切相关[325]。研究证实，枸杞根腐病的产生与其根系分泌物中酚酸类物质密切相关[326]，并且随着连作年限的增加，上述化合物在枸杞根部微环境中不断累积，很可能成为枸杞连作障碍的潜在诱因。因此，本研究通过室内提取枸杞及牧草根系分泌物，开展根系分泌物对饲料甜菜和枸杞种子萌发生长及根腐病病原菌的影响研究，将为探讨枸杞-牧草间作模式的种间关系及开发应用提供有力的技术支持。

2　材料与方法

2.1　根系分泌物获取

取样类型和方法：牧草材料为生长 30 d 营养基质苗，枸杞为 3 叶组培苗；取样时轻轻抖落根部基质并获得完整株，清洗消毒后先在营养液中培养，营养液每周更换 2 次，7 d 后用去离子水反复清洗生长良好的植物根部 2~3 次，随后转入装有 1 L 灭菌去离子水的 25 孔水培箱中培养（单作 25 株，间作 15 株牧草+10 株枸杞培养），培养期间定期补水并维持在 1 L 水平，培养第 21 天时对根系分泌物取样。

2.2　种子发芽试验

将牧草和枸杞种子用 75% 酒精消毒 3 min 后，3% NaClO 消毒 12 min，蒸馏水清洗，转移至铺有滤纸的培养皿（直径 10 cm 规格）中，每个培养皿中含有 30 颗种子、2 mL 的根系分泌物、2 mL 的蒸馏水（空白对照）28℃下黑暗处理。每种处理设置 3 个重复。播种过的培养皿放在温度 28℃，16/8 h 的光照/黑暗循环中培养，每天观察记录种子的萌发情况。

依照《国际种子检验规程》中关于发芽的描述统计 7 种植物种子的发芽

率。发芽率（%）＝（每个培养皿中发芽种子数/播种种子数）×100%，从第5天开始，统计 2~10 d 的发芽率，并做好统计记录；发芽势（%）＝（日发芽数最高的当天发芽种子数/播种种子数）×100%；活力指数（VI）＝（$a/1$ + $b/2$ + $c/3$ + $d/4$ + … + x/n）× [100/S]，其中 a，b，c，d…分别表示第 1，2，3，4…天发芽的种子数，x 表示第 n 天发芽的种子数，S 表示供试种子数。另外，在第 4 天、第 7 天时分别从每个培养皿中任意选取 10 株植株量取株高和根长。

2.3　根腐病鉴定实验

2.3.1　根腐病取样

枸杞腐烂根取材于宁夏农林科学院枸杞科学研究所园林场连作 6 年以上根腐病严重危害试验田；饲料甜菜腐烂根系取材于盐池县的马儿庄村饲料甜菜种植基地。

2.3.2　形态学鉴定

主要参考前人鉴定方法 [327]，以 PDA 培养基为基础培养基，依据 22℃、12 h 光暗交替条件 96 h 后的菌落直径与培养性状；采用 BX51 型荧光显微镜及 DIC 微分干涉仪观察菌株，待菌株长出菌丝，立即转接到新的 PDA 平板上，继续重复此操作 3 次，直至获得菌株的纯培养。观察纯化培养基上菌落的形态结构，包括形状、直径、色泽、凹凸及菌丝特征。挑取单菌落病原菌进行制片后用复红染色，并在 10 倍、20 倍、40 倍目镜及 100 倍油镜下观察菌丝形态、孢子形状，记录观察结果并于同一放大倍数下拍照，后对大、小型分生孢子的有无，大小、形态及产孢方式，有无厚垣孢子及产孢梗的形态及大小等进行鉴定，并确定其分类地位。

2.3.3　分子生物学鉴定

（1）菌丝体的培养收集。将 PDA 培养基纯培养 3 d 菌落边切取菌丝块，加入 100 mL PS 液体培养基中（马铃薯 200 g，蔗糖 20 g，蒸馏水 1 000 mL）。25℃，150 rpm 震荡培养 5~8 d，4 层纱布过滤，用灭菌的生理盐水冲洗 2

次，再用灭菌的吸水纸吸干水分，−20℃保存备用。

（2）扩增引物。本试验采用通用引物 ITS1/ITS4 和 5f2/7cr 对供试菌株进行扩增，引物序列分别如下：

ITS1：TCC GTA GGT GAA CCT GCG C

ITS4：TCC TCC GCT TAT TGA TAT GC

5f2：GGGGWGAYCAGAAGAAGGC

7cr：CCCATRGCTTGYTTRCCCATPCR

（3）病原菌基因组提取及测序。提取高质量基因组 DNA，利用 0.35% 琼脂糖凝胶电泳进行分离，Nanodrop、Qubit 进行纯度、浓度和完整性质检；BluePippin 全自动核酸回收系统回收大片段 DNA。文库构建及测序反应包括 DNA 损伤修复和末端修复，磁珠纯化；接头连接，磁珠纯化；Qubit 文库定量；上机测序四个步骤（委托上海生物工程有限公司完成）。测序结果在 http：//www，ncbi.nlm.nih.gov 的数据库中比对，将病原菌鉴定到种，明确其分类地位。

2.4　根系分泌物回接实验

用灭菌打孔器（内径 5 mm）切去在 PDA 培养基上（28℃下）活化培养菌株形成的菌落中心位置的菌饼，将菌饼转接到 PDA 培养基中，用 1 mm 根系分泌物分别处理根腐病病原菌菌株，25℃恒温、连续光照培养 3 d，以十字交叉法在 1、2、3 天分别记录菌落直径，测量数字减去 5 mm 后得到该菌株的生长量。每处理设 3 次重复。采用 BX51 型荧光显微镜及 DIC 微分干涉仪观察菌株，待菌株长出菌丝，选出适宜观察的完整菌丝，调整最佳焦距和放大倍数，对菌丝进行成像；在成像图片中，根据成像图片的放大倍数，计算该图片的菌丝长度，三个不同部位成像图片进行菌丝长度统计结束后，求均值，每处理三次生物学重复的一组，共计 3 组。

2.5　数据处理与分析

采用 Excel 2010 软件进行原始数据处理，LSD 法用于不同处理间的差异显著性分析（Fisher's LSD，$P<0.05$）。

3 结果与分析

3.1 根系分泌物对种子萌发和幼苗生长影响研究

通过枸杞根系分泌物和 ddH$_2$O 处理 4 种牧草种子的萌发试验发现：枸杞根系分泌物能够促进白三叶草、饲料甜菜、黑麦草种子萌发，但对苜蓿种子萌发有一定抑制作用为 6.91%（$P<0.05$）；对牧草幼苗生长的影响分析发现，枸杞根系分泌物抑制黑麦草幼苗生长达 53.66%，但促进苜蓿、白三叶、饲料甜菜的幼苗生长，且促进率依次为 75.24%、46.74% 和 6.94%（表 7-1）。通过 4 种牧草根系分泌物处理枸杞种子萌发试验发现，除 4 种牧草对枸杞种子萌发有不同程度的抑制作用，均不显著（$P>0.05$）；但 4 种牧草根系分泌物均显著促进了枸杞种子的幼苗生长（$P<0.05$）（表 7-2）。

表 7-1 枸杞根系分泌物对牧草种子萌发和幼苗生长的影响

Table 7-1 Effects of root exudates of Lycium barbarum on seed germination and seedling growth

处理 Treatment	发芽率 Germination rate /%		萌发抑制率 Inhibition rate /%	全长 Length/cm		生长抑制率 Inhibition rate /%
	枸杞溶液处理	ddH$_2$O 对照		枸杞溶液处理	ddH$_2$O 对照	
黑麦草 Ryegrass	61.90±2.21c	59.33±1.45c	-4.33n	5.17±0.08e	11.16±0.56c	53.66***
苜蓿 Alfalfa	88.74±2.21b	95.33±4.37a	6.91*	7.69±0.56d	4.39±0.10ef	-75.24***
白三叶 Clover	92.47±1.77ab	88.67±3.12b	-4.29n	4.27±0.07f	2.91±0.22g	-46.74***
饲料甜菜 Mangel	12.10±0.89d	8.89±0.06e	-36.11***	13.43±0.14a	12.56±0.27b	-6.94*
L.S.D. (5%)						

表 7-2 牧草根系分泌物对枸杞种子萌发和幼苗生长的影响

Table 7-2 Effects of root exudates of herbage on seed germination and seedling growth of Lycium barbarum

根系分泌物 Root exudates	发芽率 Germination rate/%	萌发抑制率 Inhibition rate/%	芽全长 Length/cm	生长抑制率 Inhibition rate/%
CK	91.00±1.44a	0.00	3.97±0.12d	0.00
黑麦草 Ryegrass	86.99±4.87a	4.41n	6.18±0.09bc	−55.75***
苜蓿 Alfalfa	89.16±0.23a	1.75n	6.39±0.23b	−60.96***
白三叶 Clover	87.69±1.89a	3.22n	7.53±0.20a	−89.67***
饲料甜菜 Mangel	88.07±1.11a	2.84n	5.38±0.07c	−35.60***
L.S.D.（5%）				

3.2 枸杞根腐病病原菌的鉴定及分析

3.2.1 枸杞根腐病相关病原菌形态学鉴定

对园林场枸杞种植基地来源的根腐发病根系进行培养，筛选获得 4 种优势菌株，根据大、小型分生孢子的有无，厚垣孢子的有无，分生孢子的大小、形态及产孢方式，产孢梗的形态及大小等进行鉴定。发现 Lb-A 菌丝前期白色透明，分枝，无横隔，分为潜生的营养菌丝和气生的匍匐菌丝，后期青色发黑；孢子梗从匍匐菌丝上生出，不成束，单生，无假根；孢子囊顶生，球形，初期无色，后为灰褐色。Lb-B 病原菌分生孢子梗无隔膜，顶端分枝呈扫帚状，不对称或对称，孢子囊梗单株从菌丝上发生，分枝或不分枝，菌落初期为白色，均匀分布，菌丝长而密，后期整体变黑色。Lb-A 和 Lb-B 初步判定为毛霉或者根霉的一种。Lb-C 菌株菌落可观察到小型的分生孢子和厚垣孢子，呈白色絮状，菌丝有隔，气生菌丝呈稍高的蛛丝状，后期有浅红色色素产生，培养皿底部观察最为明显。Lb-E 菌株在 PDA 培养基上形成的气生菌丝为绒状，白或粉白色，随着菌丝生长，正面可见青灰色菌丝团，大型分生孢子为镰刀型，稍弯，小型分生孢子为卵圆形，菌丝间生或顶生厚垣孢子。Lb-C 和 Lb-E 初步判定为镰刀菌的一种（图 7-1）。

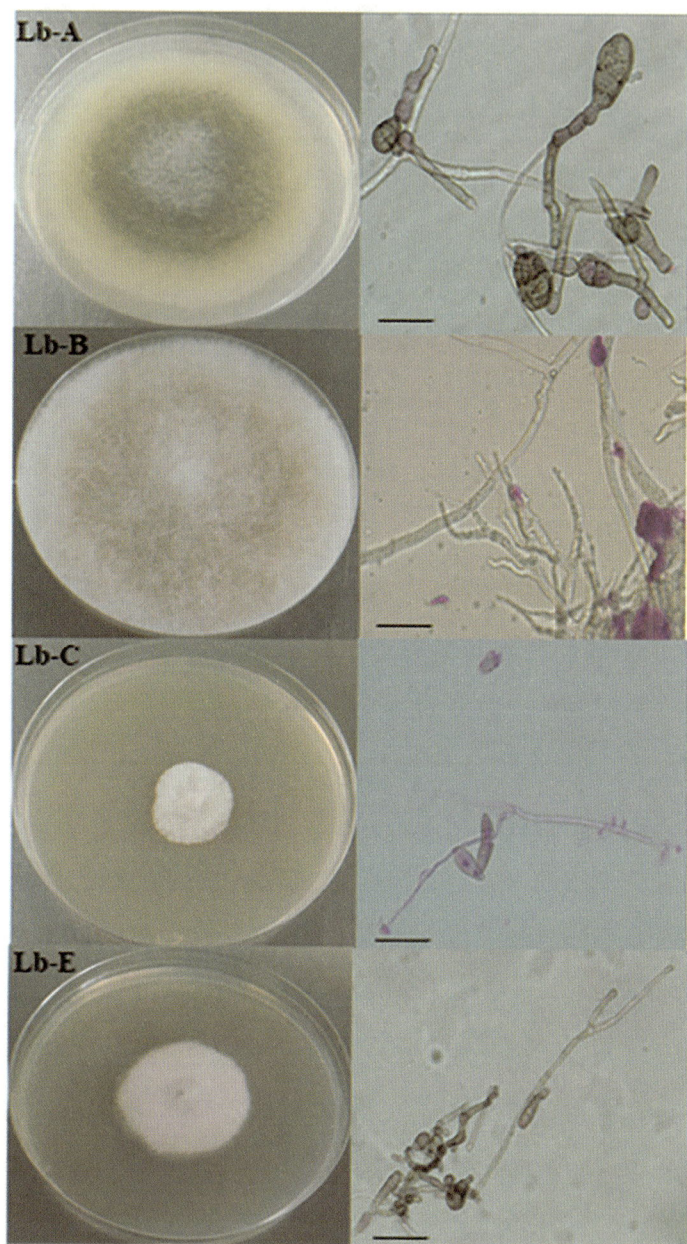

图7-1 枸杞根腐病病原菌培养性状和形态特征

Figure 7-1 Culture characters and morphological characteristics of pathogen of Wolfberry root rot

3.2.2 分子生物学鉴定

真菌基因组提取结果如图7-2所示。

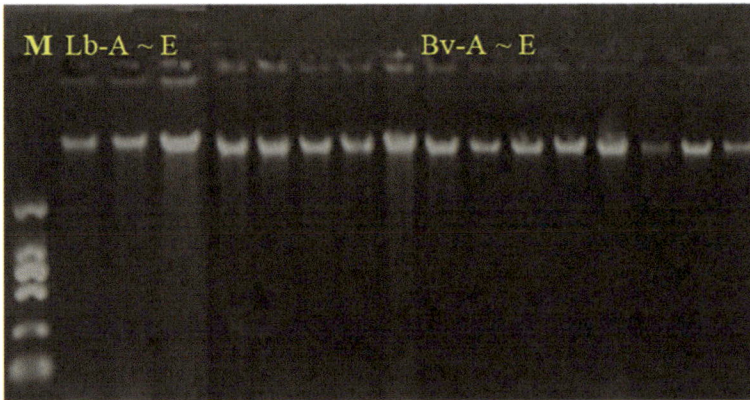

图 7-2　真菌基因组 DNA 提取结果

Figure 7-2 Fungal genomic DNA extraction results

PCR 扩增结果如图7-3 所示。

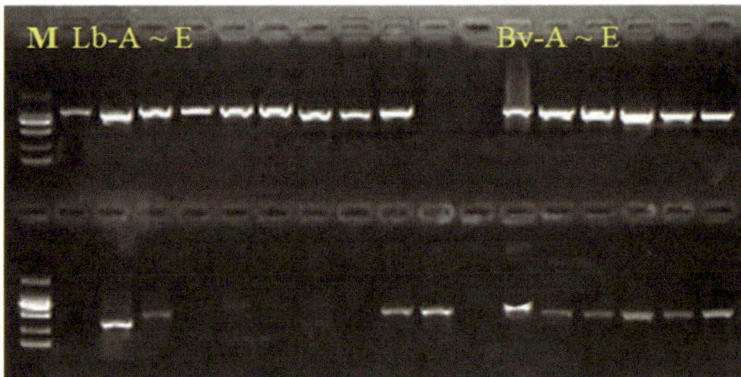

图 7-3　真菌基因 PCR 扩增结果

Figure 7-3 PCR results of fungal gene

菌株近缘种及系统发育树构建。进一步从 Genbank 数据库选择每个菌株近缘种的 rDNA 序列，与供试菌株构建系统发育树。

枸杞根腐病分离及鉴定。DNA 序列利用 NCBI 序列比对工具 BLAST（http：//blast. Ncbi.nlm.nih.gov）程序 nucleotide blast 比对分析克隆获得的序列，Clustal X 进行多序列比较分析，MEGA X 邻接法（Neighbor-joining）进行进化树构建，其中重复次数设置为 1 000。

由引物 5f2/7cr 对根腐病病原菌 RNA 聚合酶 Ⅱ 第二大亚基因(RPB2)序列进行扩增, 经 0.8% 琼脂糖凝胶电泳检测序列比对结果表明, 枸杞根腐病菌株 Lb-A1 序列与 *Mucor circinelloides*(MT603942.1: 卷枝毛霉)相似性达 99.67%; Lb-B1 序列与 *Rhizopus arrhizus*(MN525244.1: 根霉菌)相似性达 100%; Lb-C1 序列与 *Fusarium solani*(GU170639.1: 腐皮镰刀菌)相似性达 100%; Lb-E1 序列与 *Fusarium oxysporum*(KF913725.1: 尖孢镰刀菌)相似性达 100%。

由引物 ITS1/ITS4 对菌株序列进行扩增, 经 0.8% 琼脂糖凝胶电泳检测序列比对结果表明, 枸杞根腐病菌株 Lb-A2 序列与 *Rhizopus arrhizus*(MK174988.1: 根霉菌)相似性达 77%; Lb-B2 序列与 *Fusarium oxysporum*(MT560342.1: 尖孢镰刀菌)相似性达 91%; Lb-C2 序列与 *Fusarium solani*(MN013859.1: 腐皮镰刀菌)相似性达 100%; Lb-E2 序列与 *Fusarium oxysporum*(KF574854.1: 尖孢镰刀菌)相似性达 100%。最终确定枸杞根腐病相关病原菌为卷枝毛霉(Lb-A)、根霉(Lb-B)、腐皮镰刀菌(Lb-C)和尖孢镰刀菌(Lb-E)。如表 7-3、表 7-4、表 7-5、表 7-6、图 7-4、图7-5 所示。

表 7-3 枸杞 Lb-A 菌株及其近缘种比对结果与描述

Table 7-3 Comparison and description of Wolfberry LB-A strain and its related species

名称缩写 Scientific name abbreviations	最大分值 Max Score	总评分 Total Score	覆盖度 Query Cover	E 值 E value	相似度 Per. Ident	序列长度 Acc. Len	编号 Accession
Mucor circinelloides	1 107	1 107	97%	0	99.67%	618	KF435037.1
Mucor circinelloides	1 103	1 103	98%	0	99.51%	1 105	MT603942.1
Mucor circinelloides	1 103	1 103	98%	0	99.51%	1 106	MT603901.1
Mucor circinelloides	1 103	1 103	98%	0	99.51%	1 065	MT603900.1
Mucor circinelloides	1 103	1 103	98%	0	99.51%	642	KX349456.1
Mucor circinelloides	1 103	1 103	98%	0	99.51%	641	KX349454.1
Mucor circinelloides	1 101	1 101	97%	0	99.50%	640	MK883679.1

续表

名称缩写 Scientific name abbreviations	最大分值 Max Score	总评分 Total Score	覆盖度 Query Cover	E 值 E value	相似度 Per. Ident	序列长度 Acc. Len	编号 Accession
Mucor circinelloides	1 101	1 101	97%	0	99.50%	638	AY213658.1
Mucor circinelloides	1 099	1 099	97%	0	99.50%	648	MK396484.1
Mucor circinelloides	1 099	1 099	98%	0	99.34%	614	KF435038.1
Mucor circinelloides	1 098	1 098	98%	0	99.34%	642	MK396489.1
Mucor circinelloides	1 098	1 098	98%	0	99.34%	641	MK396486.1
Mucor circinelloides	1 098	1 435	98%	0	99.50%	1 380	MH664052.1
Mucor circinelloides	1 096	1 096	96%	0	99.67%	626	KX349451.1
Mucor circinelloides	1 096	1 096	97%	0	99.34%	662	KT336541.1
Mucor circinelloides	1 096	1 096	97%	0	99.50%	637	KT192268.1

表 7-4　枸杞 Lb-B 菌株及其近缘种比对结果与描述

Table 7-4 Comparison and description of Wolfberry Lb-B strain and its related species

名称缩写 Scientific name abbreviations	最大分值 Max Score	总评分 Total Score	覆盖度 Query Cover	E 值 E value	相似度 Per. Ident	序列长度 Acc. Len	编号 Accession
Rhizopus arrhizus	1 088	1 088	95%	0	100.00%	593	MN525244.1
Rhizopus arrhizus	1 088	1 088	95%		100.00%	592	MN525242.1
Rhizopus arrhizus	1 088	1 088	96%	0	99.83%	621	MK174986.1
Rhizopus arrhizus	1 085	1 085	97%	0	99.17%	633	MN010553.1
Rhizopus arrhizus	1 085	1 085	97%	0	99.50%	629	MN006654.1
Rhizopus arrhizus	1 085	1 085	96%	0	99.66%	619	MK174988.1
Rhizopus arrhizus	1 083	1 083	97%	0	99.33%	639	MW785835.1
Rhizopus arrhizus	1 083	1 083	97%	0	99.33%	634	MW785828.1
Rhizopus arrhizus	1 081	1 081	97%	0	99.33%	1 078	MT603963.1
Rhizopus arrhizus	1 081	1 081	97%	0	99.33%	932	MT603962.1
Rhizopus arrhizus	1 081	1 081	97%	0	99.33%	1 063	MT603961.1

名称缩写 Scientific name abbreviations	最大分值 Max Score	总评分 Total Score	覆盖度 Query Cover	E 值 E value	相似度 Per. Ident	序列长度 Acc. Len	编号 Accession
Rhizopus arrhizus	1 081	1 081	97%	0	99.33%	1 065	MT603960.1
Rhizopus arrhizus	1 081	1 081	97%	0	99.33%	1 092	MT603955.1
Rhizopus arrhizus	1 081	1 081	97%	0	99.33%	1 034	MT603948.1
Rhizopus arrhizus	1 081	1 081	97%	0	99.33%	1 021	MT603947.1
Rhizopus arrhizus	1 081	1 081	97%	0	99.33%	1 054	MT603945.1
Rhizopus arrhizus	1 081	1 081	97%	0	99.33%	1 062	MT603941.1
Rhizopus arrhizus	1 081	1 081	97%	0	99.33%	1 055	MT603936.1
Rhizopus arrhizus	1 081	1 081	97%	0	99.33%	1 049	MT603935.1
Rhizopus arrhizus	1 081	1 081	97%	0	99.33%	1 017	MT603930.1

表 7-5 枸杞 Lb-C 菌株及其近缘种比对结果与描述

Table 7-5 Comparison and description of Wolfberry Lb-D strain and its related species

名称缩写 Scientific name abbreviations	最大分值 Max Score	总评分 Total Score	覆盖度 Query Cover	E 值 E value	相似度 Per. Ident	序列长度 Acc. Len	编号 Accession
Fusarium solani	1 986	1 986	0.99	0.0	1	1 075	GU170639.1
Fusarium solani	1 984	1 984	0.99	0	1	1 434	LT746274.1
Fusarium solani	1 984	1 984	0.99	0	1	1 103	KY484955.2
Fusarium solani	1 984	1 984	0.99	0	1	1 103	KY484946.1
Fusarium solani	1 984	1 984	0.99	0	1	1 168	KT313637.1
Fusarium solani	1 984	1 984	0.99	0	1	1 169	KT313635.1
Fusarium solani	1 984	1 984	0.99	0	1	1 166	KT313633.1
Fusarium solani	1 984	1 984	0.99	0	1	1 167	KT313631.1
Fusarium solani	1 980	1 980	0.99	0	1	1 114	KT313632.1
Fusarium solani	1 978	1 978	0.99	0	0.999 1	1 157	MT453275.1
Fusarium solani	1 978	1 978	0.99	0	0.999 1	1 078	MH300483.1

续表

名称缩写 Scientific name abbreviations	最大分值 Max Score	总评分 Total Score	覆盖度 Query Cover	E 值 E value	相似度 Per. Ident	序列长度 Acc. Len	编号 Accession
Fusarium solani	1 978	1 978	0.99	0	0.999 1	1 078	MH300482.1
Fusarium solani	1 978	1 978	0.99	0	0.999 1	1 078	MH300481.1
Fusarium solani	1 978	1 978	0.99	0	0.999 1	1 078	MH300480.1
Fusarium solani	1 978	1 978	0.99	0	0.999 1	1 078	MH300479.1
Fusarium solani	1 978	1 978	0.99	0	0.999 1	1 078	MH300478.1
Fusarium solani	1 978	1 978	0.99	0	0.999 1	1 078	MH300477.1
Fusarium solani	1 978	1 978	0.99	0	0.999 1	1 078	MH300476.1
Fusarium solani	1 978	1 978	0.99	0	0.999 1	1 078	MH300475.1
Fusarium solani	1 978	1 978	0.99	0	0.999 1	1 078	MH300474.1
Fusarium solani	1 978	1 978	0.99	0	0.999 1	1 078	MH300473.1

表 7-6　构杞 Lb-E 菌株及其近缘种比对结果与描述

Table 7-6 Comparison and description of Wolfberry Lb-E strain and its related species

名称缩写 Scientific name abbreviations	最大分值 Max Score	总评分 Total Score	覆盖度 Query Cover	E 值 E value	相似度 Per. Ident	序列长度 Acc. Len	编号 Accession
Fusarium oxysporum	1 319	1 319	0.99	0	1	714	KF913725.1
Fusarium oxysporum	1 317	1 317	0.99	0	1	714	KF574854.1
Fusarium oxysporum	1 317	1 317	0.99	0	1	713	DQ837657.1
Fusarium oxysporum	1 314	1 314	1	0	0.998 6	1 015	MK059958.1
Fusarium oxysporum	1 314	1 314	1	0	0.998 6	1 067	KX822794.1
Fusarium oxysporum	1 312	1 312	0.99	0	1	713	KF574859.1
Fusarium oxysporum	1 312	1 312	0.99	0	0.998 6	713	DQ837692.1
Fusarium oxysporum	1 308	1 308	0.99	0	0.998 6	711	MK968948.1
Fusarium sp. I158F	1 303	1 303	0.99	0	0.997 2	713	KT286749.1
Fusarium sp. I70F	1 299	1 299	0.98	0	0.998 6	706	KT286747.1

名称缩写 Scientific name abbreviations	最大分值 Max Score	总评分 Total Score	覆盖度 Query Cover	E 值 E value	相似度 Per. Ident	序列长度 Acc. Len	编号 Accession
Fusarium oxysporum	1 299	1 299	0.99	0	0.995 8	712	KF574848.1
Fusarium oxysporum	1 299	1 299	0.98	0	0.998 6	706	MT707625.1
Fusarium oxysporum	1 299	1 299	0.98	0	0.998 6	706	MT707624.1
Fusarium sp. Y118F	1 297	1 297	0.98	0	0.998 6	705	KT286762.1
Fusarium sp. C202F	1 297	1 297	0.98	0	0.998 6	705	KT286741.1
Fusarium sp. Ant133F	1 295	1 295	0.98	0	0.998 6	704	KT286734.1
Fusarium oxysporum	1 295	1 295	1	0	0.994 4	1 066	KP964900.1
Fusarium oxysporum	1 295	1 295	1	0	0.994 4	1 066	KP964859.1
Fusarium sp. C124F	1 293	1 293	0.98	0	0.997 2	705	KT286738.1
Fusarium oxysporum	1 293	1 293	0.98	0	0.997 2	707	MT305190.1

3.3　饲料甜菜根腐病病原菌的鉴定及分析

3.3.1　饲料甜菜根腐病相关病原菌形态学鉴定

对根腐发病根进行分离纯化培养后，筛选获得 5 种优势菌株进行分类鉴定，根据大、小型分生孢子的有无，分生孢子的大小、形态及产生方式，产孢梗的形态及大小，厚垣孢子的有无等特征进行形态鉴定。

其中 Bv-A 各菌的菌丝无假根，孢囊梗不成束，单生，繁密成层，直立，单轴分枝或假单轴分枝，全部顶生孢子囊；孢子囊大，球形，卵圆形或不规则。初步鉴定为霉菌。Bv-B 菌落直径 1~2 cm 或更小，后期生长缓慢，菌落灰绿色，中间有明显形状，密集的短绒毛，外观干燥分生孢子梗顶端膨大成为顶囊，一般呈球形，初步鉴定为曲霉。Bv-C 菌落初期白色，短绒毛直立无交叉缠绕，菌落较薄，由内向外厚度增加，小型分生孢子多为单细胞，有隔，形状多为卵形、纺锤形；Bv-E 菌落初期为白色，后期变黄色，颜色加深；绒毛较长且像棉絮一样交叉缠绕，菌落较厚，中间高于边缘；分生孢子散生于

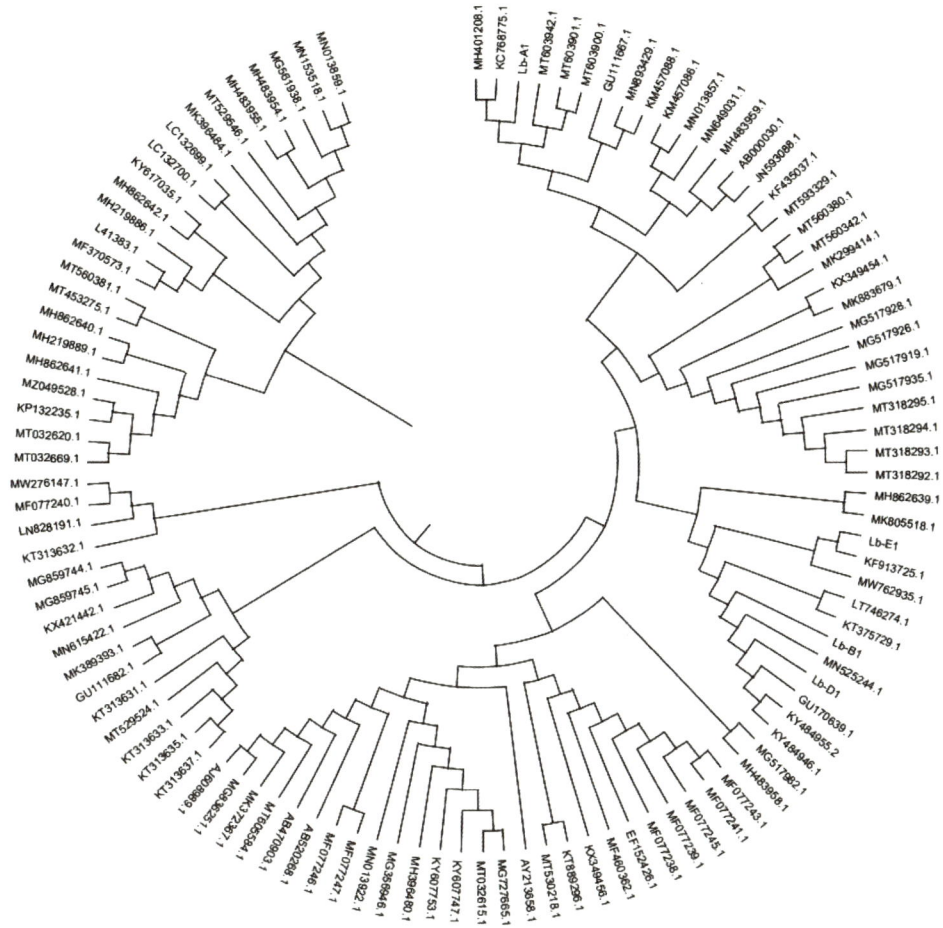

图 7-4　枸杞根腐病菌株基于 rDNA-5f2/7cr 序列构建的系统发育树

Figure 7-4 Phylogenetic tree of Lycium barbarum root rot strain based on rDNA-5F2/7Cr sequence

气生菌丝或分生孢子座上，呈镰刀形和纺锤形，有明显分隔，且分隔数更多。Bv-F 菌落较厚，呈浅黄色，菌落直径向外蔓延速度较低；气生菌丝，分生孢子多为单细胞，或极少小孢子。初步判定 Bv-C、Bv-E 和 Bv-F 为镰刀菌的一种（图 7-6）。

3.3.2　分子生物学鉴定

（1）甜菜根腐病病原菌基因组 DNA 提取。真菌基因组提取及 PCR 扩增结

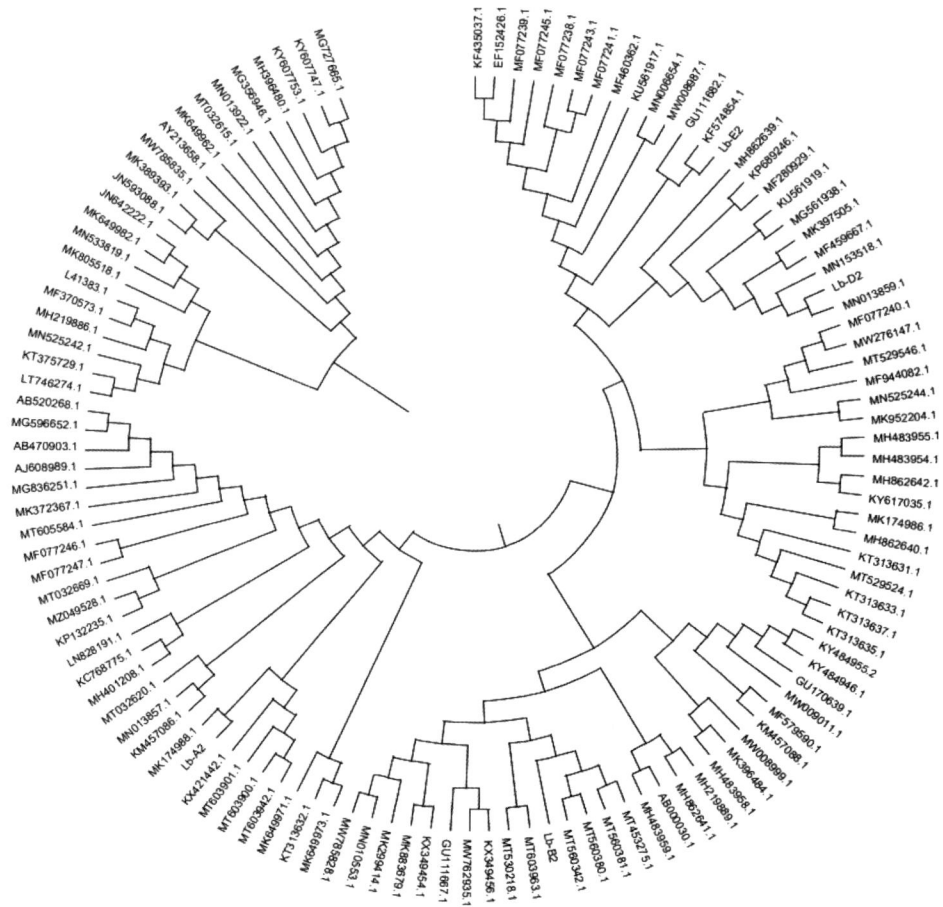

图 7-5　枸杞根腐病菌株基于 rDNA-ITS 序列构建的系统发育树

Figure 7-5 Phylogenetic tree of Lycium barbarum root rot strain based on rDNA-ITS sequence

果见图 7-2 和图 7-3。

（2）菌株近缘种及系统发育树构建。将测序数据在 Genbank 数据库中比对并筛选各菌株近缘种的 rDNA 序列，并将近缘种与供试菌株构建系统发育树。

DNA 序列利用 NCBI 序列比对工具 BLAST （http：//blast. Ncbi.nlm.nih. gov）程序 nucleotide blast 比对分析克隆获得的序列，Clustal X 进行多序列比较分析，MEGA X 邻接法 （Neighbor-joining） 进行进化树构建，其中重复次数设置为 1 000。

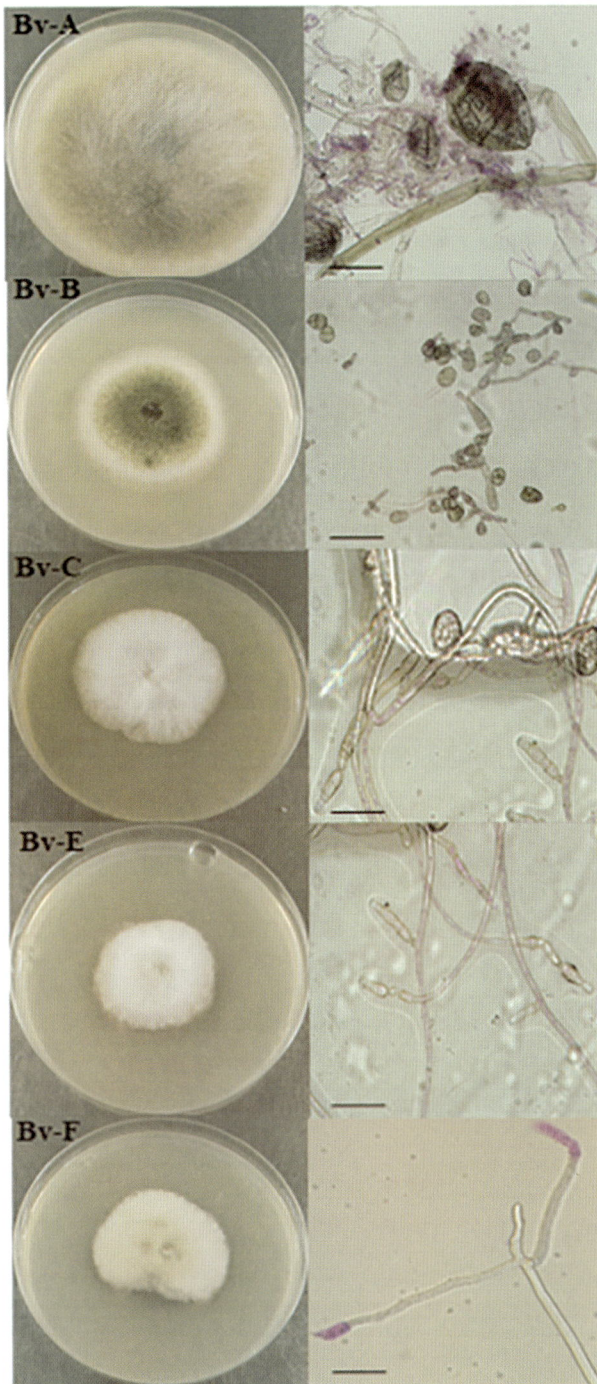

图 7-6　饲料甜菜根腐病病原菌培养性状和形态特征

Figure 7-6 Culture characters and morphological characteristics of pathogen of mangel root rot

由引物 5f2/7cr 对根腐病病原菌 RNA 聚合酶 Ⅱ 第二大亚基因（RPB2）序列进行扩增，经 0.8%琼脂糖凝胶电泳检测序列比对结果表明，甜菜根腐病菌株 Bv-A1 序列与 *Mucor circinelloides*（MW578449.1：毛霉菌）具有较高同源性；Bv-B1 与 *Aspergillus niger*（LC577101.1：黑曲霉）具有较高同源性，聚在一起；Bv-C1 与 *Fusarium solani*（KX421442.1：腐皮镰刀菌）具有较高同源性，聚在一起；Bv-E1 与 *Fusarium solani*（KM457086.1：腐皮镰刀菌）具有较高同源性，聚在一起；Bv-F1 序列与 *Fusarium solani*（MF460362.1：腐皮镰刀菌）具有较高同源性，聚在一起。

由引物 ITS1/ITS4 对菌株序列进行扩增，经 0.8%琼脂糖凝胶电泳检测序列比对结果表明，甜菜根腐病菌株 Bv-A2 序列与 *Penicillium solitum*（JN642222.1：青霉菌）具有较高同源性；Bv-B2 与 *Aspergillus niger*（LC577101.1：黑曲霉）具有较高同源性，聚在一起；Bv-C2 与 *Fusarium solani*（KP132235.1：腐皮镰刀菌）具有较高同源性，聚在一起；Bv-E2 与 *Fusarium solani*（KY484946.1：腐皮镰刀菌）具有较高同源性，聚在一起；Bv-F2 序列与 *Fusarium solani*（KT313632.1：腐皮镰刀菌）具有较高同源性，聚在一起。最终确定甜菜根腐病相关致病菌为霉菌（Bv-A）、黑曲霉（Bv-B）和腐皮镰刀菌（Bv-C~E）。如表 7-7、表 7-8、表 7-9、表 7-10、表 7-11、图 7-7、图 7-8 所示。

表 7-7 饲料甜菜 Bv-A 菌株及其近缘种比对结果与描述

Table 7-7 Comparison and description of mangel Bv-A strain and its related species

名称缩写 Scientific name abbreviations	最大分值 Max Score	总评分 Total Score	覆盖度 Query Cover	E 值 E value	相似度 Per. Ident	序列长度 Acc. Len	编号 Accession
Mucor lusitanicus	1 011	1 011	0.98	0	0.875 9	2 796	JN993501.1
Mucor hiemalis	883	883	0.97	0	0.851 1	2 652	EF014398.1
Mucor irregularis	880	880	0.9	0	0.864 0	1 003	JX976270.1
Mucor irregularis	869	869	0.9	0	0.861 6	1 003	JX976276.1
Mucor irregularis	869	869	0.9	0	0.861 6	1 003	JX976287.1

续表

名称缩写 Scientific name abbreviations	最大分值 Max Score	总评分 Total Score	覆盖度 Query Cover	E 值 E value	相似度 Per. Ident	序列长度 Acc. Len	编号 Accession
Mucor irregularis	869	869	0.9	0	0.861 6	1 003	JX976275.1
Mucor irregularis	863	863	0.9	0	0.860 3	1 003	JX976271.1
Mucor irregularis	863	863	0.9	0	0.860 3	1 003	JX976274.1
Mucor irregularis	863	863	0.9	0	0.860 3	1 003	JX976268.1
Mucor irregularis	857	857	0.9	0	0.859 1	1 003	JX976273.1
Mucor sp. CCF3774	856	856	0.8	0	0.882 8	718	LN714680.1
Rhizopus stolonifer	773	773	0.89	0	0.841 6	976	MN266863.1
Mucor hiemalis	579	579	0.69	2E−160	0.836 8	616	LN714679.1
Lichtheimia ramosa	483	483	0.89	2E−131	0.779 6	1 074 783	CP031832.1
Lichtheimia ramosa	483	483	0.89	2E−131	0.779 6	697 591	LK023320.1
Umbelopsis ramanniana	481	481	0.92	7E−131	0.774	2 317	DQ302787.1
Kondoa malvinella	215	215	0.24	7E−51	0.847 2	1 299	KJ708173.1
Talaromyces cecidicola	211	211	0.39	1E−49	0.780 9	852	KM023309.1
Aspergillus tardicrescens	196	196	0.36	3E−45	0.779 5	781	KY117967.1

表 7−8　饲料甜菜 Bv−B 菌株及其近缘种比对结果与描述

Table 7−8 Comparison and description of mangel Bv−B strain and its related species

名称缩写 Scientific name abbreviations	最大分值 Max Score	总评分 Total Score	覆盖度 Query Cover	E 值 E value	相似度 Per. Ident	序列长度 Acc. Len	编号 Accession
Aspergillus sp. IFM 64240	1 454	1 454	0.97	0	0.9987	1 050	LC179908.1
Aspergillus tubingensis	1 454	1 454	0.97	0	0.9987	1 052	LC000573.1
Aspergillus tubingensis	1 454	1 454	0.97	0	0.9987	997	KC796436.1
Aspergillus pulverulentus	1 454	1 454	0.97	0	0.9987	1 040	HE984368.1
Aspergillus tubingensis	1 454	1 454	0.97	0	0.9987	3 771	XM035498810.1
Aspergillus tubingensis	1 454	1 454	0.97	0	0.9987	1 014	EF661054.1

续表

名称缩写 Scientific name abbreviations	最大分值 Max Score	总评分 Total Score	覆盖度 Query Cover	E 值 E value	相似度 Per. Ident	序列长度 Acc. Len	编号 Accession
Aspergillus sp.	1 448	1 448	0.97	0	0.9975	887	LC506062.1
Aspergillus tubingensis	1 437	1 437	0.97	0	0.994 9	983	KC796437.1
Aspergillus tubingensis	1 437	1 437	0.97	0	0.994 9	994	KC796435.1
Aspergillus tubingensis	1 437	1 437	0.97	0	0.994 9	931	KC796434.1
Aspergillus tubingensis	1 437	1 437	0.97	0	0.994 9	1 014	KC796431.1
Aspergillus piperis	1 410	1 410	0.97	0	0.988 6	1 047	MK450797.1
Aspergillus piperis	1 410	1 410	0.97	0	0.988 6	1 046	MK450796.1
Aspergillus piperis	1 410	1 410	0.97	0	0.988 6	1 031	MK450795.1
Aspergillus neoniger	1 410	1 410	0.97	0	0.988 6	920	MK450787.1
Aspergillus neoniger	1 410	1 410	0.97	0	0.988 6	880	MK450786.1
Aspergillus neoniger	1 404	1 404	0.97	0	0.987 4	956	MK450783.1
Aspergillus tubingensis	1 404	1 404	0.97	0	0.987 4	1 014	KX650022.1
Aspergillus neoniger	1 399	1 399	0.97	0	0.986 1	955	MK450784.1
Aspergillus neoniger	1 399	1 399	0.97	0	0.986 1	973	MK450782.1

表 7-9　饲料甜菜 Bv-C 菌株及其近缘种比对结果与描述

Table 7-9 Comparison and description of mangel Bv-C strain and its related species

名称缩写 Scientific name abbreviations	最大分值 Max Score	总评分 Total Score	覆盖度 Query Cover	E 值 E value	相似度 Per. Ident	序列长度 Acc. Len	编号 Accession
Fusarium solani	1 042	1 042	100%	0	100.00%	566	MT605584.1
Fusarium solani	1 042	1 042	100%	0	100.00%	566	MK372367.1
Fusarium solani	1 042	1 042	100%	0	100.00%	566	MG836251.1
Fusarium solani	1 042	1 042	100%	0	100.00%	570	MG561938.1
Fusarium solani	1 042	1 150	100%	0	100.00%	623	KY617035.1
Fusarium solani	1 042	1 042	100%	0	100.00%	564	KP132235.1
rubicola	1 042	1 042	100%	0	100.00%	565	MZ049528.1

续表

名称缩写 Scientific name abbreviations	最大分值 Max Score	总评分 Total Score	覆盖度 Query Cover	E 值 E value	相似度 Per. Ident	序列长度 Acc. Len	编号 Accession
Fusarium solani	1 042	1 042	100%	0	100.00%	568	MW276147.1
uncultured fungus	1 042	1 042	100%	0	100.00%	934	AB520268.1
Fusarium solani	1 042	1 042	100%	0	100.00%	567	AB470903.1
Fusarium solani	1 042	1 042	100%	0	100.00%	567	EF152426.1
Fusarium solani	1 042	1 042	100%	0	100.00%	566	AJ608989.1
Fusarium solani	1 038	1 038	99%	0	100.00%	562	KJ680136.1
Fusarium solani	1 037	1 037	100%	0	99.82%	566	MK409996.1
Fusarium sp.	1 037	1 037	100%	0	99.82%	568	MN504655.1
Fusarium solani	1 037	1 037	100%	0	99.82%	567	MH094663.1
Fusarium solani	1 037	1 037	100%	0	99.82%	580	KX343173.1
Fusarium solani	1 037	1 037	100%	0	99.82%	566	KX421443.1
Fusarium solani	1 037	1 037	100%	0	99.82%	567	OL348250.1

表 7-10　饲料甜菜 Bv-E 菌株及其近缘种比对结果与描述

Table 7-10 Comparison and description of mangel Bv-E strain and its related species

名称缩写 Scientific name abbreviations	最大分值 Max Score	总评分 Total Score	覆盖度 Query Cover	E 值 E value	相似度 Per. Ident	序列长度 Acc. Len	编号 Accession
Fusarium solani	1 986	1 986	0.99	0	1	1 075	GU170639.1
Fusarium solani	1 984	1 984	0.99	0	1	1 434	LT746274.1
Fusarium solani	1 984	1 984	0.99	0	1	1 103	KY484955.2
Fusarium solani	1 984	1 984	0.99	0	1	1 103	KY484946.1
Fusarium solani	1 984	1 984	0.99	0	1	1 168	KT313637.1
Fusarium solani	1 984	1 984	0.99	0	1	1 169	KT313635.1
Fusarium solani	1 984	1 984	0.99	0	1	1 166	KT313633.1
Fusarium solani	1 984	1 984	0.99	0	1	1 167	KT313631.1
Fusarium solani	1 980	1 980	0.99	0	1	1 114	KT313632.1
Fusarium solani	1 978	1 978	0.99	0	0.999 1	1 157	MT453275.1

名称缩写 Scientific name abbreviations	最大分值 Max Score	总评分 Total Score	覆盖度 Query Cover	E 值 E value	相似度 Per. Ident	序列长度 Acc. Len	编号 Accession
Fusarium solani	1 978	1 978	0.99	0	0.999 1	1 078	MH300483.1
Fusarium solani	1 978	1 978	0.99	0	0.999 1	1 078	MH300482.1
Fusarium solani	1 978	1 978	0.99	0	0.999 1	1 078	MH300481.1
Fusarium solani	1 978	1 978	0.99	0	0.999 1	1 078	MH300480.1
Fusarium solani	1 978	1 978	0.99	0	0.999 1	1 078	MH300479.1
Fusarium solani	1 978	1 978	0.99	0	0.999 1	1 078	MH300478.1
Fusarium solani	1 978	1 978	0.99	0	0.999 1	1 078	MH300477.1
Fusarium solani	1 978	1 978	0.99	0	0.999 1	1 078	MH300476.1
Fusarium solani	1 978	1 978	0.99	0	0.999 1	1 078	MH300475.1
Fusarium solani	1 978	1 978	0.99	0	0.999 1	1 078	MH300474.1

表 7-11　饲料甜菜 Bv-F 菌株及其近缘种比对结果与描述

Table 7-11 Comparison and description of mangel Bv-F strain and its related species

名称缩写 Scientific name abbreviations	最大分值 Max Score	总评分 Total Score	覆盖度 Query Cover	E 值 E value	相似度 Per. Ident	序列长度 Acc. Len	编号 Accession
Fusarium solani	1 048	1 048	1	0	1	567	AB470903.1
Fusarium solani	1 048	1 048	1	0	1	570	MG561938.1
uncultured fungus	1 048	1 048	1	0	1	934	AB520268.1
Fusarium solani	1 048	1 048	1	0	1	567	AB470903.1
Fusarium solani	1 046	1 046	0.99	0	1	566	MT605584.1
Fusarium solani	1 046	1 046	0.99	0	1	566	MK372367.1
Fusarium solani	1 046	1 046	0.99	0	1	566	MG836251.1
Fusarium solani	1 046	1 046	0.99	0	1	568	MW276147.1
Fusarium solani	1 046	1 046	0.99	0	1	567	EF152426.1
Fusarium solani	1 046	1 046	0.99	0	1	566	AJ608989.1
Fusarium solani	1 044	1 154	0.99	0	1	623	KY617035.1
rubicola	1 044	1 044	0.99	0	1	565	MZ049528.1

续表

名称缩写 Scientific name abbreviations	最大分值 Max Score	总评分 Total Score	覆盖度 Query Cover	E 值 E value	相似度 Per. Ident	序列长度 Acc. Len	编号 Accession
Fusarium sp.	1 042	1 042	1	0	0.998 2	568	MN504655.1
Fusarium solani	1 042	1 042	1	0	0.998 2	580	KX343173.1
Fusarium solani	1 042	1 042	0.99	0	1	564	KP132235.1
Fusarium solani	1 042	1 042	1	0	0.998 2	571	MW165532.1
Fusarium sp. 1 DoF3	1 042	1 042	1	0	0.998 2	568	JQ388248.1
Fusarium solani	1 042	1 042	1	0	0.998 2	569	MW131114.1

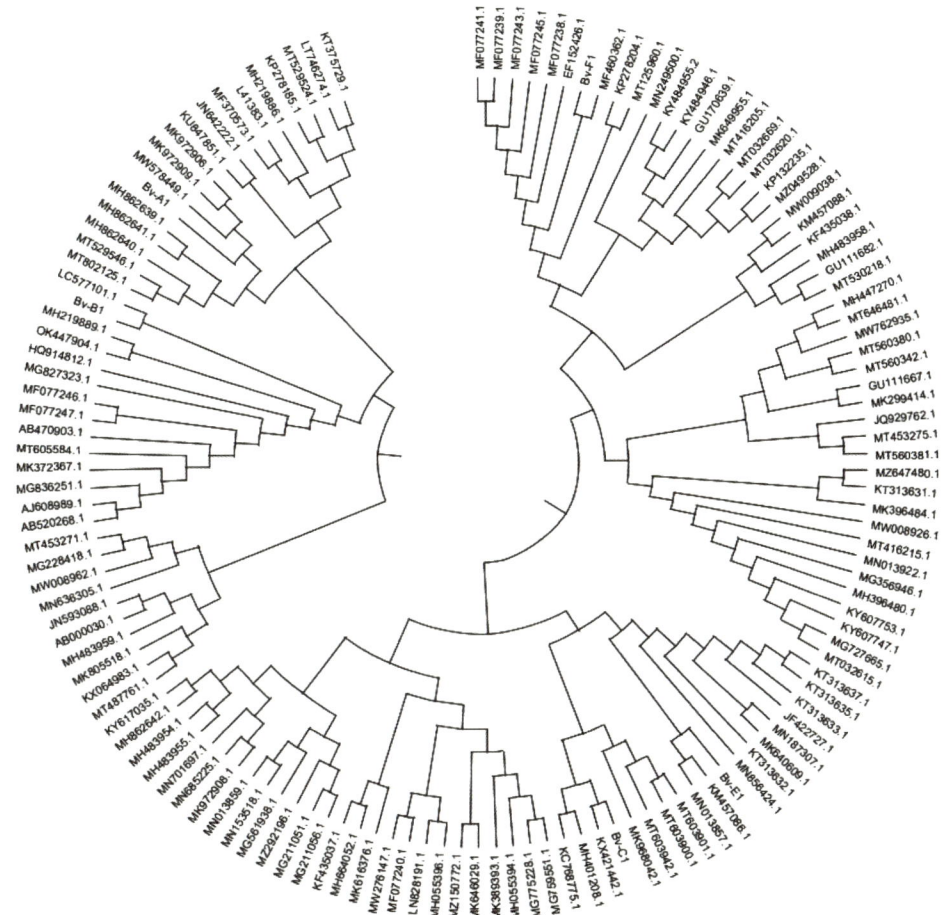

图 7-7　饲料甜菜根腐病菌株基于 rDNA-5f2/7cr 序列构建的系统发育树

Figure 7-7 Phylogenetic tree of mangel root rot strain based on rDNA-5F2/7Cr sequence

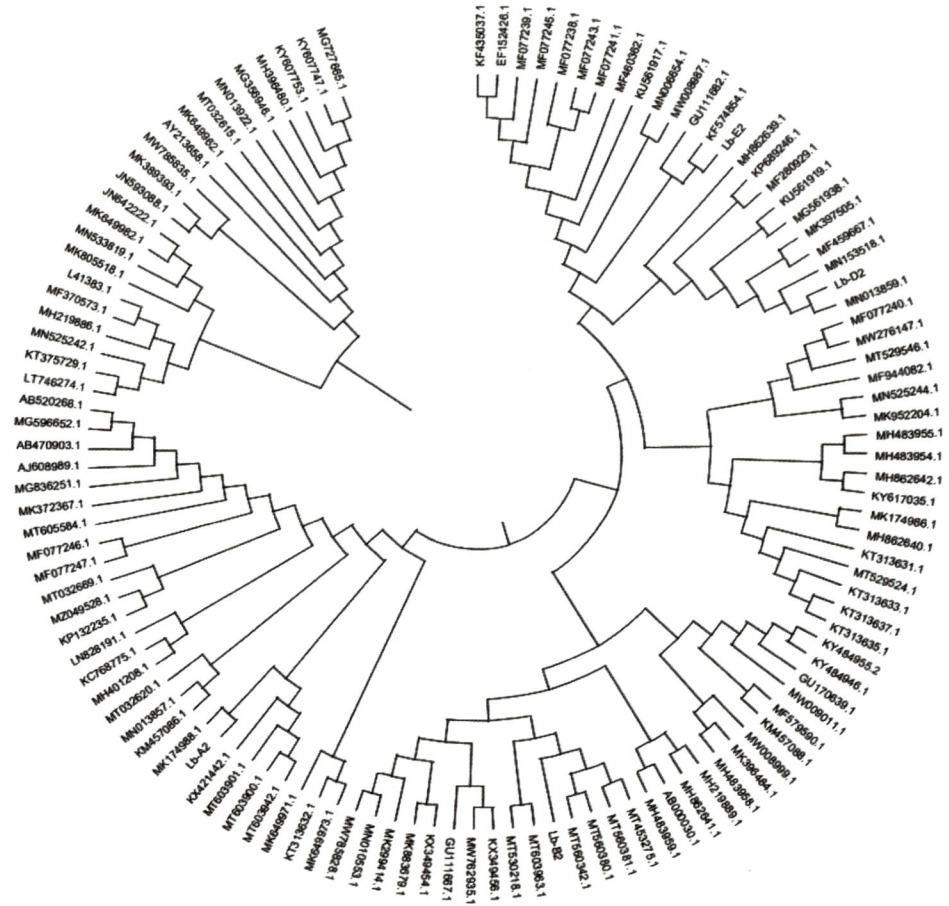

图 7-8　饲料甜菜根腐病菌株基于 rDNA-ITS 序列构建的系统发育树

Figure 7-8 Phylogenetic tree of mangel root rot strain based on rDNA-ITS sequence

3.4　根系分泌物对根腐病致病菌的影响研究

3.4.1　根系分泌物获取

　　选取第 7 部分 2.1 中 25 孔水培箱培养的生长良好的单作材料，取出后用灭菌去离子水反复清洗根部 2~3 次，5 个植株为 1 组置于烧杯中，用 100 mL 灭菌去离子水培养 24 h 后，倒掉水进行重复操作，再次培养 48 h 后收集根系分泌物富集液，对富集液进行过滤并蒸干水分的操作，随后加入甲醇，放入超声振荡机将瓶壁上的残留物洗脱下来，等待甲醇完全挥发，反复洗 2~3 次，用100 mL 灭菌去离子水溶解即为根系分泌物。

3.4.2　不同根系分泌物对枸杞根腐病相关病原菌菌斑大小的影响

Lb-A 在含 CK 的培养基无论菌斑直径还是菌丝生长速率均为最大值，并且与 3 种牧草根系分泌物表现出显著差异，说明苜蓿、白三叶、黑麦草和饲料甜菜根系分泌物能有效抑制该类菌的生长，黑麦草和饲料甜菜在抑制菌株蔓延和菌丝生长作用上表现显著（表 7-12、表 7-13）。Lb-B 在含 CK 的培养基菌斑直径最小，且与 3 种牧草根系分泌物表现出显著差异；此外，菌丝生长速率方面 CK 较 Lp、Bv 无显著差异；而在 Ms 和 Tr 根系分泌物处理后较 CK 显著增加。Lb-C 在 Ms 和 Tr 根系分泌物处理的培养基中，菌斑直径最大，与其他处理存在显著差异，而菌丝生长速率最小；黑麦草根系分泌物处理的培养基无论在菌斑直径还是菌丝生长速率上都与对照存在显著差异，且明显抑制了该类菌株的生长；饲料甜菜根系分泌物对该类菌株生长有一定程度的抑制作用，黑麦草在 Lb-C 菌的抑制作用上表现更加显著。Lb-E 菌株在含 CK 的培养基无论菌斑直径还是菌丝生长速率均为最大值，并且与 3 种牧草根系分泌物表现出显著差异，说明苜蓿、白三叶、黑麦草和饲料甜菜根系分泌物能有效抑制该类菌的

表 7-12　不同根系分泌物对枸杞根腐病相关病原菌菌斑直径的影响

Table 7-12 Effect of different root exudates on the diameter of wolfberry root rot related bacterial plaque

Treatment	菌斑直径/mm　Diameter of Pathogenic Bacteria			
	Lb-A	Lb-B	Lb-C	Lb-E
CK	60.52±0.57a	65.22±1.09d	17.79±1.82c	16.88±0.20a
Ms	57.58±0.38b	73.89±0.50b	19.96±1.72a	16.23±0.11ab
Tr	56.87±0.66b	76.42±0.78a	19.74±0.96a	16.07±0.11ab
Lp	53.88±1.50c	72.93±0.37bc	14.98±0.17e	16.16±0.17ab
Bv	58.11±0.31b	71.17±0.10c	16.87±0.35d	15.43±0.37b
Lb	53.88±1.50c	72.93±0.37bc	18.98±0.17b	17.16±0.17a
L.S.D.（5%）				

生长，饲料甜菜和白三叶在 Lb-E 菌的抑制作用上表现更加显著；枸杞根系分泌物促进了枸杞根腐病中腐皮和尖孢镰刀菌菌斑扩大和菌丝生长。

表 7-13　不同根系分泌物对枸杞根腐病相关病原菌菌丝生长速率的影响

Table 7-13 Effects of different root exudates on mycelial growth rate of wolfberry root rot related pathogens

Treatment	菌丝生长速率/（mm·d⁻¹）　Growth rate of mycalia			
	Lb-A	Lb-B	Lb-C	Lb-E
CK	11.92±1.05a	13.96±1.72b	6.85±0.17a	4.73±0.02a
Ms	11.28±0.33b	15.32±2.43a	4.31±0.05c	4.53±0.14ab
Tr	11.32±0.54b	16.01±0.66a	3.07±0.03d	4.27±0.14ab
Lp	11.40±1.05ab	13.68±0.22b	5.70±0.98b	4.56±0.21a
Bv	9.46±1.50c	13.72±0.89b	5.69±0.43b	4.07±0.05b
Lb	11.34±1.00ab	13.66±0.22b	6.99±0.98a	4.76±0.21a
L.S.D.（5%）				

菌丝生长速率/（mm·d⁻¹）写作 $mm \cdot d^{-1}$

牧草根系分泌物对枸杞根腐病影响表现为，饲料甜菜和黑麦草根系分泌物对枸杞根腐病的生长表现显著抑制作用；苜蓿和白三叶的根系分泌物能促进根霉菌、黑曲霉、腐皮镰刀菌的菌斑扩大，但抑制根腐病相关病原菌菌丝生长，二者根系可能含有某类物质，促进了其他两类病原菌的生长和繁殖；枸杞根系分泌物中存在自毒物质能够加重自身根腐病的危害。

3.4.3　不同根系分泌物对甜菜根腐病相关病原菌菌斑大小的影响

Bv-A 在含 CK 的培养基无论菌斑直径还是菌丝生长速率均为最大值，并且与 3 种牧草根系分泌物在菌斑直径上表现出显著差异；菌丝生长速率上黑麦草表现为显著差异；说明黑麦草根系分泌物能有效抑制 Bv-A 菌的生长，枸杞根系分泌物也有一定抑制作用，但作用不显著（表 7-14、表 7-15）。Bv-B 在含 CK 的培养基菌斑直径最大，且与苜蓿和黑麦草根系分泌物表现出显著差异；此外，菌丝生长速率在苜蓿和白三叶根系分泌物处理后表现为最大值，与对照和黑麦草处理无显著差异，与枸杞根系分泌物对比差异显著。Bv-C 和 Bv-E 在 Ms、Tr 和 Lb 处理的培养基上，菌斑直径较对照均显著增大；在菌丝生长速率上，黑麦草、苜蓿、白三叶均表现抑制作用，且白三叶

表 7-14　不同根系分泌物对饲料甜菜根腐病相关病原菌菌斑直径的影响
Table 7-14 Effect of different root exudates on the diameter of mangel root rot related bacterial plaque

Treatment	菌斑直径/mm　Diameter of Pathogenic Bacteria				
	Bv-A	Bv-B	Bv-C	Bv-E	Bv-F
CK	25.83±0.36a	70.81±2.00a	17.79±1.82b	16.25±0.68d	21.29±2.71b
Ms	20.18±2.77b	62.76±0.48b	18.96±1.72a	18.80±0.85b	21.80±1.99b
Tr	20.06±2.15b	61.45±0.45b	18.74±0.96a	19.86±0.37a	21.46±1.44b
Lp	19.45±1.95b	62.72±1.56b	14.98±0.17c	10.06±0.10e	18.22±2.98c
Lb	20.61±1.45b	69.07±1.07a	18.87±0.35a	17.55±0.63c	22.18±3.16a
Bv	19.45±1.95b	62.72±1.56b	17.98±0.17b	16.76±0.10d	22.22±1.98a
L.S.D.（5%）					

表 7-15　不同根系分泌物对饲料甜菜根腐病相关病原菌菌丝生长速率的影响
Table 7-15 Effects of different root exudates on mycelial growth rate of mangel root rot related pathogens

Treatment	菌丝生长速率/(mm·d⁻¹)　Growth rate of mycalia				
	Bv-A	Bv-B	Bv-C	Bv-E	Bv-F
CK	14.21±0.42a	3.03±0.15a	5.46±0.32a	5.40±0.89ab	4.17±0.01a
Ms	13.44±0.37ab	3.13±0.07a	4.88±0.05b	4.06±1.02c	4.07±0.43a
Tr	14.22±0.19a	3.13±0.11a	4.01±0.69c	4.81±1.02bc	2.96±0.17b
Lp	12.66±0.54b	2.97±0.22ab	4.44±0.41c	5.04±0.77b	3.43±0.09b
Lb	13.80±0.17a	2.37±0.19b	5.56±0.46a	5.80±0.12a	4.13±0.11a
Bv	12.97±0.51b	2.99±0.27ab	5.44±0.41a	5.44±0.77ab	4.03±0.09a
L.S.D.（5%）					

抑制作用最为显著，而 Lb 根系分泌物处理下表现促进作用（$P<0.05$）。BV-F
菌株在 Bv 处理的培养基上菌斑直径最大，与 Lb 处理无显著差异，但与 Ms、
Tr、Lp、CK 相比，表现出显著差异（$P<0.05$）；菌丝生长速率在 Tr、Lp 根
系分泌物处理下显著下降，其他无显著差异。

整体上，5 种处理根系分泌物对饲料甜菜根腐病致病菌的影响不同，主要
表现为枸杞根系分泌物促进腐皮镰刀菌的菌斑扩大和菌丝生长；苜蓿和白三
叶促进腐皮镰刀菌的菌斑扩大，但抑制菌丝的生长，与在枸杞根腐病中的
影响基本保持一致；黑麦草根系分泌物能显著降低饲料甜菜根腐病的发生；
饲料甜菜根系分泌物整体表现为促进其自身根腐病的发生，但无显著变化
（$P>0.05$）。

4 讨论

4.1 根系分泌物中化感活性物质对种子萌发和幼苗生长的影响

植物能够探测和响应邻近植物，对植物性能产生影响，并在植物共存和
群落组装中发挥重要作用 [132]。间作可以通过增加农田生态系统物种多样性来
提高产量稳定性，同时也能有效缓解病虫害的流行和危害 [43,69]。前人研究表
明，植物自毒物质能促进土壤传播病原体的生长和致病性 [77]，农林生态系统
受人工干扰程度严重，较自然生态系统而言自毒作用更为明显，近年来自毒
作用诱发连作障碍的研究逐渐增加，成为严重制约国家和地区农林牧业的生
产的重要因素 [328]，研究者发现，自毒物质主要通过作用于种子萌发、幼苗生
长和植株生长发育的整个过程，而导致植物产量和品质下降 [128]。我们的研究
发现，相对牧草自主萌发和生长，枸杞根系分泌物处理下能促进三叶草、饲
料甜菜、黑麦草和燕麦种子的萌发以及三叶草、饲料甜菜、甜高粱、苦豆子
和苜蓿的发芽生长，其他牧草则表现为抑制作用，与刘成等报道的人参根系
分泌物和外源化感物质阿魏酸均明显抑制了人参种子的出苗率和幼苗株高等

形态指标 [318] 的结果基本相符。此外，不同牧草根系分泌物对枸杞种子萌发整体表现不显著抑制作用，但对幼苗生长促进作用显著，尤其豆科植物的三叶草和苜蓿表现最为明显，这与孙新展等人的研究发现小麦和苜蓿不同部位浸提液均抑制棉花种子萌发，且小麦浸提液对棉花幼苗生长表现出低浓度促进 [329] 的结果相符。

4.2　根系分泌物对土传病害的影响

植物根腐病的防治是保证农业生产可持续发展的关键因素之一。大量研究发现，间作不仅可以减少植物叶片病害的发生，同时有效抑制土传病害的传播和扩大 [73,74,319]。我们的研究结果发现，枸杞和甜菜分泌的根系分泌物整体上对自身根腐病的发生起到促进作用，尽管不显著，但均对镰刀菌菌斑扩增和菌丝生长有促进作用，这与朱书生研究团队发现三七根系分泌的皂苷 Rg1 能促进根腐病菌 Ilyonectria destructans 生长，并增强病原菌的致病能力，从而加重三七根腐病的发生危害 [330] 的结果相符。此外，我们的研究还发现，苜蓿和白三叶的根系分泌物能促进枸杞根腐病中根霉菌 Rhizopus arrhizus 和甜菜根腐病中黑曲霉 Aspergillus niger、腐皮镰刀菌 Fusarium solani 的生长，但抑制根腐病相关病原菌的蔓延滋生，这与 Yang 等研究者发现玉米根系分泌物可以吸引辣椒疫霉游动孢子，同时抑制游动孢子和囊孢子的产生，二者间作有助于辣椒抵抗疫病的发生的研究结果基本一致 [74]，在其他非寄主植物物种与疫霉的相互作用中也发现了这种现象 [73,331]，这可能是间作系统抑制土壤传播土传病害的一个重要因素。

枸杞受道地性产区土地资源紧缺和种植习惯等因素制约，连作障碍日趋突出 [332]，然而，关于枸杞连作障碍成因的研究十分匮乏。许多研究表明根系分泌物与植物残体是连作障碍的关键问题之一 [333]。连作植物的根系分泌物和植物残体可以给病原菌提供丰富的营养物质和温湿度环境，促进土壤病原菌迅速繁殖，逐渐成为优势种群，进一步加剧了土传病害对植物的危害，这与我们研究中在常年连作土壤环境下枸杞腐烂根部筛选出 4 种优势菌株，其中优势菌镰刀菌属、霉菌和链孢菌属与 Uwaremwe 等人的结果相符 [334]。我们研究还发现，不同牧草根系分泌物对枸杞根腐病病原菌的影响不同，其中黑麦草和饲料甜菜根系分泌物对枸杞根腐病尤其是对卷枝毛霉、腐皮镰刀菌和尖孢镰刀菌有明显抑制作用。前人对黑麦草和饲料甜菜根系分泌物的研究极少，但是其他禾本科植物根系分泌到根际的苯并恶嗪类化合物（BX）作为重要的食草动物和病原体抗性因子已被广泛研究，其中 HU 等发现小麦和玉米等禾本科植物根部普遍释放一类防御性次生代谢产物—苯并恶嗪类，影响下一代播种植物的真菌和细菌群落结构，对禾本科植物的防御能力起促进作用[135]。此外，Gao 等发现豆科/禾本科间作能显著抑制豆科植物红冠根腐病的发生[163]，而且 Xu 等研究结果也表明间作禾本科植物小麦时，其根系分泌物能够显著抑制西瓜枯萎病菌的滋生和蔓延，进而降低西瓜枯萎病的发病率[165]。均与我们的研究结果相符。

甜菜根腐病是威胁甜菜产业持续稳定发展的重要因素 [324]，我们的研究发现，枸杞根系分泌物能显著抑制甜菜根腐病中腐皮镰刀菌的滋生和蔓延，与马铃薯连作条件下根系分泌物能显著增强尖孢镰孢菌的发育并加重枯萎病的发生的研究结果相反 [335]。但也进一步说明随着种植年限增加根系分泌物中有些化学物质积累，有利于为病害的发生提供了营养和生存环境。

因此，我们推断，合适的间作模式下存在一类或多类由植物根系分泌的关键化合物，能够介导自身并在另一种间作植物病原体侵染过程中发挥作用，其潜在机制有待进一步研究。但根系分泌物对病原菌无论是促进还是抑制，都是多种根系分泌物共同作用的结果，具体哪种根系分泌物影响最大，还需我们做进一步的根系分泌物成分鉴定和验证分析。

5 小结

（1）不同牧草根系分泌物对枸杞种子的萌发和幼苗生长的影响不同，整体表现为抑制枸杞种子的萌发，其中黑麦草和苦豆子根系分泌物对枸杞抑制作用更为显著，抑制率分别为 5.31% 和 5.91%；但牧草根系分泌物能显著促进枸杞幼苗生长，增幅在 22.42%~89.67%，尤其三叶草、苜蓿表现更佳，增幅为60.96% 和 89.67%。枸杞根系分泌物对不同牧草种子的萌发和幼苗生长的影响不同，能够促进燕麦、黑麦草、三叶草和饲料甜菜种子萌发和甜高粱、苜蓿、三叶草、苦豆子、饲料甜菜的发芽生长；综合分析发现，枸杞间作饲料甜菜和苜蓿表现较佳。

（2）经形态学和分子生物学鉴定，枸杞根腐病主要致病菌为卷枝毛霉、根霉、腐皮镰刀菌和尖孢镰刀菌；甜菜根腐病主要致病菌为霉菌、黑曲霉和腐皮镰刀菌。

（3）枸杞和甜菜分泌的根系分泌物整体上对自身根腐病发生有促进作用，植物本身可能存在自毒物质，该类物质不利于自身生长却有利于根腐病病害的发生；不同牧草根系分泌物对枸杞根腐病病原菌的影响不同，其中黑麦草根系分泌物对枸杞根腐病尤其是对卷枝毛霉、腐皮镰刀菌和尖孢镰刀菌有明显抑制作用；苜蓿和白三叶的根系分泌物能促进枸杞根腐病中根霉菌和饲料甜菜根腐病中黑曲霉、腐皮镰刀菌的菌斑扩大，但抑制镰孢菌相关病原菌菌丝的生长；饲料甜菜根系分泌物显著抑制枸杞根腐病的发生，而对自身根腐病发生表现为促进作用。

第8部分
根系分泌物组成及对枸杞-牧草间作模式的响应

1 引言

　　相关间作研究发现，地下部种间的竞争和促进作用是间作取得优势的关键，根系分泌物的变化和植物生理生化功能相互促进等是间作优势的实现途径[63]。根系分泌物能够在植物生长过程由根向其生长基质（如土壤、营养液等）溢泌或分泌的一组种类繁多的物质，而对其邻近植物或自身的生长产生促进或者抑制作用[55]。此外，根系分泌物伴随植物整个生长发育周期，并且不同时期的种类和含量存在差异，但整体多是小分子有机化合物，多由植物或微生物等次生代谢产生。目前研究较多的主要包括酚类、有机酸、烯萜类、黄酮类及含氮次生物质等，并且各分类下具体物质种类繁多且功能多样，是植物应对生物和非生物胁迫的重要物质基础[336]。研究者发现豌豆根系分泌物中的黄酮能够吸引真菌[337]，豆科植物释放到根际的类黄酮能够参与植物种间化感作用，在植物抵御病虫害侵染及食草动物的取食等过程中发挥重要作用[139]。Huang 等发现斑点矢车菊-西洋蒲公英间作生长时，由斑点矢车菊根系释放的倍半萜类物质能够调节植物-植物互作、植物-昆虫互作[136]。

　　根系分泌物在调控根际微生态系统组成与功能方面发挥着重要作用，调节着植物与植物、植物与微生物、微生物与微生物之间复杂的互作过程[130,132]。

第7部分研究证实，根系分泌物能够影响种子萌发、幼苗生长及土传病害的发生；而植物生长因子等与土壤微生物密切相关；因此我们猜想，间作根系分泌物的种类和数量能否影响根部土壤微生物群落的组成及数量？此外，前期筛选出的 4 种优势间作组合，其根系分泌物中是否存在一种或多种化学组分能够介导自身或影响间作植物生长或病虫害的发生过程？而这些潜在机制均有待进一步研究。因此，在前期筛选和鉴定的基础上，对牧草、枸杞单作及对应间作的根系分泌物进行鉴定，通过分析间作模式下差异代谢物与土壤微生物、植物生长及病虫害发生的相关性，揭示根系分泌物与微生物关系，明确具体根系分泌物在植物生长中的作用，这将对指导枸杞–牧草间作模式的应用提供科学依据。

2　材料与方法

2.1　供试材料及生长条件

供试材料为枸杞、黑麦草、白三叶、苜蓿和饲料甜菜。

试验处理：单作处理有 4 个，枸杞、黑麦草、白三叶和饲料甜菜（Lb、Lp、Tr 和 Bv）；间作处理 3 个，枸杞–黑麦草、枸杞–饲料甜菜和枸杞–白三叶（ILp、ITr 和 IBv）。

根系分泌物获取同第 7 部分 2.1。

2.2　供试耗材及仪器

试剂：甲醇（Merck）、乙腈（Merck）和标准品（BioBioPha/Sigma–Aldrich）；仪器系统主要包括超高效液相色谱（Ultra Performance Liquid Chromatography，UPLC）（SHIMADZU Nexera X2，https：//www.shimadzu.com.cn/）和串联质谱（Tandem mass spectrometry，MS/MS）（Applied Biosystems 4500 QTRAP，http：//www.appliedbiosystems. com.cn/）。

2.3　样品提取流程

（1）样品从冰箱（-80℃）中取出解冻后，涡旋 10 s 混匀。

（2）取混匀后的样本 600 uL，置 2 mLEP 管。

（3）加入 600 uL 70%甲醇内标提取液，涡旋 3 min。

（4）离心（12 000 r/min，4℃）10 min。取上清液用微孔滤膜（0.22 μm）过滤，保存于进样瓶中，用于 LC-MS/MS 测试。

2.4　色谱质谱采集条件

液相条件主要包括：

（1）色谱柱：Agilent SB-C18 1.8 μm，2.1 mm*100 mm；

（2）流动相：A 相为超纯水（加入 0.1%的甲酸），B 相为乙腈（加入 0.1%的甲酸）；

（3）洗脱梯度：0.00 min B 相比例为 5%，9.00 min 内 B 相比例线性增加到 95%，并维持在 95% 1 min，10.00~11.10 min，B 相比例降为 5%，并以 5%平衡至 14 min；

（4）流速 0.35 mL/min；柱温 40℃；进样量 4 μL。

质谱条件主要包括：

LIT 和三重四极杆（QQQ）扫描是在三重四极杆线性离子阱质谱仪（Q TRAP）与 AB4500 Q TRAP UPLC/MS/MS 系统上获得的，该系统配备了 ESI Turbo 离子喷雾接口，可由 Analyst 1.6.3 软件（AB Sciex）控制运行正负两种离子模式。ESI 源操作参数如下：离子源，涡轮喷雾；源温度 550℃；离子喷雾电压（IS）5 500 V（正离子模式）/-4 500 V（负离子模式）；离子源气体 I（GSI）、气体 II（GSII）和帘气（CUR）分别设置为 50、60 和 25.0 psi，碰撞诱导电离参数设置为高。在 QQQ 和 LIT 模式下分别用 10 和 100 μmol/L 聚丙二醇溶液进行仪器调谐和质量校准。QQQ 扫描使用 MRM 模式，并将碰撞气体（氮气）设置为中等。通过进一步的 DP 和 CE 优化，完成了各个 MRM 离子对的 DP 和 CE。根据每个时期内洗脱的代谢物，监测一组特定的MRM 离子对。

2.5　数据处理与分析

利用软件 Analyst 1.6.3 处理质谱数据、用 MultiaQuant 软件进行色谱峰的积分和校正；采用 Excel 2010 进行数据整理；使用 R 版本 3.5.3 中的"corr. test"函数计算各组分参数间的 Spearman 相关性；利用 https：//cloud.met-ware.cn/在线软件绘制两组学间相关性和弦图。

3　结果与分析

3.1　代谢物定性定量分析

处理质谱数据，获得混样质控 QC 样本的总离子流图（Total ions current，TIC，即每个时间点质谱图中所有离子的强度加和后连续描绘得到的图谱）及 MRM 代谢物检测多峰图（多物质提取的离子流谱图，XIC），横坐标为代谢物检测的保留时间（Retention time，Rt），纵坐标为离子检测的离子流强度（强度单位为cps，count per second）。结果如图 8−1 和图 8−2。

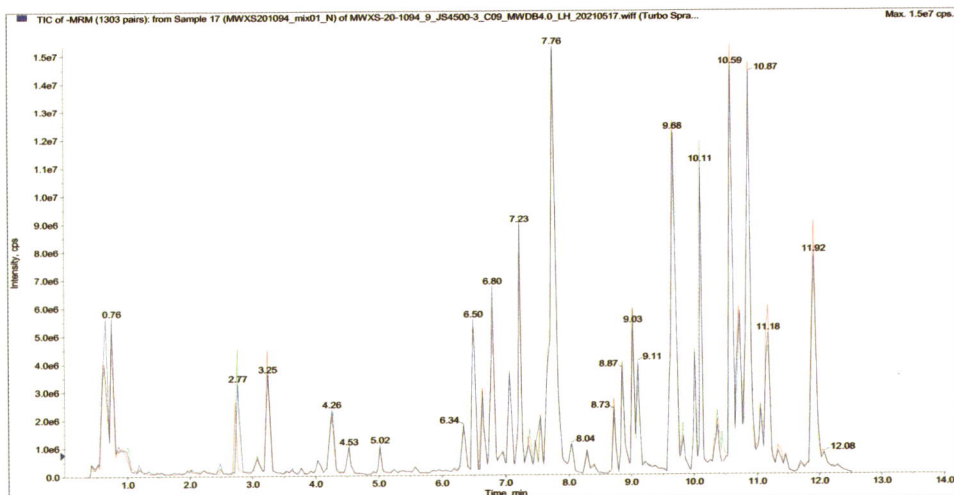

图 8−1　混样样品质谱分析总离子流图

Figure 8−1 Total ion flow diagram of hybrid phase quality spectrum analysis

注：N 代表负离子模式，P 代表正离子模式。

Note：N represent negative ion mode，P represent positive ion mode.

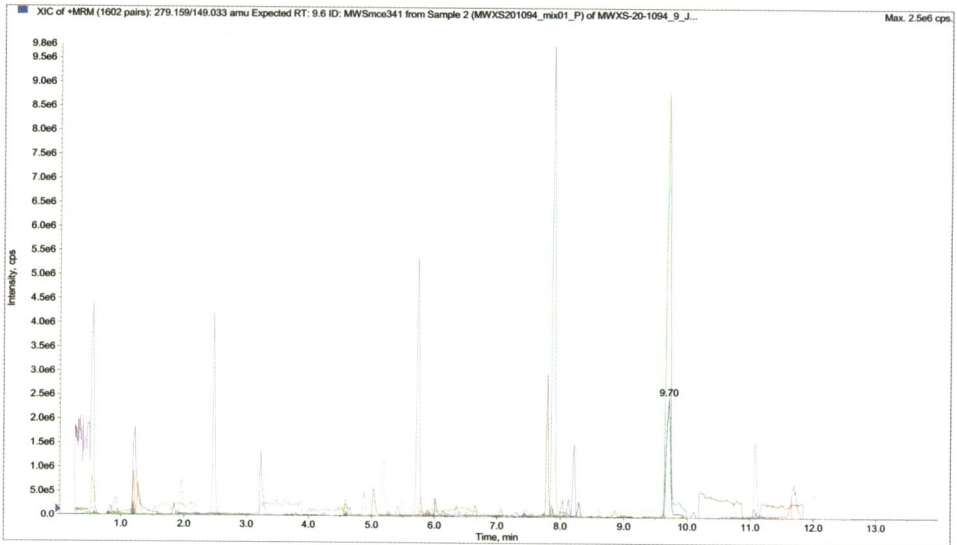

图 8-2 MRM 代谢物检测多峰图

Figere 8-2 Multi-peak map of MRM metabolite detection

注：N 代表负离子模式，P 代表正离子模式。

Note：N represent negative ion mode，P represent positive ion mode.

　　基于本地代谢数据库，对样本的代谢物进行了质谱定性定量分析。图 8-2 中多反应监测模式 MRM 代谢物检测多峰图展示了样本中能够检测到的物质，每个不同颜色的质谱峰代表检测到的一个代谢物。通过三重四级杆筛选出每个物质的特征离子，在检测器中获得特征离子的信号强度（CPS），用 MultiaQuant 软件打开样本下机质谱文件，进行色谱峰的积分和校正工作，每个色谱峰的峰面积代表对应物质的相对含量，最后导出所有色谱峰面积积分数据保存。

　　为了比较所有检测到的代谢物中每个代谢物在不同样本中的物质含量差异，根据代谢物保留时间与峰型的信息，我们对每个代谢物在不同样本中检测到的质谱峰进行校正，以确保定性定量的准确。图 8-3 展示了随机抽取的代谢物在不同样本中的定量分析积分校正结果，横坐标为代谢物检测的保留时间（min），纵坐标为某代谢物离子检测的离子流强度（cps）。

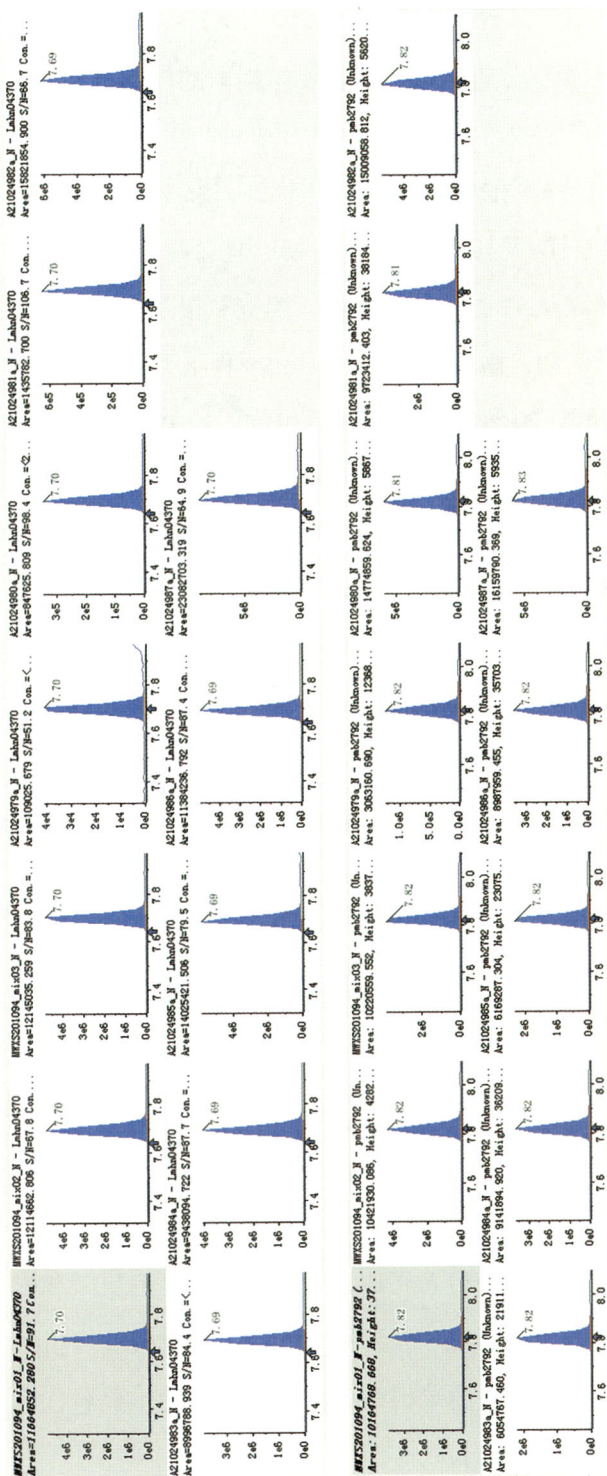

图 8-3 代谢物定量分析和分校正图

Figure 8-3 Integral correction diagram for quantitative analysis of metabolites

注：图中为随机抽取的代谢物在不同样本中的定量分析积分校正结果，横坐标为代谢物检测的保留时间（min），纵坐标为某代谢物离子检测的离子流强度（cps），峰面积代表物质在样本中相对含量。

Note：The figure shows the integral correction results of quantitative analysis of randomly selected metabolites in different samples. The abscissa is the retention time (min) of metabolite detection, the ordinate is the ion current intensity (CPS) of a metabolite ion detection, and the peak area represents the relative content of substances in the sample.

3.2 牧草及枸杞根系分泌物组分分析

本研究通过广泛靶向代谢组学分析从根系分泌物中提取的样品，物质汇总分类见表 8-1。白三叶根系分泌物样品中共检测到 395 种非挥发性代谢物，物质一级分类包括 98 种脂类、75 种酚酸类、36 种生物碱、33 种有机酸、20 种氨基酸及其衍生物、21 种核苷酸及其衍生物、19 种萜类、27 种黄酮类、10 种木脂素和香豆素、9 种醌类以及 47 种其他代谢物。黑麦草根系分泌物样品中共检测到 370 种非挥发性代谢物，物质一级分类包括 98 种脂类、71 种酚酸类、35 种生物碱、34 种有机酸、20 种氨基酸及其衍生物、19 种核苷酸及其衍生物、19 种萜类、12 种黄酮类、9 种木脂素和香豆素、5 种醌类以及 48 种其他代谢物。饲料甜菜根系分泌物样品中共检测到 324 种非挥发性代谢物，物质一级分类包括 84 种脂类、58 种酚酸类、34 种生物碱、32 种有机酸、17 种氨基酸及其衍生物、20 种核苷酸及其衍生物、16 种萜类、12 种黄酮类、9 种木脂素和香豆素、5 种醌类以及 37 种其他代谢物。枸杞根系分泌物样品中共检测到 332 种非挥发性代谢物，物质一级分类包括 96 种脂类、65 种酚酸类、33 种生物碱、31 种有机酸、19 种氨基酸及其衍生物、18 种核苷酸及其衍生物、14 种萜类、12 种黄酮类、8 种木脂素和香豆素、4 种醌类以及 32 种其他代谢物。

为了更清晰展示 3 种牧草根系分泌物化学成分的差异，对全部代谢产物采用热图展示及聚类，见图 8-4。3 种牧草 9 个样品聚类为 3 个不同的组，且相同处理的 3 个平行样品全部聚类在相同的组内，不同处理的样品间表现出明显的分离趋势。发现白三叶根系分泌物中代谢物表达显著高于黑麦草，而饲料甜菜根系分泌物表达较弱，与我们检测出组分类型结果相符。此外，除脂类之外白三叶根系分泌物中代谢物均显著表达，酚酸、黄酮、有机酸和核苷酸及其衍生物表现最为明显；黑麦草根系分泌物中脂类、生物碱、有机酸和氨基酸及其衍生物有明显表达；饲料甜菜根系分泌物整体表达不显著，但每类代谢物中均有显著上调和下调的组分。

表 8-1　牧草及枸杞根系分泌物质一级和二级分类

Table 8-1 Primary and secondary classification of forage and wolfberry root exudates

分类 Class	物质名称	白三叶草 (Tr) 种类 Category	占比 Proportion	黑麦草 (Lp) 种类 Category	占比 Proportion	饲料甜菜 (Bv) 种类 Category	占比 Proportion	枸杞 (Lb) 种类 Category	占比 Proportion
物质一级分类 Class I	脂质	98	24.81	98	26.49	84	25.93	96	28.92
	酚酸类	75	18.99	71	19.19	58	17.90	65	19.58
	生物碱	36	9.11	35	9.46	34	10.49	33	9.94
	有机酸	33	8.35	34	9.19	32	9.88	31	9.34
	氨基酸及其衍生物	20	5.06	20	5.41	17	5.25	19	5.72
	核苷酸及其衍生物	21	5.32	19	5.14	20	6.17	18	5.42
	萜类	19	4.81	19	5.14	16	4.94	14	4.22
	黄酮	27	6.84	12	3.24	12	3.70	12	3.61
	木脂素和香豆素	10	2.53	9	2.43	9	2.78	8	2.41
	醌类	8	2.03	5	1.35	5	1.54	4	1.20
	其他类	48	12.15	48	12.97	37	11.42	32	9.64
物质二级分类 Class II	氨基酸及其衍生物	20	5.06	20	5.41	19	5.86	19	5.72
	倍半萜	6	1.52	6	1.62	2	0.62	2	0.60
	倍萜	2	0.51	2	0.54	2	0.62	2	0.60

续表

分类 Class	物质名称	白三叶草 (Tr)		黑麦草 (Lp)		饲料甜菜 (Bv)		枸杞 (Lb)	
		种类 Category	占比 Proportion	种类 Category	占比 Proportion	种类 Category	占比 Proportion	种类 Category	占比 Proportion
物质二级分类 Class Ⅱ	吡咯类生物碱	4	1.01	4	1.08	3	0.93	3	0.90
	蒽醌	6	1.52	3	0.81	2	0.62	2	0.60
	二氢黄酮	5	1.27	4	1.08	2	0.62	2	0.60
	二帖	3	0.76	3	0.81	3	0.93	3	0.90
	酚胺	5	1.27	5	1.35	5	1.54	5	1.51
	酚酸类	75	18.99	71	19.19	58	17.90	65	19.58
	甘油酯	7	1.77	7	1.89	7	2.16	7	2.11
	核苷酸及其衍生物	21	5.32	19	5.14	19	5.86	18	5.42
	黄酮	7	1.77	4	1.08	4	1.23	4	1.20
	黄酮醇	7	1.77	1	0.27	2	0.62	1	0.30
	黄酮碳糖苷	0	0.00	1	0.27	1	0.31	1	0.30
	喹啉类生物碱	1	0.25	1	0.27	1	0.31	1	0.30
	醌类	2	0.51	3	0.81	3	0.93	3	0.90
	莨菪烷类生物碱	1	0.25	1	0.27	1	0.31	1	0.30
	木脂素	2	0.51	3	0.81	1	0.31	1	0.30
	哌啶类生物碱	4	1.01	4	1.08	2	0.62	2	0.60

材料

续表

分类 Class	物质名称	白三叶草 (Tr) 种类 Category	占比 Proportion	黑麦草 (Lp) 种类 Category	占比 Proportion	饲料甜菜 (Bv) 种类 Category	占比 Proportion	枸杞 (Lb) 种类 Category	占比 Proportion
物质二级分类 Class II	其他	24	6.08	20	5.41	8	2.47	8	2.41
	其他类黄酮	2	0.51	3	0.81	2	0.62	2	0.60
	鞘脂	1	0.25	1	0.27	1	0.31	1	0.30
	溶血磷脂酰胆碱	7	1.77	7	1.89	7	2.16	7	2.11
	溶血磷脂酰乙醇胺	9	2.28	9	2.43	9	2.78	9	2.71
	三萜	7	1.77	7	1.89	6	1.85	6	1.81
	生物碱	14	3.54	14	3.78	14	4.32	13	3.92
	糖及醇类	13	3.29	14	3.78	13	4.01	12	3.61
	萜类	1	0.25	1	0.27	1	0.31	1	0.30
	维生素	11	2.78	11	2.97	11	3.40	11	3.31
	香豆素	8	2.03	7	1.89	7	2.16	7	2.11
	异黄酮	6	1.52	0	0.00	3	0.93	2	0.60
	吲哚类生物碱	4	1.01	3	0.81	3	0.93	5	1.51
	游离脂肪酸	74	18.73	74	20.00	67	20.68	72	21.69
	有机酸	33	8.35	34	9.19	32	9.88	31	9.34
	甾体类生物碱	3	0.76	3	0.81	3	0.93	3	0.90
	总计	395	100	370	100	324	100	332	100

非挥发性代谢物的总量呈现以下趋势：白三叶 > 黑麦草 > 饲料甜菜根系分泌物，氨基酸及其衍生物、酚酸类、核苷酸及其衍生物、黄酮、醌类、木脂素和香豆素、生物碱、萜类、有机酸、脂质等 10 种代谢物在不同植物根系分泌物中表现出显著变化（$P<0.05$）。黄酮类、酚酸类及有机酸在根系分泌物中扮演重要角色。

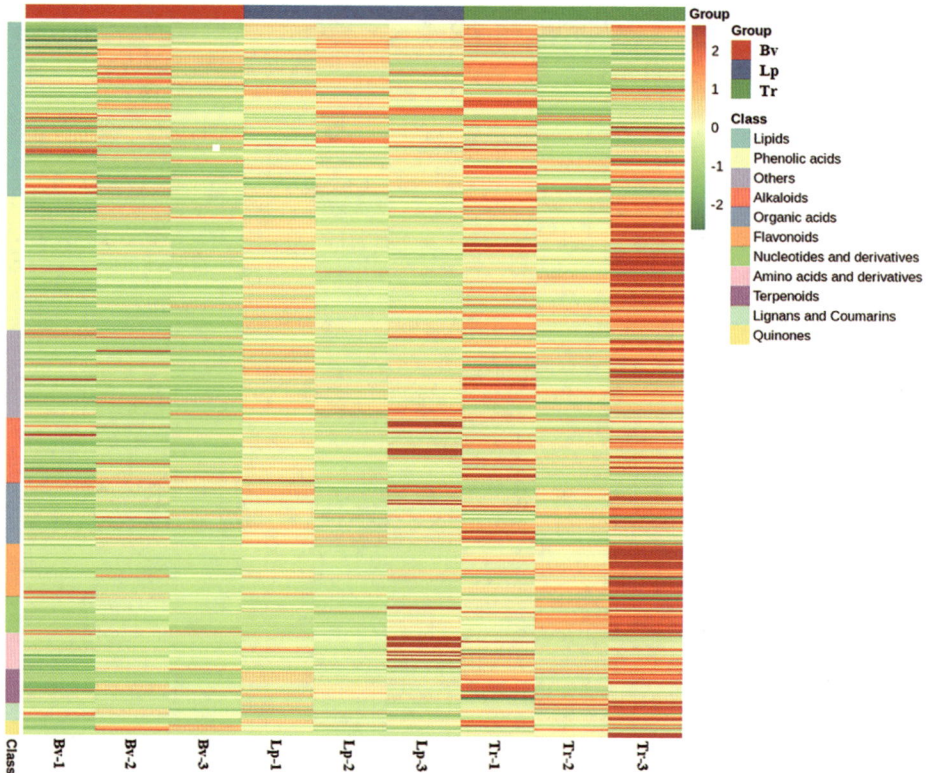

图 8-4　10 类主要一级分类物质在不同牧草根系分泌物中的分布热图
Figure 8-4 Heatmap of the distribution of 10 primary classification substances in root exudates of different herbages

3.3　牧草、枸杞单作根系分泌物差异分析

3.3.1　代谢物表达量与样本建模分析

为了获得显著差异的代谢物信息，进一步采用监督性的多维统计方法高级 OPLS-DA 对代谢物表达量与样本类别之间的相关性进行建模分析，见图

8-5，结合了正交信号矫正（OSC）和 PLS-DA 方法，能够将 X 矩阵信息分解成与 Y 相关和不相关的两类信息，通过去除不相关的差异来筛选差异变量。进而实现对样本类别的预测。基于 OPLS-DA 结果横向分析发现不同牧草与构杞根系分泌物种类存在差异，纵向分析发现同一处理组内稳定性较好，且汇聚在一起，说明模型可信度高具有较好的预测度。

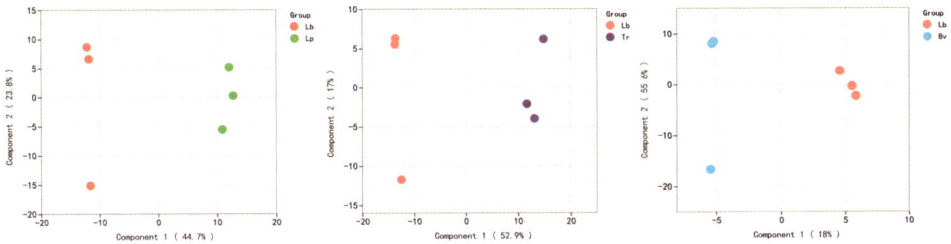

图 8-5　牧草与构杞组间 OPLS-DA 得分散点图

Figure 8-5 OPLS-DA scatterplot between herbage and wolfberry group

3.3.2　牧草单作较构杞根系分泌物差异

结合单变量分析的 p-value 和差异倍数值（Fold Change）来筛选出差异代谢物。筛选标准：选取 Fold Change ≥ 2 和 Fold Change ≤ 0.5 的代谢物。代谢物在对照组和实验组中差异为 2 倍以上或 0.5 以下，则认为差异显著。通过图 8-6 火山图展示代谢物在牧草和构杞根系分泌物中的相对含量差异以及在统计学上差异的显著性。黑麦草较构杞单作根系分泌物差异组分表现为 9 上调，81 下调，特有组分为 DHBOA、异嗪皮啶、2R-羟基十八烷酸等；白三叶较构杞根系分泌物组分 5 上调，67 下调，特有组分是 6 类异黄酮和橙皮苷、草酸和棕榈酸等；饲料甜菜较构杞根系分泌物 7 上调，48 下调，特有组分是肉桂酸、阿魏酸、水杨酸甲酯等；构杞根系分泌物的特有组分是构杞素 A、构杞素 B 和甾体类生物碱等。

3.4　构杞-牧草间作模式下根系分泌物差异分析

差异代谢物筛选同单作组间（8.3.3.1）对每一个比较组中的代谢物及差异代谢物展示如火山图 8-7。根据火山图筛选出黑麦草间作相对于构杞单作有 9

个显著上调表达和 94 个显著下调表达代谢物；白三叶间作相对于单作有 7 个显著上调表达和 82 个显著下调表达代谢物；饲料甜菜间作相对于单作有 9 个显著上调表达和 61 个显著下调表达代谢物。对比单作差异，间作模式增加组间根系分泌物差异。间作模式较单作，共计差异组分 101 种。

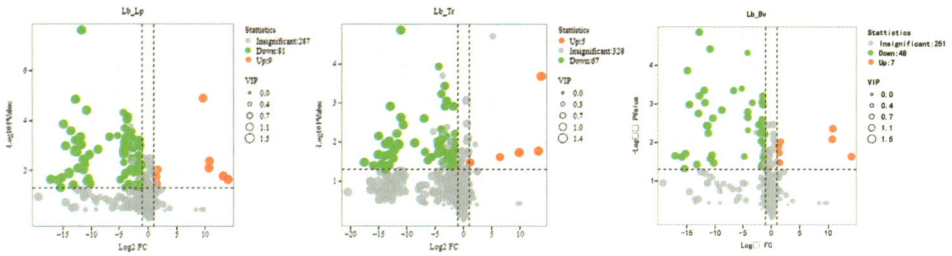

图 8-6　牧草与枸杞组间差异代谢物火山图

Figure 8-6 Volcanic map of differential metabolites between herbage and wolfberry group

注：Lb_Lp 黑麦草单作较枸杞单作根系分泌物差异；Lb_Tr 白三叶单作较枸杞单作根系分泌物差异；Lb_Bv 饲料甜菜单作较枸杞单作根系分泌物差异。

Note：Lb_Lp Root exudates difference between ryegrass and wolfberry monoculture；Lb_Tr Root exudates difference between white clover and wolfberry monoculture；Lb_Bv Root exudates difference between mangel and wolfberry monoculture.

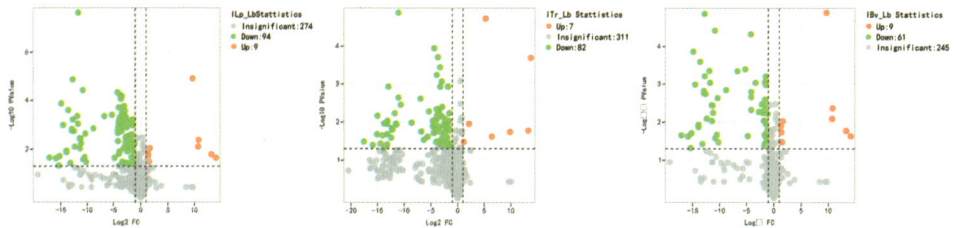

图 8-7　枸杞-牧草间作与枸杞单作差异代谢物火山图

Figure 8-7 Volcanic map of differential metabolites between Wolfberry-herbage and Wolfberry

注：ILp_Lb 黑麦间作较枸杞单作根系分泌物差异；ITr_Lb 白三叶间作较枸杞单作根系分泌物差异；IBv_Lb 饲料甜菜间作较枸杞单作根系分泌物差异。

Note：ILp_Lb Root exudates difference between ryegrass intercropping and wolfberry monoculture； ITr_Lb Root exudates difference between white clover intercropping and wolfberry monoculture； IBv_Lb Root exudates difference between mangel intercropping and wolfberry monoculture.

　　结合 OPLS-DA 结果的 VIP 值、单变量分析的 p-value 和差异倍数值（Fold Change）以及聚类热图结果，来进一步筛选出差异代谢物。筛选标准：选取间作相较单作的 Fold Change≥2 和 Fold Change≤0.5 的代谢物认为差异显著；另选取 VIP≥1 的代谢物。结合火山图展示代谢物在牧草和枸杞根系分泌物中的相对含量差异以及在统计学上差异的显著性发现，牧草与枸杞间作后枸杞素 A 和枸杞素 B 均显著下调；枸杞间作不同牧草后，根系分泌物表达不同，且差异较大。Fold Change≥2 视为上调，和 Fold Change≤0.5 的代谢物视为下调。

　　表 8-2 列出了 42 种枸杞-黑麦草间作模式较枸杞单作显著差异表达的根系分泌物组分，主要为生物碱、酚酸、脂质和有机酸等；枸杞-黑麦草间作根系分泌物中次黄嘌呤、异嗪皮啶、DHBOA 和吡哆醇等显著上调表达；枸杞素 A、枸杞素 B、2-苯并唑啉酮、圆柚醇、2-苯乙醇、6-羟基己酸和水杨酸甲酯等显著下调表达。

　　表 8-3 列出了 40 种枸杞-白三叶间作模式较枸杞单作显著差异表达的根系分泌物组分，主要为酚酸、生物碱、黄酮和氨基酸及其衍生物等；枸杞-白三叶根系分泌物中草酸、橙皮苷和棕榈酸显著上调表达；枸杞素 A、枸杞素 B、忍冬苷、水杨酸甲酯等显著下调表达。

　　表 8-4 列出了 29 种枸杞-饲料甜菜间作模式较枸杞单作显著差异表达的根系分泌物组分；主要为酚酸、生物碱、有机酸和脂质等；枸杞-饲料甜菜间作根系分泌物中 2-羟基肉桂酸、阿魏酸、9-芴酮、对羟基苯甲酸甲酯等显著上调表达；枸杞素 A、枸杞素 B、硬脂酸（十八烷酸）、10-十一烯酸、棕榈酸、N-甲基大麦芽碱、己二烯二酸等显著下调表达。综合分析这些化合物在不同处理根系分泌物中相对含量的差异可能与牧草品种差异、种植模式差异以及各自的调节和反馈能力有关。

表 8-2   枸杞-黑麦草间作与单作之间显著表达的根系分泌物组分部分信息

Table 8-2 Partial information of root exudates significantly expressed between Wolfberry-
Ryegrass and Wolfberry

Index	分子式 Formula	物质 Compounds	物质一级分类 Class I	VIP	P-value	Log2FC	Type
mws1368	C14H17NO9	DHBOA	生物碱	1.49	0	10.7	up
MWS20178	C11H10O5	异嗪皮啶	木脂素和香豆素	1.49	0.01	10.62	up
pmc0066	C10H13N4O7P	2'-脱氧肌苷-5'-单磷酸	核苷酸及其衍生物	1.45	0	9.54	up
pme2134	C4H10O4	D-苏糖醇	其他类	1.26	0.01	1.6	up
pme1109	C5H5N5O	鸟嘌呤	核苷酸及其衍生物	1.22	0.03	1.45	up
Zmyn005384	C18H36O3	2R-羟基十八烷酸	脂质	1.29	0.08	1.35	up
mws1417	C9H7NO2	吲哚-3-甲酸	生物碱	1.33	0.02	1.34	up
pme1383	C8H11NO3	吡哆醇	其他类	1.24	0.01	1.23	up
MWS1816	C11H20O2	10-十一烯酸	脂质	1.41	0.00	−1.43	down
pmb2640	C12H24O2	月桂酸	脂质	1.49	0.01	−1.44	down
Lmhp009034	C21H42NO7P	溶血磷脂酰乙醇胺 2	脂质	1.41	0.00	−1.48	down
Lmhp008763	C21H42NO7P	溶血磷脂酰乙醇胺 1	脂质	1.41	0.00	−1.60	down
mws2213	C9H8O2	肉桂酸	酚酸类	1.22	0.01	−1.64	down
Lmyp008093	C13H22O	茄酮	其他类	1.35	0.01	−1.78	down
MWS1844	C14H18O	α-戊基肉桂醛	其他类	1.41	0.01	−1.94	down
pmf0174	C10H22O	1-癸醇	其他类	1.37	0.00	−2.70	down
mws0752	C11H22O2	十一烷酸	脂质	1.29	0.00	−2.72	down
MWSmce315	C7H5NS2	2-巯基苯并噻唑	生物碱	1.26	0.00	−2.72	down
Zmgn004439	C10H20O2	癸酸	有机酸	1.34	0.00	−2.88	down
pmb2786	C18H30O3	十八碳三烯酸 ★	脂质	1.11	0.00	−3.02	down
Lmhp012042	C21H38O4	2-亚油酰甘油酯	脂质	1.48	0.00	−3.37	down
Lmxn006423	C7H5NOS	2-羟基苯并噻唑	生物碱	1.33	0.00	−3.42	down
MWSmce539	C18H34O4	癸二酸二丁酯	脂质	1.49	0.00	−3.74	down

续表

Index	分子式 Formula	物质 Compounds	物质一级分类 Class I	VIP	P-value	Log2FC	Type
MWSmce278	C21H26O3	阿维 A 酸	其他类	1.43	0.00	−3.78	down
MWS5238	C10H12O2	4-苯基丁酸	有机酸	1.19	0.00	−3.98	down
pme2289	C20H30O	视黄醇（维生素 A1）	其他类	1.10	0.00	−4.20	down
Hmcp009963	C11H18NO+	N-甲基大麦芽碱	生物碱	1.41	0.00	−6.70	down
pme0221	C8H8O3	水杨酸甲酯	酚酸类	1.50	0.00	−10.89	down
mws1436	C18H38O2	1，18-十八烷二醇	脂质	1.49	0.00	−11.30	down
Zmpn008194	C30H48O4	科罗索酸	萜类	1.50	0.01	−11.42	down
MWS1939	C13H8O	9-芴酮	其他类	1.49	0.00	−11.49	down
Zmwp007375	C15H18O2	去氢木香内酯	萜类	1.49	0.00	−11.77	down
Zmmp009258	C17H16O5	柚皮素-4'，7-二甲醚	黄酮	1.50	0.00	−11.79	down
mws0972	C6H12O3	6-羟基己酸	有机酸	1.49	0.00	−11.93	down
MWSmce389	C12H16O3	β-细辛脑	其他类	1.49	0.01	−12.40	down
Lmbp010056	C17H14O2	2-（2-苯基乙基）色酮	其他类	1.50	0.00	−12.78	down
Lmcp006876	C17H14O2	8-苄氧基-1-萘酚	其他类	1.49	0.00	−12.81	down
pmb2507	C5H11O7P	2-脱氧核糖-1-磷酸	核苷酸及其衍生物	1.48	0.00	−12.93	down
pmp001174	C44H52N10O11	枸杞素 B	生物碱	1.49	0.02	−13.14	down
pmp001173	C42H51N9O12	枸杞素 A	生物碱	1.49	0.02	−13.93	down

表 8-3　枸杞–白三叶间作与枸杞单作之间显著表达的根系分泌物组分部分信息

Table 8-3 Partial information of root exudates significantly expressed between and Wolfberry–White Clover and Wolfberry

Index	分子式 Formula	物质 Compounds	物质一级分类 Class I	VIP	P-value	Log2FC	Type
pmf0096	C2H2O4	草酸	有机酸	1.37	0	13.61	up
mws0036	C28H34O15	橙皮苷	黄酮	1.36	0.02	12.13	up
mws1488	C16H32O2	棕榈酸	脂质	1.28	0	9.07	up

Index	分子式 Formula	物质 Compounds	物质一级分类 Class I	VIP	P-value	Log2FC	Type
MWStz083	C10H16N2O2	环（D-缬氨酸-L-脯氨酸）	氨基酸及其衍生物	1.12	0.02	−1.42	down
mws0009	C10H10O3	松柏醛	酚酸类	1.08	0.01	−1.55	down
pmb2640	C12H24O2	十二烷酸（月桂酸）	脂质	1.05	0.01	−1.67	down
pme0241	C7H6O2	苯甲酸	酚酸类	1.06	0.01	−1.69	down
MWS1816	C11H20O2	10-十一烯酸	脂质	1.32	0	−1.8	down
pme0274	C6H13NO2	6-氨基己酸	有机酸	1.3	0.01	−1.82	down
mws2213	C9H8O2	肉桂酸	酚酸类	1.17	0.01	−1.99	down
MWSmce355	C10H12O5	丁香酸甲酯	酚酸类	1.02	0.02	−2.48	down
MWS5159	C9H9NOS2	2-（2-苯并噻唑基硫代）乙醇	生物碱	1.1	0.02	−2.75	down
pmf0174	C10H22O	1-癸醇	其他类	1.27	0	−2.97	down
MWSmce315	C7H5NS2	2-巯基苯并噻唑	生物碱	1.17	0.01	−3.05	down
mws0752	C11H22O2	十一烷酸	脂质	1.21	0	−3.27	down
Zmgn004439	C10H20O2	癸酸	有机酸	1.25	0	−3.29	down
MWSmce495	C15H22O5	没食子酸辛酯	酚酸类	1.1	0.02	−3.46	down
Lmxn006423	C7H5NOS	2-羟基苯并噻唑	生物碱	1.21	0.01	−3.61	down
Lmhp009187	C20H42NO7P	溶血磷脂酰乙醇胺 15：0	脂质	1.15	0	−3.9	down
Lmbn005443	C18H30O3	13-氧代十八碳-9，11-二烯酸★	脂质	1.09	0	−3.92	down
pmb1650	C18H30O2	十八碳-9E，13E，15Z-三烯酸	脂质	1.36	0.01	−3.94	down
pmp000348	C20H18O4	康唑醇 D	黄酮	1.09	0.01	−4	down
MWS5238	C10H12O2	4-苯基丁酸	有机酸	1.09	0	−4.36	down
mws0851	C8H16O2	丙戊酸	有机酸	1.28	0.01	−4.45	down
pme2289	C20H30O	视黄醇（维生素 A1）	其他类	1.01	0.01	−4.59	down
Hmcp009963	C11H18NO+	N-甲基大麦芽碱	生物碱	1.29	0	−6.94	down

续表

Index	分子式 Formula	物质 Compounds	物质一级分类 Class I	VIP	P-value	Log2FC	Type
pmp000474	C15H25NO	1-1-氧代-2e，4e-癸二烯基-哌啶	生物碱	1.37	0.01	-8.6	down
MWSmce517	C11H16O2	3，5-二羟基戊苯	酚酸类	1.37	0	-10.65	down
HJKP000649	C8H9NO	正苄基甲酰胺	生物碱	1.37	0	-11.06	down
pmp001174	C44H52N10O11	枸杞素 B	生物碱	1.19	0.03	-11.22	down
pme1002	C8H11NO	L-酪胺	氨基酸及其衍生物	1.37	0.01	-11.4	down
pmc0281	C15H21N5O8	核糖腺苷	核苷酸及其衍生物	1.37	0.01	-11.51	down
mws1436	C18H38O2	1，18-十八烷二醇	脂质	1.37	0.01	-11.76	down
MWSslk225	C9H8O	1-茚酮	其他类	1.37	0	-12.95	down
pmp001173	C42H51N9O12	枸杞素 A	生物碱	1.37	0.02	-13.14	down
Lmcp006876	C17H14O2	8-苄氧基-1-萘酚	其他类	1.37	0.01	-13.18	down
MWSHY0080	C27H30O15	忍冬苷	黄酮	1.37	0.01	-13.77	down
pme0221	C8H8O3	水杨酸甲酯	酚酸类	1.37	0	-11.07	down

表 8-4　枸杞-饲料甜菜间作与枸杞单作之间显著表达的根系分泌物组分部分信息

Table 8-4 Partial information of root exudates significantly expressed between Wolfberry-mangel and Wolfberry

Index	分子式 Formula	物质 Compounds	物质一级分类Class I	VIP	P-value	Log2FC	Type
Lmmn001643	C9H8O3	2-羟基肉桂酸	酚酸类	1.37	0	13.61	up
mws0014	C10H10O4	阿魏酸	酚酸类	1.47	0.05	10.62	up
mws2213	C9H8O2	肉桂酸	酚酸类	1.17	0.01	9.82	up
Zmgn004894	C8H8O3	对羟基苯甲酸甲酯★	有机酸	1.19	0.18	1.69	up
mws0752	C11H22O2	十一烷酸	脂质	1.21	0	1.36	up
pme0221	C8H8O3	水杨酸甲酯	酚酸类	1.82	0.19	1.25	up
mws0749	C7H6O3	对羟基苯甲酸	酚酸类	1.39	0.04	1.13	up
pme0241	C7H6O2	苯甲酸	酚酸类	1.46	0.34	1.13	up

续表

Index	分子式 Formula	物质 Compounds	物质一级分类Class I	VIP	P-value	Log2FC	Type
pmb2640	C12H24O2	十二烷酸（月桂酸）	脂质	1.04	0.42	1.13	up
mws0366	C18H30O2	γ-亚麻酸 ★	脂质	1.12	0.04	−1.33	down
Zmgn004439	C10H20O2	癸酸	有机酸	1.74	0.04	−1.73	down
MWS1939	C13H8O	9-芴酮	其他类	1.76	0.03	−2.04	down
MWSHY0080	C27H30O15	忍冬苷	黄酮	1.37	0.01	−2.07	down
pmf0174	C10H22O	1-癸醇	其他类	1.52	0.03	−2.36	down
Lmhp009034	C21H42NO7P	溶血磷脂酰乙醇胺 2	脂质	1.27	0.00	−2.69	down
Lmhp008763	C21H42NO7P	溶血磷脂酰乙醇胺 1	脂质	1.21	0.00	−2.91	down
mws0458	C8H8O3	香草醛 ★	酚酸类	1.1	0.41	−3.03	down
MWS5238	C10H12O2	4-苯基丁酸	有机酸	1.09	0	−3.09	down
Lmln010063	C14H22O	2, 6-二叔丁基苯酚 ★	酚酸类	1.17	0.01	−3.17	down
pme3207	C6H6O4	己二烯二酸	有机酸	1.28	0.01	−4.28	down
Hmcp009963	C11H18NO+	N-甲基大麦芽碱	生物碱	1.29	0	−4.29	down
mws1488	C16H32O2	棕榈酸	生物碱	1.21	0.01	−6.31	down
MWS1816	C11H20O2	10-十一烯酸	脂质	1.32	0	−6.32	down
pmp001174	C44H52N10O11	枸杞素 B	生物碱	1.38	0.04	−7.51	down
pmp001173	C42H51N9O12	枸杞素 A	生物碱	1.24	0.04	−7.21	down
mws1489	C18H36O2	硬脂酸（十八烷酸）	酚酸类	1.08	0.01	−11.48	down

3.5 枸杞–牧草间作模式下根系分泌物与土壤微生物关系

3.5.1 根系分泌物与土壤微生物 α 多样性关系

表 8-5 为土壤真菌与细菌多样性与根系分泌物一级分类相关性分析结果。可以看出，根系分泌物对细菌群落分布的抑制作用明显大于对真菌群落的影响。土壤细菌 sobs、shannon、ace、chao 和 pd 指数与氨基酸及其衍生物、生物碱、酚酸类、醌类显著负相关（$P<0.05$）；土壤真菌 ace、chao 和 pd 与黄酮、木脂素和香豆素、生物碱之间显著负相关（$P<0.05$）。

表 8–5　土壤细菌和真菌多样性与根系分泌物一级分类的相关性

Table 8–5 Correlation between the diversity of soil fungi and bacteria and the first level classification of root exudates

类别 Category	Type	氨基酸及衍生物 Amino acids and derivatives	酚酸 Phenolic acids	核苷酸及衍生物 Nucleotides and derivatives	黄酮 Flavonoids	醌类 Quinones	木质素及香豆素 Lignans and Coumarins	生物碱 Alkaloids	萜类 Terpenoids	有机酸 Organic acids	脂质 Lipids	其他 Others
细菌 Bacteria	sobs	-0.834**	-0.717*	0.650	-0.383	-0.700*	-0.717*	-0.767*	-0.467	-0.567	-0.683*	-0.733*
	shannon	-0.767*	-0.817**	0.583	-0.383	-0.717*	-0.750*	-0.767*	-0.483	-0.567	-0.683*	-0.767*
	simpson	0.833**	0.850**	-0.450	0.567	0.733*	0.783*	0.833**	0.517	0.483	0.700*	0.817**
	ace	-0.783*	-0.767*	0.617	-0.467	-0.750*	-0.783*	-0.800**	-0.567	-0.617	-0.733*	-0.800**
	chao	-0.783*	-0.767*	0.617	-0.467	-0.750*	-0.783*	-0.800**	-0.567	-0.617	-0.733*	-0.800**
	coverage	0.267	0.550	-0.333	0.650	0.667*	0.650	0.617	0.650	0.183	0.600	0.683*
	pd	-0.883**	-0.700*	0.650	-0.433	-0.700*	-0.717*	-0.767*	-0.517	-0.483	-0.700*	-0.733*
真菌 Fungi	sobs	-0.400	-0.500	0.350	-0.617	-0.667*	-0.668*	-0.600	-0.433	-0.483	-0.500	-0.650
	shannon	0.233	-0.033	0.100	0.033	-0.150	-0.083	0.067	0.117	-0.133	0.083	-0.017
	simpson	-0.217	0.050	-0.083	-0.050	0.133	0.067	-0.083	-0.133	0.067	-0.100	0.000
	ace	-0.600	-0.617	0.383	-0.717*	-0.683*	-0.850**	-0.733*	-0.517	-0.633	-0.583	-0.833**
	chao	-0.500	-0.467	0.283	-0.667*	-0.533	-0.783*	-0.617	-0.383	-0.650	-0.433	-0.750*
	coverage	0.667*	0.450	-0.300	0.000	0.167	0.300	0.350	-0.033	0.033	0.200	0.317
	pd	-0.500	-0.567	0.450	-0.667*	-0.733*	-0.767*	-0.683*	-0.517	-0.517	-0.583	-0.750*

3.5.2 枸杞-牧草间作模式下差异代谢物与土壤微生物群落结构相关性

为明确 3 种牧草在不同种植模式下具体差异代谢物与菌群的关系及作用，以及具体代谢物与微生物群落结构的影响，我们将前面火山图分析筛选结果结合表 8-2 至表 8-4，采用和弦图的方式来解决此问题。

（1）黑麦草不同种植模式下差异代谢物与土壤优势菌和弦图分析。进一步对黑麦草两种种植模式下差异代谢物进行筛选，最终将 14 个差异代谢物，与优势菌门和属进行和弦图分析。细菌门水平分析（图 8-8 A）发现 pme0221 与 *Nitrospirota*、*Deinococcota*、*Chloroflexi* 显著负相关（$P<0.05$）；Lmhp012042、pme1383 与 *Patescibacteria*、RCP2－54，Zmyn005384 与 *SAR324_cladeMa－rine_group_B* 显著正相关（$P<0.05$）。细菌属水平分析（图 8-8 B），MWS5238 与 *Streptomyces*，Lmhp012042、pme1383 与 *Methylocaldum 67－14*、*Nocardioides*，MWSmce539、pmb2786 与 *Flavobacteriaceae*，pme0221 与 *Mycobacterium*、67－14 显著负相关（$P<0.05$）；pme1383 与 *Ensifer*，MWSmce539 与 *Streptomyces*，pme2134 与 *Methylobacter*，Lmxn006423 与 *Romboutsia*、*Mesorhizobium* 显著正相关（$P<0.05$）。

真菌门水平分析（图 8-8 C）发现，pme2289、MWS5238 与 *Mortierellomycota*、*Zoopagomycota*，MWS5238 亦与 *Rozellomycota*，pmb2786 与 *Chytridiomycota*，等显著正相关（$P<0.05$）；pme2134、Zmwp007375 与 *Chytridiomycota*，MWSmce539 与 *Mortierellomycota*、*Rozellomycota* 等显著负相关（$P<0.05$）。真菌属水平分析（图 8-8 D）发现，pme2134、Zmwp007375 与 *Geminicoc caceae*，pmb2786、Lmcp006876 与 *Chaetomiaceae*，pme0221 与 Nectriaceae、Preussia、Vishniacozyma 等显著负相关（$P<0.05$）；pme2289、MWS5238、pmc0066 与 *Remersonia*、*Pyxidiophora*、*Alternaria*、*Lophotrichus*、*Geminibasid ium*、*Laburnicola*，mws1417、Lmbp006165 与 *Monodictys*、*Verti cillium*、*Hap sidospora*、*Laburnicola*，Lmxn006423 与 Curvularia 等显著正相关（$P<0.05$）。

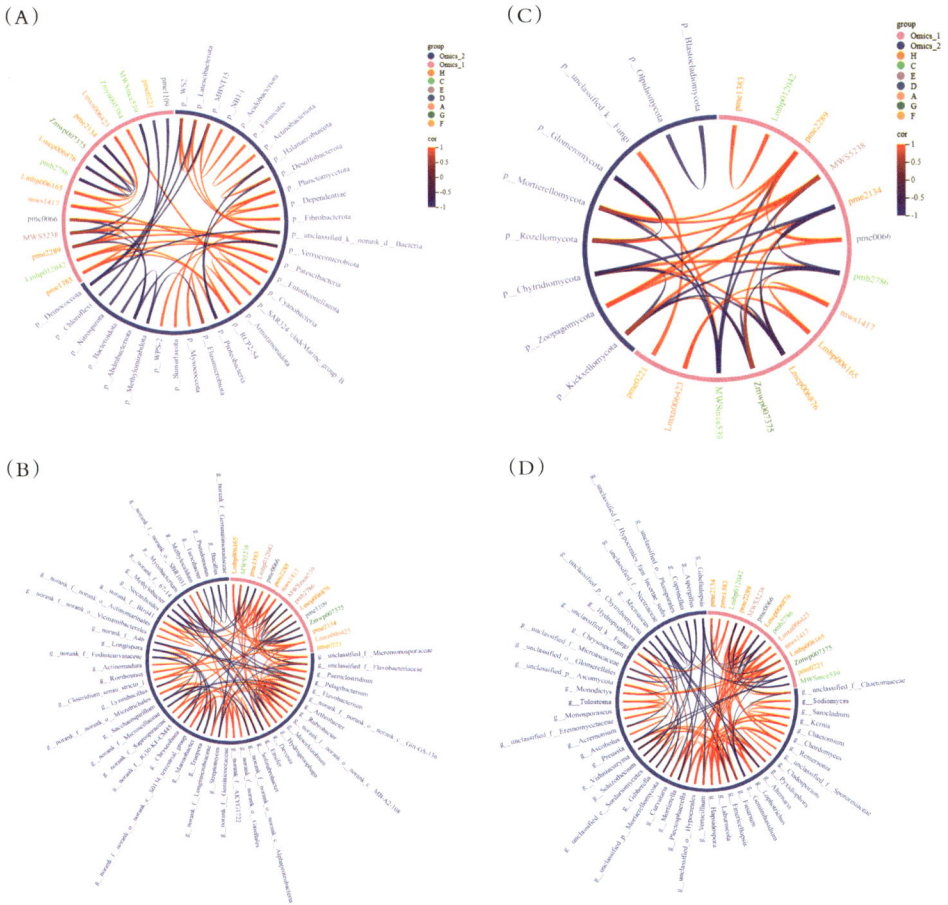

图 8-8 黑麦草根系分泌物与门水平和属水平微生物菌群间的相关性和弦图

Figure 8-8 Pearson correlation between the first level classification of root exudates and the top 15 dominant phyla and the top 50 dominant genera of bacteria of Lp

注：红色和蓝色弦分别表示正和负相关。（A）细菌门水平；（B）细菌属水平；（C）真菌门水平；（D）真菌属水平。

Note：The red and blue strings indicate positive and negative correlations，respectively.（A）Bacteriophyla level；（B）Bacterial level；（C）Fungal phylum level；（D）Fungal level.

（2）白三叶不同种植模式下差异代谢物与土壤优势菌和弦图分析。进一步对白三叶两种种植模式下差异代谢物进行筛选，获得最终 14 个差异代谢物，与优势细菌门和属进行和弦图分析。细菌门水平分析（图 8-9 A）发现 pme0221 与 *Chloroflexi*，pmf0174 与 *Deinococcota*、*Dependentiae* 和 *Sumer laeota*，

MWSmce517、MWS1816、Hmcp009963 与 *Planctomycetota*，pmp001174 与 MBNT15 显著负相关；pme2134 与 *TX1A-33*，pme3033 与 *Deinococcota*、*Cyanobacteria*、*Dependentiae*、*Sumerlaeota*，Hmcp009963、MWSmce517 与 *Cyanobac teria*，pmp001174 与 *Firmicutes*、*Latescibacterota*、*Elusimicrobiota*、*Spirochaetota*，Hmcp009963 与 *Cyanobacteria* 显著正相关。细菌属水平分析（图 8-9 B）发现 pme2134 与 *SBR1031*，MWSslk225 与 *Pelagibius*，pme0221 与 *Gammaproteobacteria*、*Ilumatobacter*，pmf0174 与 *MBA03*、*JG30-KF-CM45*、*Alphaproteobacteria*、*Mycobacterium*、*MB-A2-108*、*67-14*、*Truepera*、*Gemmatimonadaceae*，Hmln008318 与 *Lysinibacillus*、*Haliangium*、*Micromonosporaceae* 显著负相关。mws1488 与 *Clostridium_sen su_stricto_1*，pme3033 与 27 种菌属，Hmcp009963、MWSmce517、MWS1816 与 *BIrii41* 呈显著正相关（*P*<0.05）。

真菌门水平分析（图 8-9 C）发现，pmp001174 与 *Ascomycota*，pmc0066 与 *Basidiomycota* 显著负相关（*P*<0.05）；pme2134 与 *Rozellomycota*，Hmln008318 与 *Chytridiomycota* 显著正相关（*P*<0.05）。真菌属水平分析（图8-9 D）发现 pmf0174 与 *Sodiomyces*、*Chytridiomycota*，Lmhp009187 与 *Microascaceae*、*Neocosmospora*、*Penicillium*、*Cephalotrichum* 等 7 类真菌属，pmc0066 与 *Geminibasidium*、*Chytridiomycota*，pme2134 与 *Cladosporium*、*Coprinellus*，pmp001174 与 *Plectosphaerellaceae*，mws1488 与 *Chordomyces*、*Plectosphaerella*，Hmln008318 与 *Mortierella* 等显著负相关（*P*<0.05）；Hmcp009963 与 *Chytridiomycota*、*Hapsidospora*、*Fusarium* 等 10 类，pmp001174、pmb2640、MWS5238、mws1488 与 *Lophotrichus*、*Basidioascus* 等 15 类，Lmhp009187 与 *Cladosporium*、*Rozellomycota* 等 6 类，pme2134、pmc0066 与 *Rozellomycota*、*Plectosphaerella*、*Chordomyces* 等 8 类重要真菌属显著正相关（*P*<0.05）。

（3）饲料甜菜不同种植模式下差异代谢物与土壤优势菌和弦图分析。进一步对饲料甜菜两种种植模式下差异代谢物进行筛选，获得最终 28 个差异代谢物，与优势菌门和属进行和弦图分析。细菌门水平分析（图 8-10 A）发现，

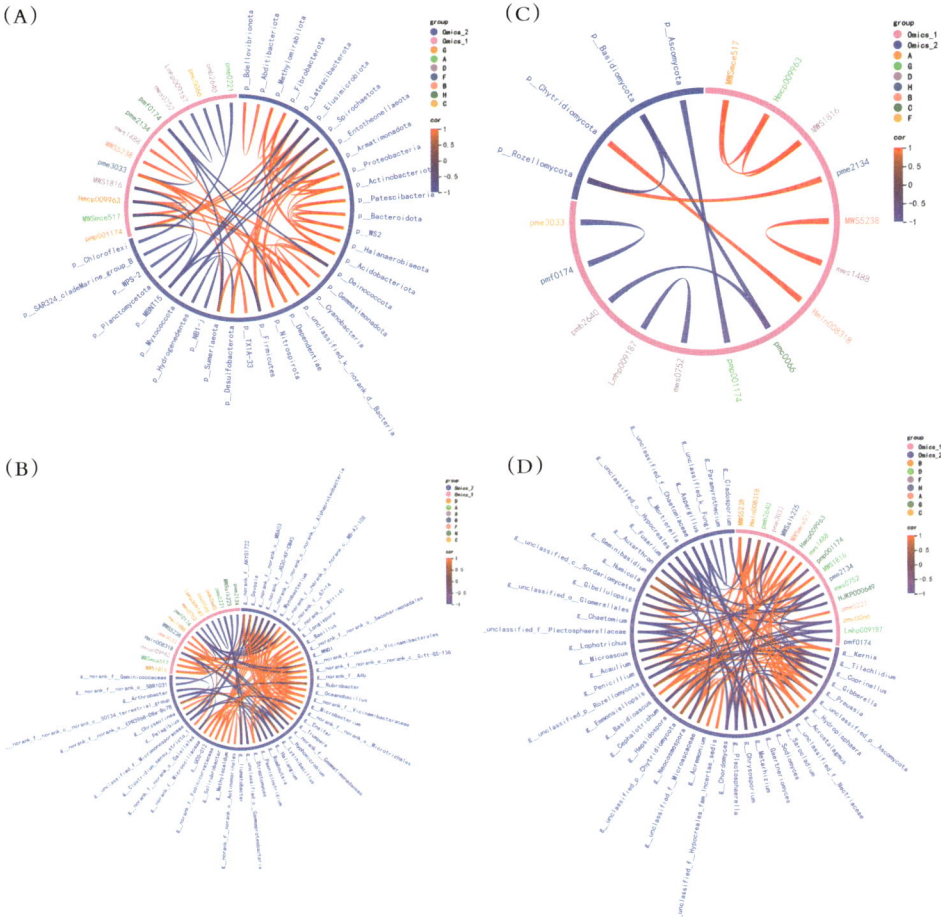

图 8-9　白三叶根系分泌物与门水平和属水平细菌类群间的相关性和弦图

Figure 8-9 Pearson correlation between the first level classification of root exudates and the top 15 dominant phyla and the top 50 dominant genera of bacteria of Tr

注：红色和蓝色弦分别表示正和负相关。（A）细菌门水平；（B）细菌属水平；（C）真菌门水平；（D）真菌属水平。

Note：The red and blue strings indicate positive and negative correlations，respectively. （A）Bacteriophyla level；（B）Bacterial level；（C）Fungal phylum level；（D）Fungal level.

pmf0174、Lmmn001643、pmc0281、mws0458、Zmgn004894、mws0014 与 *Desulfobacterota*、*Deinococcota*、*Fibrobacterota*、*WS2*、*Acidobacteriota* 等显著正相关（ *P* <0.05）；Hmcp009963、mws1436、mws0752、pmb2640、MWS5238、mws2213、Lmxn006423、MWS1939、MWS1816 与 *Gemmatimonadota*、*Firmicutes*、

Proteobacteria、*Dependentiae* 等显著负相关（$P<0.05$）。细菌属水平分析(图 8-10 B)，pme3207、pmc0281、mws0458、Zmgn004894、mws0014 与 *Microtrichales*、*Sphingomonadaceae*、 *Clostridium_sensu_stricto_1* 等 11 类，pme0221、mws0749、pmf0174、pme0241、pme0274、Lmmn001643 和 *Paeniclostridium*、*BIrii41*、*Gemmatimonadaceae* 等 8 类，mws1489 与 *Longispora*、*JG30-KF-CM45* 等 14 类，mws2213、mws1488、Hmcp009963、mws1436、mws0752 与 *Micromonosporaceae*、*Lysinibacillus*、*UCG-012* 优势细菌属显著正相关（$P<0.05$）；pme3207、pmc0281、mws0458、Zmgn004894、mws0014、pme0221、mws0749、pmf0174、pme0241、pme0274、Lmmn001643 与 *67-14*、*EPR3968-O8a-Bc78*、*Geminicoccaceae*、*Actinomadura* 等显著负相关，mws2213、mws1488、Hmcp009963、mws1436、mws0752 与 *Longispora* 等 5 类优势菌显著负相关（$P<0.05$）。

真菌门水平分析（图 8-10 C）发现，pmb2640、MWS5238、mws0366、Lmln010063 与 *Chytridiomycota*，MWSHY0080、mws0458、pme0274、pmf0174、pme0241 与 *Basidiomycota* 显著正相关；mws0458、pme0274、pmf0174、pme0241 与 *Rozellomycota*，MWSHY0080 与 *Chytridiomycota*、*Rozellomycota*，pmb2640、MWS5238、mws0366、Lmln010063 与 *Basidiomycota* 显著负相关（$P<0.05$）。真菌属水平分析（图 8-10 D）发现，mws1489 与 *Coprinellus*、*Chytridiomycota*，mws1488、Hmcp009963、mws1436、mws0752、pmb2640、MWS5238、mws2213、Lmxn006423、MWS1939、MWS1816 与 *Preussia*、*Cladosporium* 显著正相关（$P<0.05$）；mws1489 与 mws1488、Hmcp009963、mws1436、mws0752、pmb2640、MWS5238、mws2213、Lmxn006423、MWS1939、MWS1816 对真菌属的影响相反；Zmgn004439 与 *Geminibasidium*、*Cladosporium* 等 10 类菌显著正相关；pme0221、mws0749、pmf0174、pme0241、pme0274、Lmmn001643、pmc0281、mws0458、Zmgn004894、mws0014 与 *Verticillium*、*Hypocreales*、*Lophotrichus* 等 12 类优势菌显著正相关（$P<0.05$），与 *Chordomyces* 显著负相关（$P<0.05$）。

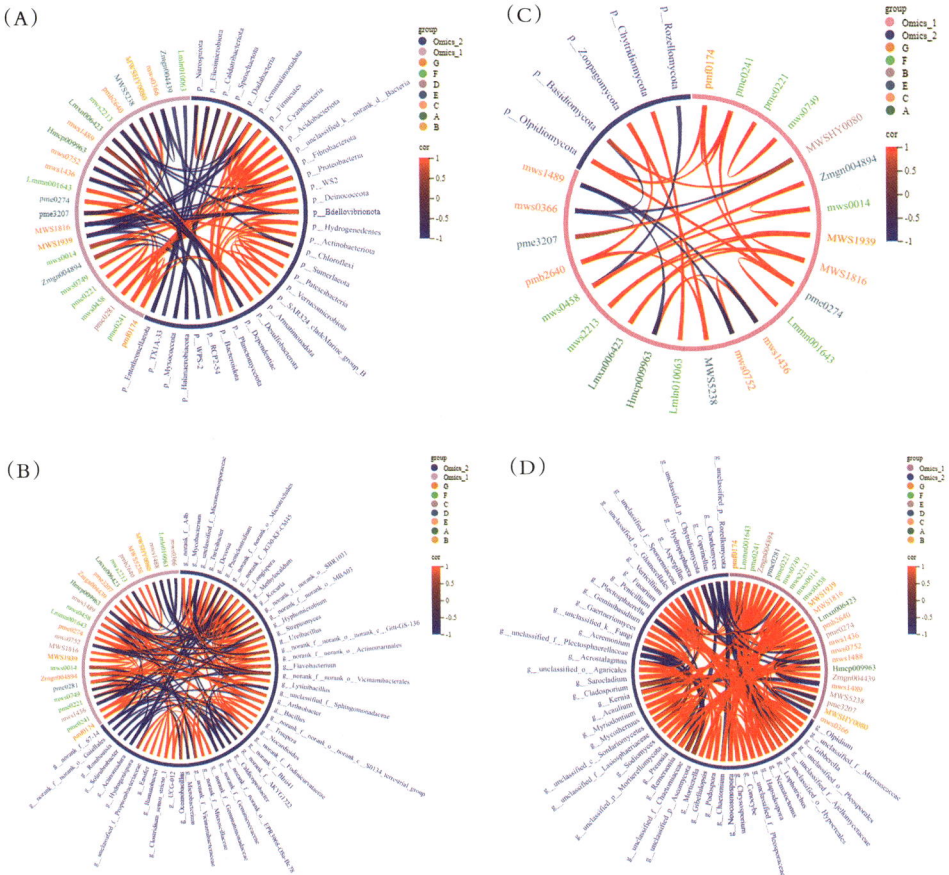

图 8-10　饲料甜菜根系分泌物与门水平和属水平细菌类群间的相关性和弦图

Figure 8-10 Pearson correlation between the first level classification of root exudates and the top 15 dominant phyla and the top 50 dominant genera of bacteria of Bv

注：红色和蓝色弦分别表示正和负相关。（A）细菌门水平；（B）细菌属水平；（C）真菌门水平；（D）真菌属水平。

Note：The red and blue strings indicate positive and negative correlations, respectively. (A) Bacteriophyla level; (B) Bacterial level; (C) Fungal phylum level; (D) Fungal level.

3.6　相关性分析

3.6.1　不同种植模式下牧草根系分泌物与土壤性质的相关性

由图 8-11 Spearman 相关分析表明，土壤理化性质和酶活性与不同根系分泌物之间有极显著的相关性关系。其中 TN、NN、pH 与多种根系分泌物之

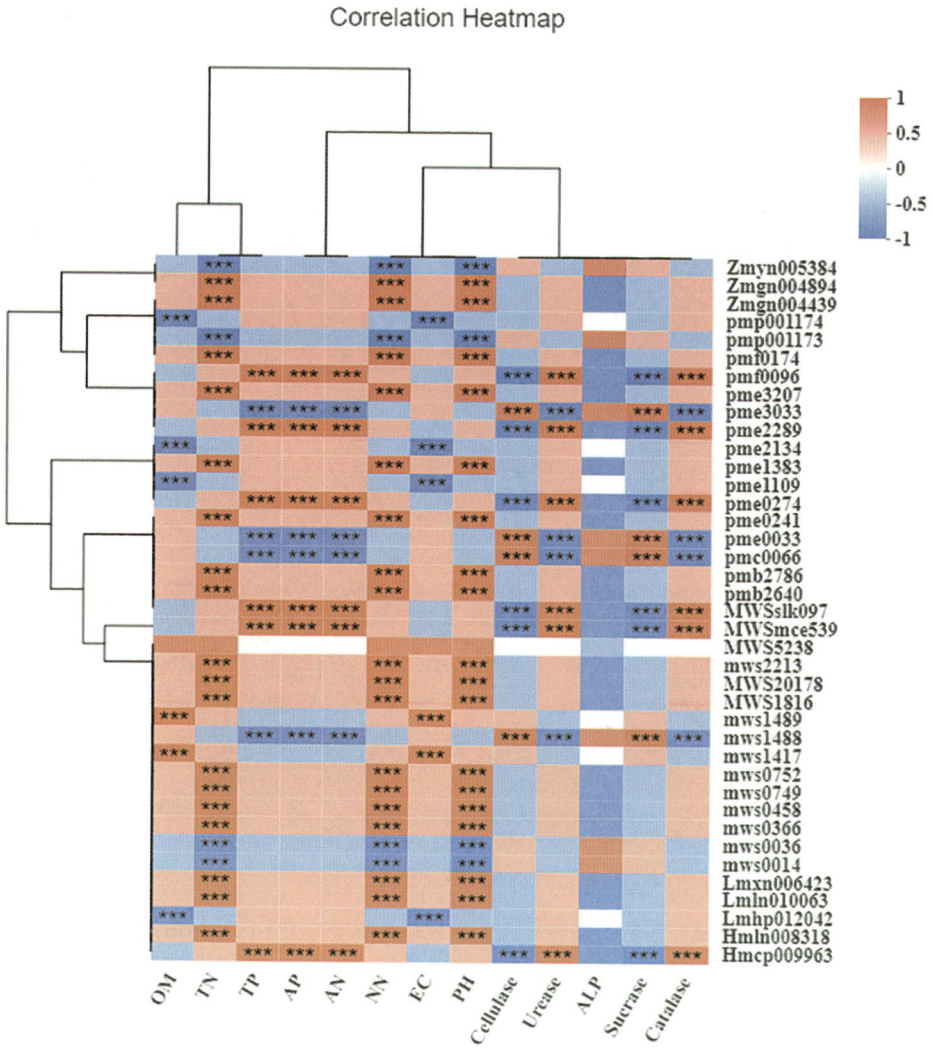

图 8-11　土壤因子与根系分泌物中差异代谢物的 Spearman 相关关系

Figure 8-11 Spearman′s correlation coefficients between soil traits and differential metabolites in root exudates

注：红色和蓝色填充分别表示正和负相关。* $P < 0.05$，** $P < 0.01$，*** $P < 0.001$。

Note：Shades of red and blue represent a positive and negative correlation coefficient（r），respectively. One，two and three asterisks represent significance at $P < 0.05$，$P < 0.01$ and $P < 0.001$，respectively. OM：有机质 Soil Organic Matter；TN：全氮 Total Nitrogen；TP：全磷 Total Phosphorus；AP：速效磷 Available Phosphorus；AN：铵态氮 Ammonium Nitrogen；NN：硝态氮 Nitrate Nitrogen；EC：电导率 Electrical Conductivity；pH：酸碱度 Potential of hydrogen。

间存在显著相关性，且 3 者影响相关性保持一致；均与 Zmyn005384、pmp001173、mws0014、mws0036 存在极显著负相关关系，与 pmp001174、pme3033、pme2134、pme1109、mws1368、pmc0066、mws1488、Lmhp012042 存在显著负相关关系；与 Zmgn004894、Zmgn004439、pmf0174、pme3207、pme1383、pme0241、pmb2786、pmb2640、mws2213、MWS20178、MWS1816、mws0752、mws0749、mws0458、mws0366、Lmxn006423、Lmln010063、Hmln008318 存在极显著正相关关系，与 pmf0096、pme2289、MWSslk097、MWSmce539、mws1489、mws1417、Hmcp009963 显著正相关。TP、AP、AN、Urease、Catalase 对根系分泌物的影响保持一致，与 pmf0096、pme2289、pme0274、MWSslk097、MWSmce539、Hmcp009963 极 显 著 正 相 关，与 pme3033、mws1368、pmc0066、mws1488 极显著负相关。Cellulase、Sucrase、ALP 对根系分泌物的影响保持一致，与 TP、AP、AN、Urease、Catalase 对根系分泌物的相关性完全相反，表现为 Cellulase、Sucrase 与 10 种根系分泌物极显著相关关系，ALP 与之表现为显著相关。此外，OM 和 EC 对根系分泌物的影响保持高度一致，表现为与 pmp001174、pme2134、pme1109、Lmhp012042 极显著负相关，与 mws1489、mws1417 极显著正相关关系（$P<0.001$）。

3.6.2　不同种植模式下牧草根系分泌物与枸杞病虫害及生长发育的关系

Spearman 相关分析表明，根系分泌物与枸杞根腐病病原菌、白粉病、蚜虫危害及种子的萌发和生长之间有极显著的相关性关系（$P<0.001$）。综合分析发现，枸杞病虫害的发生并非一两种物质决定的，而是多种根系分泌物共同作用的结果（图 8–12）。表现为显著正相关的是 pme2732、pme0519、pmb2507、mws2218、Cmpp007319 与蚜虫危害，Zmyn005384、mws0014、pmf0395、pme3207 与 白 粉 病 危 害，mws0009、mws0036、pmp000348、MWSHY0080、MWStz083 与卷枝毛霉菌斑直径，Lmxn006423、Lmcp006876、pme0274、mws2213、Cmpp007319、Lmhp009187、mws0014、pmb1650 与腐

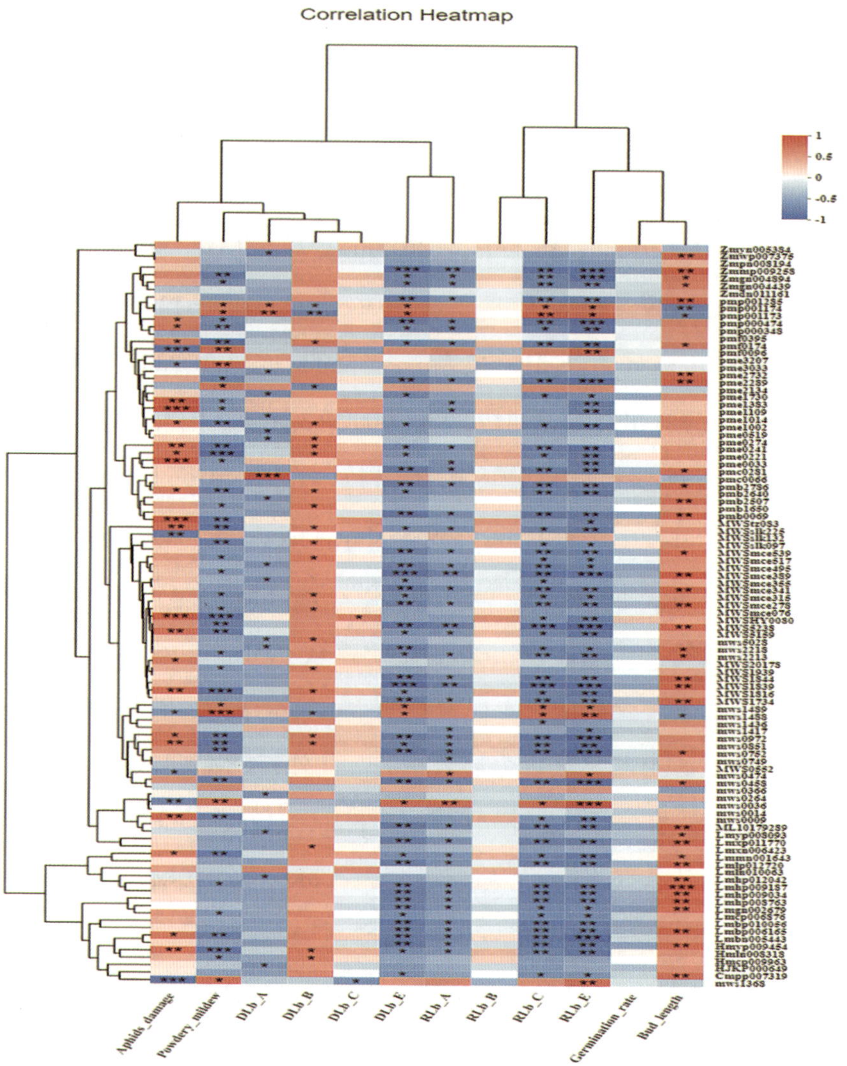

图 8-12　根系分泌物中差异代谢物与病虫害、植物生长的 Spearman 相关关系
Figure 8-12 Spearman correlation of differential metabolites in root exudates with diseases and insect pests and plant growth

注：红色和蓝色填充分别表示正和负相关。★ $P < 0.05$，★★ $P < 0.01$，★★★ $P < 0.001$。DLb_A、DLb_B、DLb_C、DLb_E 分别表示卷枝毛霉、根霉、腐皮镰刀菌和尖孢镰刀菌 4 类根腐病病原菌的直径；RLb_A、RLb_B、RLb_C、RLb_E 分别表示卷枝毛霉、根霉、腐皮镰刀菌和尖孢镰刀菌 4 类根腐病病原菌的菌丝生长速率。

Note: Shades of red and blue represent a positive and negative correlation coefficient （r），respectively. One, two and three asterisks represent significance at $P < 0.05$, P < 0.01 and P < 0.001, respectively. DLb_A, DLb_B, DLb_C and DLb_E were the diameters of four kinds of root rot pathogens, i.e., *Mucor circlicum*, *Rhizopus*, *Fusarium putricum* and *Fusarium oxysporum*, respectively. RLb_A, RLb_B, RLb_C and RLb_E were the mycelial growth rates of four kinds of root rot pathogens, respectively.

皮镰刀菌菌斑直径、根霉菌丝生长和 pme3207、pmf0395、Lmln01063、MWSslk132 与尖孢镰刀菌菌斑面积、两类镰孢菌的菌丝生长。mws1368、pme1109、MWStz083、MWSHY0080、pme0033、pmf0096 与蚜虫危害，mws1488、pme0221、MWS1816、MWSHY0080、Hmln008318 与白粉病危害，MWS1839、MWS5238、Zmmp009258、MWSmce389、Lmbn005443、mws0752、mws0458、 mws0972、 pme2289、 Lmbp010056、 pmb0069、 Hmyp009454、pmp000474 与腐皮镰刀菌的菌斑、菌丝生长，卷枝毛霉、根霉菌斑、两类镰孢菌菌丝生长等均呈显著负相关；此外，不同牧草根系分泌物对枸杞根腐病病原菌的影响不同，黑麦草间作显著表达的苯并恶嗪酮类化合物 DHBOA（mws1368）和异嗪皮啶（MWS20178）等显著降低了蚜虫的危害；白三叶间作显著表达的草酸（pmf0096）、棕榈酸（mws1488）能促进两类镰孢菌菌丝的生长，而橙皮苷(mws0036) 抑制菌株的蔓延；饲料甜菜间作显著表达的肉桂酸（mws2213）、对羟基苯甲酸（mws0749）、香草醛（mws0458）、阿魏酸（mws0014）等根系分泌物能显著抑制枸杞根腐病中镰刀菌的蔓延和菌丝的生长；间作模式下显著下调表达的枸杞素 A（pmp001173）和枸杞素 B（pmp001174），均与白粉病危害、尖孢镰刀菌菌斑扩大和菌丝生长、腐皮镰刀菌菌丝生长等显著正相关($P<0.05$)，与种子幼苗生长呈负相关($P<0.05$)。

4　讨论

4.1　牧草在不同种植模式下根系分泌物表达不同

　　根系不断向根际分泌复杂的有机化合物混合物，这对于获取养分和水分以及调解植物与相邻植物的相互作用至关重要[338,339]。根系分泌物包括分泌低分子量化合物（例如糖、氨基酸和次生代谢产物）以及高分子量化合物，包括蛋白质、酶和多糖等[340,341]。高雪峰在短花针茅、无芒隐子草、冷蒿根系分泌物中分别检测并鉴定出 29、22 和 31 种组分[177]，张文博等在针茅根系分泌物中检测到 21 种 [342]，均以酯类和烃类为主；崔翠等在核桃根系分泌物检测的成分以烷类、酚酸类和酯类为主 [343]，高欣欣等对不同品种烤烟的根系分泌物进行了鉴定，发现不同品种之间根系分泌物存在较大差异，且共有组分是有机酸、甘油和烟碱 [344]。杨柳检测到樟子松根系分泌物的分泌速率与种植地点、环境因子存在差异 [345]；李彩凤等在甜菜根系分泌物中检测到 31 种组分，以酯类、酚酸类和烷烃类为主 [346]；宁心哲对油松和虎榛子检测出相对更多的根系分泌物，且具体组分和相对含量因品种和林地类型存在着显著差异 [347]。

相比前人研究，我们的处理通过超高效液相色谱串联质谱（UPLC-MS/MS）的方法准确定性定量检测出 400 余种代谢物，尽管根系分泌物提取方式不同，提取的代谢物种类存在很大差异 [348]，我们采用广泛靶向代谢组学的方式对根系分泌物鉴定出尽可能多的物质组分，比前人的鉴定结果更多且更加详细，3 种牧草和枸杞根系分泌物差异很大（图 8-4），在不同种植模式下根系分泌物的表达不尽相同（图 8-5）。Zhang 等 [73] 研究中玉米-大豆间作，不同植物根系分泌物的组分和浓度不同，植物不同种植模式下根系分泌物的差异主要表现为组分类型和组分含量的差异，与我们研究中不同牧草间作模式下根系分泌物的差异结果保持一致。并且 Zhang 研究还发现对羟基苯甲酸、香草酸、阿魏酸在背景土壤中也被检测出，但浓度远远低于玉米或大豆根际的浓度，这与我们研究中枸杞-饲料甜菜间作土壤结果一致，我们的结果也进一步证明土壤中测到的酚酸主要是由植物分泌的 [73,128]。相对于其他 3 类植物根系分泌物，黑麦草特有组分为 DHBOA（mws1368）是苯并恶嗪类化合物，在禾本科植物中广泛存在，并且前人研究也发现植物根系分泌物中的苯并恶嗪类化合物和三萜类化合物可以优化植物土壤微生物群落，这有助于植物抵抗病原体 [135,150]，这可能与我们研究中黑麦草根系分泌物能够抵御枸杞根腐病有一定关系。白三叶特有组分是异黄酮和黄酮类化合物，这一结果与 Sugiyama 研究豆科代谢物中异黄酮和皂苷是大豆分泌的主要特异代谢产物的结果相符 [349]。饲料甜菜的特有组分主要以酚酸类、有机酸、生物碱、脂质为主，与李彩凤 [346] 研究结果基本相符。

4.2　间作模式下根系分泌物差异对微生物群落结构的影响

众所周知，植物可以改变土壤微生物群落，从而决定其后代的表现 [350]，我们第 6 部分的研究也已证明，间作能够增加土壤微生物群落多样性，但这种表现背后的机制尚不清楚。我们通过试验分析描述了一种机制，即将牧草引入枸杞行间，通过土壤中化学物质的改变进而影响土壤中细菌和真菌群落的组成。我们的研究支持了这一假设，不同牧草之间根系分泌物存在差异，且在不同种植模式下根系分泌物的表达不尽相同。间作过程存在种间相互作用，其中植物根系能够与许多土壤中的微生物相互作用，并为植物的生长和适应性提供关键功能 [351]，我们在不同种植模式下微生物群落结构的改变也证实了 Pascale 的观点；另外，研究者发现，根源性渗出物是微生物的重要食物来源或信号，它们不仅支持根际微生物的增殖，还负责在土壤和根际之间形成不同的微生物组合 [352-354]，我们的研究结果经 OPLS-DA 分析发现，3 种处理两种种植模式的根系分泌物被明显地区分开来（图 8-5），并且根系分泌物与微生物多样性存在显著相关性（表 8-5，图 8-7），这也间接证实了前人的研究观点。

根系分泌物中含有大量的有机活性物质，能为土壤微生物提供碳源和能源，而且植物根系分泌物的种类和数量也影响根部土壤微生物群落的组成、数量及活性 [355,356]。根系分泌物对细菌的影响大于真菌，这与前人研究结果一致 [73]，其中在细菌的研究结果上发现，不同种类根系分泌物对土壤微生物影响不同，氨基酸及其衍生物、木脂素和香豆素、酚酸、生物碱与 *Acidobacteriota*、*Nitrospirota* 显著负相关，却在一定程度上与 *Bacteroidota*、*Deinococcota*、*Verrucomicrobiota*、*Bdellovibrionota*、*Patescibacteria* 呈正相关关系，此外，黄酮与 *Bdellovibrionota* 显著正相关，有机酸与 *Actinobacteriota* 显著负相关。其中 *Acidobacteria* 已经被证实在碳循环中发挥重要作用，能有效降解植物残渣中的纤维素和木质素 [303]，结合第 6 部分研究结果，*Acidobacteria* 作为黑麦草间作的优势菌门，间接影响了间作土壤的有机酸的组分；此外 *Deinococcota* 是豆科植物间作特有丰富类群，间接证明了豆科植物与枸杞间作能够促进氨基酸及其衍生物、木脂素和香豆素、酚酸、生物碱类物质的产生，此类物质有被证实与植物抗病相关 [73,152]。此外，对真菌的研究中，木脂素和香豆素、黄酮类、醌类、生物碱对真菌门和属水平影响显著，且门水平上与 *Ascomycota* 和 *Rozellomycota* 显著正相关，与 *Basidiomycota*、*Mortierellomycota*、*Chytridiomycota*、*Olpidiomycota*、*Glomeromycota* 显著负相关。*Ascomycota* 作为饲料甜菜间作的优势菌群，间接证明间作根系分泌物的主要成分包括木脂素和香豆素、黄酮类、醌类、生物碱。*Chytridiomycota* 作为黑麦草的特有丰富类群，与饲料甜菜间作根系分泌物存在很大差异。这与 Korenblum 等人 [357] 研究中土壤微生物通过刺激一些植物的信号，触发信号系统，来控制植物分泌一些分泌物的结果相符，并且他们的研究发现，不同的微生物群落介导番茄根系分泌物发生特定的改变，促进壬二酸的分泌和富集。此外，前人研究证实植物根系分泌物中的苯并恶嗪类化合物和三萜类化合物可以优化植物根部土壤微生物群落 [135]。我们的研究发现枸杞-黑麦草间作能够间接促进苯并恶嗪类化合物增加，并且在微生物群落结构和弦图分析中发现，该类物质与 *Pseudallescheria*、*Neocosmospora*、*Humicola*、*Coprinellus* 等 8 类真菌属显著相关，也进一步证实了前人的观点 [129,135]。香豆素可以将假单胞菌吸引到植物根际，然后重塑根周围微生物群落的组成 [351,358]。间作玉米导致类黄酮分泌量增加两倍，根瘤菌导致大豆结瘤增加 [359]。

4.3 间作模式下根系分泌物差异对土壤理化性质和酶活性的影响

根系分泌物是植物适应进化和生长的一种策略，受多种生物因素和非生物因素的影响与制约 [349]。土壤酶主要来源于土壤中动、植物及微生物的分泌物及其残体的分解物。Gramss 等的研究显示，近 90% 的土壤酶可能是来源于植物根系的分泌物，而且根系分泌的酶的活性在施用化肥、干旱和水分胁迫下会增加。他们还认为禾本科、豆科与茄科植物能够释放大量的氧化还原酶参与土壤中物质的氧化分解 [360]。Spearman 分析发现，有 10 类根系分泌物对 4 类土壤酶 Cellulas、Catalase、Sucrase、Urease 产生极显著影响，并且我们前期的研究也发现，间作能显著促进间作土壤酶活性的增加 [16]，间作模式下黑麦草能显著促进 DHBOA（mws1368），白三叶能显著促进草酸（pmf0096）、棕榈酸（mws1488）等分泌，该 3 类物质与 Sucrase 和 Urease 极显著正相关，促进两种酶活性的增加，促进土壤中糖类的分解和代谢，间接为土壤提供了营养，改善了土壤微生态环境；此外饲料甜菜间作时棕榈酸、己二烯二酸显著下调，黑麦草和白三叶在间作模式下维生素 A1（pme2289）、N-甲基大麦芽碱（Hmcp009963）均显著下调，此外水杨酸甲酯（pme0221）、癸二酸二丁酯（MWSmce539）在黑麦草间作时亦显著下降，这 7 种组分与 Cellulas、Catalase 存在显著的负相关关系，黑麦草和白三叶间作时能够改善土壤碳循环和腐质化程度。这与 Garca-Gil 研究中根系分泌物中的糖类和维生素等养料可改善土壤微生态环境，提高土壤中的酶活性 [361] 的结果保持一致。同时土壤酶与植物生长发育之间存在着内在的联系，如土壤酶活性增强，土壤生化过程活跃，营养物质才能及时释放，促使土壤中可溶解养分的积累，为植物提供生长发育所需的物质与能量 [362]。

　　根系分泌物不仅影响土壤中微生物群落、酶活性等，还可以改变土壤的理化特性 [135]。研究结果经 Spearman 分析发现，间作模式下的差异代谢物草酸、癸二酸二丁酯、N-甲基大麦芽碱等与土壤理化性质存在极显著的相关关系，并且对土壤 TP、AP、AN 和脲酶、过氧化氢酶的影响结果一致，进一步说明有机酸、酚酸、脂肪酸、生物碱等有利于活化矿质养分，与前人研究柠檬酸、苯甲酸、苹果酸、脂肪酸等有机酸可以活化矿质养分、麦根酸类可以提高土壤微量元素的有效性 [363] 的结果基本一致。此外，根系分泌物中己二烯二酸（pme3207）、苯甲酸（pme0241）、对羟基苯甲酸（mws0749）、香草醛（mws0458）等低分子有机化合物对土壤养分的活化作用亦有突出贡献，它们可以在土壤中通过离子螯合及氧化还原等作用来改变土壤 pH 值，TN、NN 等养分性质，进而促进植物对矿质养分的吸收，提高土壤养分的有效性，进而达到促进植物生长发育的目的。

4.4　间作模式下根系分泌物差异对根腐病及植物生长的影响

目前，枸杞间作牧草的研究较少，暂时没有间作根系分泌物的研究报道，但是植物间作根系分泌物研究广泛，大量研究发现，植物间作不仅可以减少植物叶片病害的发生，同时可以有效抑制土传病害的传播和扩大[73,74,364,365]。植物根系分泌的长链有机酸和氨基酸对土壤微生物群落的改变是土壤提高植物抗性的重要化合物。也是土壤微生物应对植物叶部病害产生记忆对后代的一种保护机制[152,366]。本研究试验表明，根系分泌物对地上和地下病害的反馈机制相符，均表现为间作黑麦草显著表达的根系分泌组分 DHBOA、异嗪皮啶（MWS20178）减轻了蚜虫危害，且随着枸杞蚜虫危害加重，根系分泌更多的DHBOA 和异嗪皮啶作为防御次生代谢产物，抑制了更多蚜虫的危害，这与Hu 等人[135] 研究中苯并恶嗪类化合物能够抑制甜菜夜蛾危害的结果保持一致。此外前面分析可知间作饲料甜菜根系分泌物可以显著抑制枸杞根腐病病原菌蔓延和菌丝的生长，而 Spearson 分析中显著上调的肉桂酸（mws2213）、对羟基苯甲酸、香草醛、阿魏酸（mws0014）与镰孢菌危害显著负相关，与前人研究中根系分泌组分肉桂酸、对羟基苯甲酸、香草醛、阿魏酸等酚酸类物质对大豆疫霉菌具有较强的抑菌活性的结果基本相符[73]。此外，草酸、棕榈酸作为白三叶特有的显著上调表达根系分泌物组分与两类镰孢菌菌丝生长显著正相关，即该类组分可能为菌丝生长提供了能量和营养环境，橙皮苷（橙皮素-7-O-芸香糖苷，mws0036）与菌株的蔓延显著负相关，这与第 6 部分中提出的问题相符，即该 3 类物质可能是豆科植物根系分泌的化感成分，在一定程度上促进了镰刀菌病原菌的生长和繁殖，这与大豆根分泌物糖类、有机酸类能为微生物生长提供 C、N 能源及生长素，对大豆根腐病病原菌镰孢菌的生长有明显的化感促进作用的结果相符[367]。此外，根系分泌物在一定程度上抑制了种子萌发，但整体对幼苗生长起促进作用，尤其溶血磷脂酰乙醇胺（Lmhp009187、Lmhp009034、Lmhp008763）在此过程发挥重要作用。相关研究表明，植物细胞内的溶血磷脂酰乙醇胺能够在细胞分裂前的延长阶段大量积聚，能够显示对生长素的二级信使作用 [368]，与我们的研究结果保持一致。此外，前人在枸杞地骨皮中分离出枸杞素 A 和枸杞素 B，与该类物质是枸杞根系分泌物的特有组分的结果基本一致[369~371]。并且我们研究结果发现，枸杞素 A 和枸杞素 B 能够促进根腐病和白粉病病害的发生，但在 3 种间作模式下均显著降低，因此，枸杞-牧草间作模式有利于降低根腐病和白粉病的发生。

5　小结

（1）黑麦草、白三叶、饲料甜菜和枸杞单作根系分泌物分别鉴定出 395、370、324、332 种代谢组分；一级分类为氨基酸及其衍生物、酚酸类、核苷酸及其衍生物、黄酮、醌类、木脂素和香豆素、生物碱、萜类、有机酸、脂质10 大类；不同种植模式下根系分泌物的差异表现为组分类型和含量的差异。其中黑麦草特有组分DHBOA、异嗪皮啶，白三叶特有组分是橙皮苷、草酸和棕榈酸等，饲料甜菜的特有组分是肉桂酸、阿魏酸，枸杞根系分泌物的特有组分枸杞素 A、枸杞素 B 在枸杞-牧草间作模式下均显著下调表达。

（2）经枸杞-牧草间作模式下各因子的相关性分析发现，间作模式下显著差异表达的根系分泌物组分枸杞素 A、枸杞素 B、草酸、4-苯基丁酸、N-甲基大麦芽碱、阿魏酸、癸二酸二丁酯等与土壤酶活性和理化性质显著相关；根系分泌物中生物碱等显著降低土壤细菌多样性，香豆素、黄酮等显著降低真菌多样性，且对细菌的影响大于真菌；此外，溶血磷脂酰乙醇胺在抑制种子萌发和促进幼苗生长过程中作用显著；黑麦草间作模式下显著表达的苯并恶嗪酮类化合物DHBOA 和异嗪皮啶等能显著减少蚜虫的危害；白三叶间作模式下显著表达的草酸、棕榈酸能促进两类镰孢菌菌丝的生长，而橙皮苷抑制镰孢菌菌株的蔓延；在饲料甜菜间作中显著表达的肉桂酸、对羟基苯甲酸等根系分泌物能显著抑制枸杞根腐病中镰刀菌的蔓延和菌丝的生长；此外，枸杞-牧草间作模式下枸杞素 A、枸杞素 B 显著下降，有利于降低根腐病和白粉病的发生。

第9部分
全文结论及未来研究展望

1 主要结论

根据项目目标，通过田间结合温室试验开展枸杞-牧草间作模式开发及其种间互作效应研究，筛选出4种枸杞-牧草间作模式，综合排序依次是枸杞-饲料甜菜、枸杞-黑麦草、枸杞-紫花苜蓿和枸杞-白三叶草；该间作模式的开发在满足枸杞生产的同时，增加了牧草生产供给，不但增加土地生产力、环境利用率和显著提高土地生产效益，而且缓解了目前发展养殖业对饲草的需求。同时，随着研究成果转化与应用，将形成一种新的牧草生产模式，对宁夏地区畜牧业发展、土地合理利用、推动生态建设均具有重要的现实意义。主要结论如下：

（1）枸杞-牧草间作模式基于生产力、种间竞争力和生产效益的分析发现，温室和田间间作模式 LER 计算的平均值分别是 1.25~1.59 和 1.62~2.70，表现为显著的产量优势；10 种枸杞-牧草间作模式的种间竞争力均小于枸杞，说明牧草的引入没有影响枸杞的优势竞争地位；10 种间作模式中有 8 种货币优势指数高于单作，其中枸杞-饲料甜菜、枸杞-黑麦草、枸杞-紫花苜蓿间作模式的货币优势指数表现较好，以果实和生物量为基础的货币优势指数分别为 827.63、994.18、1 918.57 和 2 106.54、1 706.27，3 103.13；综合分析，初步筛选出枸杞–饲料甜菜、枸杞–黑麦草、枸杞–紫花苜蓿、枸杞–绿园 5 号、枸杞–白三叶草 5 个间作组合。

（2）枸杞–牧草间作模式对枸杞和牧草的影响不同，其中对牧草生长的影响整体表现为降低牧草的株高、叶茎比和光合作用，增加牧草一级分枝/蘖数和制干比，且以白三叶、黑麦草、绿园 5 号、紫花苜蓿间作模式下的促进效果显著，增长率依次为 23.76%、18.05%、14.69% 和 13.71%；此外，枸杞–牧草间作模式在可比面积上能够显著促进苜蓿、黑麦草、饲料甜菜鲜重产量的增加，增产率依次为 59.73%、64.03%、70.12%；并且通过提高粗蛋白和降低酸性洗涤纤维含量的方式改善黑麦草和饲料甜菜的饲用品质。对枸杞生长的影响，整体表现为促进枸杞光合作用；并且，间作黑麦草促进枸杞分枝数的增加，间作绿园 5 号和饲料甜菜促进分枝的伸长；从病虫害的角度分析，间作饲料甜菜、白三叶草、甜高粱、黑麦草、针茅均能减轻枸杞白粉病的危害，间作紫花苜蓿、针茅、黑麦草能减少蚜虫的发生；对果实品质分析发现，间作模式能够显著促进类胡萝卜素、黄酮和抗坏血酸含量的增加，有利于枸杞品质的改善。综合分析，进一步筛选出枸杞–饲料甜菜、枸杞–黑麦草、枸杞–紫花苜蓿、枸杞–白三叶草 4 个间作组合。

（3）枸杞–牧草间作的种间关系能够影响土壤微生态环境，具体表现为土壤有机质、全氮和硝态氮含量的增加，铵态氮含量、土壤电导率、土壤全磷和有效磷含量的降低；不同枸杞–牧草间作模式对 5 种土壤酶活性影响存在差异，其中黑麦草显著提高过氧化氢酶活性，饲料甜菜显著提高脲酶活性，白三叶和苜蓿显著提高过氧化氢酶和蔗糖酶活性；土壤微生物方面，枸杞–牧草间作增加土壤细菌和真菌多样性，且对细菌的影响高于真菌；从门到种水平对枸杞–牧草间作模式下细菌和真菌类群进行整合分析，黑麦草、苜蓿、白三叶和饲料甜菜分别筛选出 47、8、46、21 个细菌和 23、33、51、56 个真菌作为其关键微生物类群；细菌 *Actinobacteriota*、*Chloroflexi*、*Acidobacteriota* 和真菌 *Ascomycota*、*Chytridiomycota*、*Rozellomycota* 是牧草间作中优势群体；且不同种植模式下土壤中细菌和真菌丰富度存在显著差异。RDA 等分析发现，间作引起的土壤铵态氮、有效磷、全氮、全磷、有机质和土壤酶活性的变化是预测细菌多样性的潜在因素。

（4）不同牧草与枸杞间作能通过根系分泌物影响种间关系，其中对植物生长方面的影响主要表现为牧草根系分泌物抑制枸杞种子萌发，却显著促进其幼苗的生长，三叶草、苜蓿促进作用显著，增幅分别为 60.96% 和 89.67%；枸杞根系分泌物对不同牧草种子的萌发和幼苗生长的影响不同，其中三叶草和饲料甜菜的种子萌发和幼苗生长均呈促进效应，而燕麦和黑麦草仅种子萌发表现为促进效应，甜高粱、苜蓿和苦豆子仅幼苗生长表现为促进效应。在土传病害方面，鉴定出甜菜根腐病致病菌是霉菌、黑曲霉和腐皮镰刀菌，枸杞根腐病致病菌是卷枝毛霉、根霉、腐皮镰刀菌和尖孢镰刀菌。根系分泌物对根腐病致病菌的影响表现为，枸杞的根系分泌物促进镰刀菌菌斑扩增和菌丝生长，有加重根腐病发生的风险；黑麦草根系分泌物抑制卷枝毛霉、腐皮镰刀菌和尖孢镰刀菌的生长；苜蓿和白三叶的根系分泌物能促进根霉菌、黑曲霉、腐皮镰刀菌菌斑扩增，但抑制根腐病相关病原菌的菌丝生长；饲料甜菜根系分泌物显著抑制枸杞根腐病的发生，但有增加自身根腐病发生的风险。

（5）黑麦草、白三叶、饲料甜菜和枸杞单作根系分泌物分别鉴定出 395、370、324、332 种代谢组分；组分一级分类为氨基酸及其衍生物、酚酸类、核苷酸及其衍生物、黄酮、醌类、木脂素和香豆素、生物碱、萜类、有机酸、脂质 10 大类；且不同种植模式下根系分泌物的差异表现为组分类型和含量的差异。其中黑麦草特有组分 DHBOA、异嗪皮啶，白三叶特有组分橙皮苷、草酸和棕榈酸等，饲料甜菜特有组分肉桂酸、阿魏酸等，枸杞根系分泌物特有组分是枸杞素 A 和枸杞素 B 等。经枸杞-牧草间作模式下各因子的相关性分析发现，间作模式下显著差异表达的根系分泌物组分枸杞素 A、枸杞素 B、草酸、4-苯基丁酸、N-甲基大麦芽碱、阿魏酸、癸二酸二丁酯等与土壤酶活性和理化性质显著相关；根系分泌物中生物碱等显著降低土壤细菌多样性，香豆素、黄酮等显著降低真菌多样性，且对细菌的影响大于真菌；枸杞素 A、枸杞素 B 能够加重枸杞根腐病的发生；溶血磷脂酰乙醇胺在抑制种子萌发和促进幼苗生长过程中作用显著；黑麦草间作模式下显著表达的苯并恶嗪酮类化合物DHBOA 和异嗪皮啶等能显著减少蚜虫的危害；白三叶间作模式下显著表达的草酸、棕榈酸能促进两类镰孢菌菌丝的生长，而橙皮苷抑制镰孢菌菌株的蔓延；在饲料甜菜间作中显著表达的肉桂酸、对羟基苯甲酸等根系分泌物能显著抑制枸杞根腐病中镰刀菌的蔓延和菌丝的生长，有利于缓解枸杞根腐病危害；此外，枸杞-牧草间作模式下枸杞素 A、枸杞素 B 显著下降，有利于降低根腐病和白粉病的发生。

2　主要创新点

（1）将牧草引入传统的枸杞种植结构，筛选出适合枸杞生产和牧草种植的枸杞-牧草间作模式，且形成了丰富的理论基础，为枸杞、牧草生产和畜牧养殖业的发展开辟新的途径，具有创新性。

（2）通过研究阐明了不同枸杞-牧草间作模式下关键根系分泌物在调节土壤微生物群、土壤理化性质、植物生长和防御机制中的作用，为进一步探究化学驱动下林草间作模式的种间相互作用提供了依据，具有一定的学术和应用价值。

3　不足与展望

（1）本研究主要分析探究了宁夏中宁天景山和银川枸杞所园林场关于间作模式开发和种间互作效应的研究，且持续时间只有 3 年，将来的研究除了需要选用更多的试验地点和土壤类型等开展研究外，还要开展区域试验和长期定位试验，进一步促进枸杞产业、畜牧业发展，加强林草产业在生产领域的研究，加强林草间作这项技术的成果转化和推广应用。

（2）本研究初步分析了间作差异显著根系分泌物和土壤微生物之间的相互关系，从中发现与间作优势密切相关的一些微生物属，但并没有揭示这些微生物是如何影响枸杞-牧草间作的；同时，大量数据有待进一步分析和挖掘。因此，未来需要结合分离纯培养、人工合成化学物质、土壤回接验证等多种方法，以及多学科交叉融合的方式深入解析土壤微生物和根系分泌物对间作模式的响应。

参考文献

[1] Carberry PS，Liang WL，Twomlow S，et al. Scope for improved eco-efficiency varies among diverse cropping systems. Proceedings of the National Academy of Sciences of the United States of America. 2013；110（21）：8381-6.

[2] Richardson KJ，Lewis KH，Krishnamurthy PK，et al. Food security outcomes under a changing climate：impacts of mitigation and adaptation on vulnerability to food insecurity. Climatic Change. 2018；147（1554）：1-15.

[3] 王明利.有效破解粮食安全问题的新思路：着力发展牧草产业.中国农村经济.2015（12）：12.

[4] 王国刚，王明利，王济民，等.中国南方牧草产业发展基础、前景与建议.草业科学.2015；32（12）：8.

[5] 王丽.关于优质牧草种植技术的探究.2021.

[6] 郭婷，薛彪，周艳明，等.我国牧草产品生产、贸易现状及启示.草地学报，2019；27（01）：8-14.

[7] Lithourgidis AS，Dordas CA，Damalas CA，et al. Annual intercrops：An alternative pathway for sustainable agriculture. Australian Journal of Crop Science. 2011；5（4）：396-410.

[8] Lv W，Zhao X，Wu P，et al. A Scientometric Analysis of Worldwide Intercropping Research Based on Web of Science Database between 1992 and 2020. Sustainability. 2021；13（5）：2430.

[9]　Xia J，Ren J，Zhang S，et al. Forest and grass composite patterns improve the soil quality in the coastal saline－alkali land of the Yellow River Delta，China. Geoderma. 2019；349：25－35.

[10]　张鹏，王位东，袁鹏. 林草间作种植模式的效益分析. 中文科技期刊数据库（全文版）农业科学. 2020.

[11]　朱永群，林超文，彭燕，等. 优质高产饲草新品种选育及绿色增效生产技术应用. 中国科技成果. 2020.

[12]　高祝东. 西北地区青饲草推广品种及种植技术. 畜禽业. 2020；31（11）：2.

[13]　Wang HM，Chen ZJ，Wei LX，et al. Study on the Soil Nutrient and Tree and Grass Nutrient Content Cycle of Different Forest and Grass System in Converting Agricultural Lands to Trees. Research of Soil and Water Conservation. 2006.

[14]　Kim BW，Sung KI. Effect of Shading Degrees on Grass Production，Forage Quality and Botanical Composition of Grass－Clover Mixtures. Journal of the Korean Society of Grassland & Forage ence. 2009；29（29）.

[15]　Zhang YJ，Ren JZ，Wang ML，et al. Discussion on the Position and Development Distribution of Forage Industry in China's Agricultural Industry Structure. Journal of Agricultural ence & Technology. 2013.

[16]　Zhu L，He J，Tian Y，et al. Intercropping Wolfberry with Gramineae plants improves productivity and soil quality. Scientia Horticulturae. 2022；292：110632.

[17]　苏鹏海，齐广平，康燕霞，等. 枸杞苜蓿间作模式下调亏灌溉对苜蓿光合特性和生物量的影响. 中国农村水利水电. 2019（8）：6.

[18]　史耀峰. 牧草产业发展现状及未来发展趋势探析. 甘肃畜牧兽医. 2017；47（9）：2.

[19]　姚致远，王峥，李婧，等. 旱地基于豆类绿肥不同轮作方式的经济效益分析. 植物营养与肥料学报. 2016；22（1）：9.

[20] 夏方山，闫慧芳，毛培胜，等. PEG 引发对燕麦老化种子活力的影响. 草业学报. 2015；24（011）：234-9.

[21] 郑瑞，师尚礼，马史琛. 苜蓿、小麦自毒及他感作用机理. 草业科学. 2019；36（3）：12.

[22] 尹国丽，蔡卓山，陶茸，等. 不同草田轮作方式对土壤肥力，微生物数量及自毒物质含量的影响. 草业学报. 2019（3）：9.

[23] Mbũgwa G, Krall JM, Legg DE. Interference of Tifton burclover residues with growth of burclover and wheat seedlings. Agronomy Journal. 2012；104（4）：982-990.

[24] 王恭祎. 林地间作. 中国农业科学技术出版社. 2009.

[25] 陈磊，熊康宁，汤小朋. 林草间作系统研究概况. 世界林业研究. 2019；32（6）：6.

[26] Borden KA, Isaac ME, Thevathasan NV, et al. Estimating coarse root biomass with ground penetrating radar in a tree-based intercropping system. Agroforestry Systems. 2014；88（4）：657-69.

[27] Bouttier, Paquette, Messier, et al. Vertical root separation and light interception in a temperate tree-based intercropping system of Eastern Canada. AGRO-FOREST SYST. 2014；2014，88（4）（-）：693-706.

[28] Evers AK, Bambrick A, Lacombe S, et al. Potential Greenhouse Gas Mitigation through Temperate Tree-Based Intercropping Systems. The Open Agriculture Journal. 2010；4（1）：49-57.

[29] Hawkins C, Yu LX. Recent progress in alfalfa（Medicago sativa L.）genomics and genomic selection. 作物学报：英文版. 2018；6（6）：11.

[30] 谢晓丽. 北方林草间作技术研究. 园艺与种苗. 2022；42（2）：3.

[31] Ahmad S, Khan PA, Verma DK, et al. Forage production and orchard floor management through grass/legume intercropping in apple based agroforestry systems. AkiNik Publications. 2018（1）.

[32]   杨涛，鲁为华，李斌，等.新疆杨树−紫花苜蓿林草复合系统中根系分布特征及生产力.干旱地区农业研究.2020；38（2）：10.

[33]   周孚明，苏鹏海.枸杞—苜蓿间作地上生物量分布变异及其竞争强度.水土保持通报.2022；42（02）：53−8.

[34]   哈斯亚提·托逊江，刘晨，哈丽代·热合木江，等.红枣与牧草间作对果园土壤养分及小环境的影响.江苏农业科学.2015；43（1）：3.

[35]   Brooker RW，Karley AJ，Newton AC，et al. Facilitation and sustainable agri−culture：A mechanistic approach to reconciling crop production and conservation. Functional Ecology. 2015；30（1）：98−107.

[36]   李隆.间套作强化农田生态系统服务功能的研究进展与应用展望.中国生态农业学报.2016（4）：13.

[37]   Zhang WP，Liu GC，Sun JH，et al. Growth trajectories and interspecific competitive dynamics in wheat/maize and barley/maize intercropping. Plant&Soil. 2015；397（1−2）：227−238.

[38]   Cr A，Gc A，Jee A，et al. Grain legume−cereal intercropping enhances the use of soil−derived and biologically fixed nitrogen in temperate agroecosystems. A meta−analysis. European Journal of Agronomy. 2020；118.

[39]   宫香伟，党科，李境，等.糜子绿豆间作模式下糜子光合物质生产及水分利用效率.中国农业科学.2019；52（22）：15.

[40]   董红芬，李洪，霍成斌，等.覆盖作物在玉米/大豆间作模式中的效应分析.玉米科学.2019（3）：7.

[41]   Mao LL，Zhang LZ，Zhang SP，et al. Resource use efficiency，ecological in−tensification and sustainability of intercropping systems. 农业科学学报：英文版. 2015；000（008）：P.1542−50.

[42]   Bedoussac L，Justes E. Intercropping of winter pea with durum wheat can allow to reduce legume pests and diseases. 2020.

[43]   Ratnadass A，Fernandes P，Avelino J，et al. Plant species diversity for sustain−

able management of crop pests and diseases in agroecosystems: a review. Agronomy for Sustainable Development. 2012; 32 (1): 273-303.

[44] Li L, Zou Y, Wang Y, et al. Effects of Corn Intercropping with Soybean/Peanut/Millet on the Biomass and Yield of Corn under Fertilizer Reduction. Agriculture. 2022; 12 (2): 151.

[45] Zhou Q, Chen J, Xing Y, et al. Influence of intercropping Chinese milk vetch on the soil microbial community in rhizosphere of rape. Plant and Soil. 2019; 440 (1-2): 85-96.

[46] Dai J, Qiu W, Wang N, et al. From Leguminosae/Gramineae Intercropping Systems to See Benefits of Intercropping on Iron Nutrition. Frontiers in Plant Science. 2019; 10: 605.

[47] Li Y, Feng J, Zheng L, et al. Intercropping with marigold promotes soil health and microbial structure to assist in mitigating tobacco bacterial wilt. JOURNAL OF PLANT PATHOLOGY. 2020; 102 (3): 1-12.

[48] Morgado LB, Willey RW, editors. Optimum plant population for maize-bean intercropping system in the Brazilian semi-arid region. Wetlands Engineering & River Restoration; 2008; 65 (5): 474-480.

[49] Chai Q, Qin A, Gan Y, et al. Higher yield and lower carbon emission by intercropping maize with rape, pea, and wheat in arid irrigation areas. Agronomy for Sustainable Development. 2014; 34 (2): 535-43.

[50] Xia HY, Zhao JH, Sun JH, et al. Dynamics of root length and distribution and shoot biomass of maize as affected by intercropping with different companion crops and phosphorus application rates. Field Crops Research. 2013; 150 (Complete): 52-62.

[51] Zhang WP, Liu GC, Sun JH, et al. Temporal dynamics of nutrient uptake by neighbouring plant species: evidence from intercropping. Functional Ecology. 2017; 31 (2): 469-479.

[52] 王虎琴，孙国俊，王哲明，等. 茅山丘茅山丘陵地区茶园秋季杂草种群生态位研究. 中国茶叶. 2016.

[53] 董楠. 不同作物组合间作优势和时空稳定性的生态机制：中国农业大学；2017.

[54] 张瑜，常生华，宋娅妮，等. 植物化感作用在农业生态系统中的应用. 中国农学通报. 2018；34（5）：8.

[55] 朱丽珍，田英，王俊，等. 植物化感作用及其在草地农业生态系统中的应用. 土壤与作物. 2021；10（1）：17.

[56] 赵建华，孙建好，陈亮之. 三种豆科作物与玉米间作对玉米生产力和种间竞争的影响. 草业学报. 2020；29（1）：86-94.

[57] Li XG, Wang XX, Dai CC, et al. Effects of intercropping with Atractylodes lancea and application of bio-organic fertiliser on soil invertebrates, disease control and peanut productivity in continuous peanut cropping field in subtropical China. Agroforestry Systems. 2014；88（1）：41-52.

[58] Zhu J, Werf W, Anten N, et al. The contribution of phenotypic plasticity to complementary light capture in plant mixtures. New Phytologist. 2015；207（4）：1213-1222.

[59] Mushagalusa GN, Ledent JF, Draye X. Shoot and root competition in potato/maize intercropping: Effects on growth and yield. Environmental & Experimental Botany. 2008；64（2）：180-8.

[60] Zhang L, Wang G, Zhang E, et al. Effect of phosphorus application and strip-intercropping on yield and some wheat-grain components in a wheat/maize/potato intercropping system. African journal of agricultural research. 2011；6（27）：5860-9.

[61] Jiang GF, Su-Yuan L, Yi-Chan L, et al. Coordination of hydraulic thresholds across roots, stems, and leaves of two co-occurring mangrove species. Plant Physiology. 2022；189（4）：2159-2174.

[62] Wu KX，M. A，Fullen，et al. Above- and below-ground interspecific interaction in intercropped maize and potato：A field study using the ´target´ technique. Field Crops Research. 2012；189：63-70.

[63] Huang J，Gu M，Lai Z，et al. Functional analysis of the Arabidopsis PAL gene family in plant growth，development，and response to environmental stress. Plant Physiology. 2010；153（4）：1526-38.

[64] 蒋选利，李振岐，康振生.过氧化物酶与植物抗病性研究进展.西北农林科技大学学报：自然科学版.2001；29（6）：6.

[65] Gayoso C，Pomar F，Merino F，et al. Oxidative metabolism and phenolic compounds in Capsicum annuum L. var. annuum infected by Phytophthora capsici Leon - ScienceDirect. Scientia Horticulturae. 2004；102（1）：1-13.

[66] Huseynova IM，Aliyeva DR，Aliyev JA. Subcellular localization and responses of superoxide dismutase isoforms in local wheat varieties subjected to continuous soil drought. Plant Physiology & Biochemistry Ppb. 2014；81：54-60.

[67] Shafi A，Gill T，Sreenivasulu Y，et al. Improved callus induction，shoot regeneration，and salt stress tolerance in Arabidopsis overexpressing superoxide dismutase from Potentilla atrosanguinea. Protoplasma. 2015；252（1）：41-51.

[68] 张岩，唐玉娇，徐惠风，等.蓝蓟与向日葵间作对某些酶生理特性的影响.分子植物育种.2019；17（14）：4.

[69] Lv H，Cao H，Nawaz MA，et al. Wheat Intercropping Enhances the Resistance of Watermelon to Fusarium Wilt. Frontiers in Plant Science. 2018；9：696.

[70] Jorgensen V，MoLler E. Intercropping of Different Secondary Crops in Maize. Acta Agriculturae Scandinavica. 2000；50（2）：82-8.

[71] Rahnama A，Latifian M. Intercropping relative efficiency and its effects on date palm pests and disease control. international journal of agriculture research & review. 2013.

[72] Ouma G. Intercropping and its application to banana production in East Africa：

A review. journal of plant breeding & crop science. 2009.

[73] Zhang H, Yang Y, Mei X, et al. Phenolic Acids Released in Maize Rhizosphere During Maize－Soybean Intercropping Inhibit Phytophthora Blight of Soybean. Frontiers in Plant Science. 2020; 11: 886.

[74] Yang, Min, Yu, et al. Plant－Plant－Microbe Mechanisms Involved in Soil－Borne Disease Suppression on a Maize and Pepper Intercropping System. PLoS ONE. 2014; 9 (12): 1－22.

[75] Jing QY. Allelopathic suppression of Pseudomonas solanacearum infection of tomato (Lycopersicon esculentum) in a tomato－chinese chive (Allium tuberosum) intercropping system. Journal of Chemical Ecology. 1999; 25 (11): 2409－17.

[76] Hao WY, Ren LX, Ran W, et al. Allelopathic effects of root exudates from watermelon and rice plants on Fusarium oxysporum f.sp. niveum. Plant & Soil. 2010; 336 (1－2): 485－97.

[77] Wang, GZ, HG, et al. Plant－soil feedback contributes to intercropping overyielding by reducing the negative effect of take－all on wheat and compensating the growth of faba bean. PLANT SOIL. 2017; 2017, 415 (1－2): 1－12.

[78] Benard N, Susanne N, Susanne B, et al. Intercropping Induces Changes in Specific Secondary Metabolite Concentration in Ethiopian Kale (Brassica carinata) and African Nightshade (Solanum scabrum) under Controlled Conditions. Frontiers in Plant Science. 2017; 8: 1700.

[79] Liu Y, Zhou B, Qi Y, et al. Expression Differences of Pigment Structural Genes and Transcription Factors Explain Flesh Coloration in Three Contrasting Kiwifruit Cultivars. Frontiers in Plant Science. 2017; 8: 1507.

[80] Testolin R, Huang HW, Ferguson AR. [Compendium of Plant Genomes] The Kiwifruit Genome || Acid Metabolism in Kiwifruit. 2016; 10.1007/978－3-319-32274-2 (Chapter 14): 179－88.

[81] Wang Cp, Yan D, Lizhen Z, et al. Comparative transcriptome analysis of two

contrasting wolfberry genotypes during fruit development and ripening and characterization of the LrMYB1 transcription factor that regulates flavonoid biosynthesis. BMC genomics. 2020；21（1）：295.

[82] 许能祥，董臣飞，张文洁，等. C_4牧草饲用成分在植株中的分布规律及其适宜刈割高度. 中国草地学报. 2021.

[83] Giambalvo D，Ruisi P，Miceli GD，et al. Forage production，N uptake，N2 fixation，and N recovery of berseem clover grown in pure stand and in mixture with annual ryegrass under different managements. Plant & Soil. 2011；342（1－2）：379－91.

[84] Kontturi M，Laine A，Niskanen M，et al. Pea－oat intercrops to sustain lodging resistance and yield formation in northern European conditions. Acta Agriculturae Scandinavica. 2011；61（7）：612－21.

[85] Lopes CM，Santos TP，Monteiro A，et al. Combining cover cropping with deficit irrigation in a Mediterranean low vigor vineyard. Scientia Horticulturae. 2011；129（4）：603－12.

[86] Messiga AJ，Sharifi M，Hammermeister A，et al. Soil quality response to cover crops and amendments in a vineyard in Nova Scotia，Canada. Scientia Horticulturae. 2015；188：6－14.

[87] Du SN，Bai GS，Yu J. Soil properties and apricot growth under intercropping and mulching with erect milk vetch in the loess hilly－gully region. Plant and Soil. 2015；390（1－2）：431－42.

[88] Neilsen G，Forge T，Angers D，et al. Suitable orchard floor management strategies in organic apple orchards that augment soil organic matter and maintain tree performance. Plant and Soil. 2014；378（1－2）：325－35.

[89] Zheng W，Li YG，Gong QL，et al. Improving yield and water use efficiency of apple trees through intercrop－mulch of crown vetch （Coronilla varia L.） combined with different fertilizer treatments in the Loess Plateau. Spanish Journal

of Agricultural Research. 2016; 14 (4) .

[90] Burns KN, Bokulich NA, Cantu D, et al. Vineyard soil bacterial diversity and composition revealed by 16S rRNA genes: Differentiation by vineyard manage—ment. Soil Biology & Biochemistry. 2016; 103: 337−48.

[91] Cui H, Zhou Y, Gu ZH, et al. The combined effects of cover crops and symbiotic microbes on phosphatase gene and organic phosphorus hydrolysis in subtropical orchard soils. Soil Biology & Biochemistry. 2015; 82: 119−26.

[92] Wang P, Wang Y, Wu QS. Effects of soil tillage and planting grass on arbuscular mycorrhizal fungal propagules and soil properties in citrus orchards in southeast China. Soil & Tillage Research. 2016; 155: 54−61.

[93] Ludwig M, Achtenhagen J, Miltner A, et al. Microbial contribution to SOM quantity and quality in density fractions of temperate arable soils. Soil Biology and Biochemistry. 2015; 81: 311−22.

[94] Liu J, Zheng C, Song C, et al. Conversion from natural wetlands to paddy field alters the composition of soil bacterial communities in Sanjiang Plain, Northeast China. Annals of Microbiology. 2014; 64 (3): 1395−403.

[95] Wei Z, Gu Y, Friman VP, et al. Initial Soil Microbiome Composition and Functioning Predetermine Future Plant Health. Science Advances. 2019; 5 (9): eaaw0759.

[96] 沈宗专, 黄炎, 操一凡, 等. 健康与罹患青枯病的番茄土壤细菌群落特征比较. 土壤. 2021.

[97] Zhou X, Yu G, Wu F. Effects of intercropping cucumber with onion or garlic on soil enzyme activities, microbial communities and cucumber yield. European Journal of Soil Biology. 2011; 47 (5): 279−87.

[98] 赵雅姣, 刘晓静, 吴勇, 等. 豆禾牧草间作根际土壤养分, 酶活性及微生物群落特征. 中国沙漠. 2020; 40 (3): 219−228.

[99] Cotrufo MF, Soong JL, Horton AJ, et al. Formation of soil organic matter via

biochemical and physical pathways of litter mass loss. Nature Geoscience. 2015；8（10）：776−779.

[100] Grandy AS，Neff JC. Molecular C dynamics downstream：The biochemical decomposition sequence and its impact on soil organic matter structure and function. Science of the Total Environment. 2008；404（2−3）：297−307.

[101] Xga B，Cl C，Jing L，et al. Responses of rhizosphere soil properties，enzyme activities and microbial diversity to intercropping patterns on the Loess Plateau of China − ScienceDirect. Soil and Tillage Research. 2019；195：104355.

[102] Veres Z，Kotroczó Z，Fekete I，et al. Soil extracellular enzyme activities are sensitive indicators of detrital inputs and carbon availability. Applied Soil Ecology. 2015；92：18−23.

[103] Cleveland CC，Liptzin D. C：N：P stoichiometry in soil：is there a "Red−field ratio" for the microbial biomass. Biogeochemistry. 2007；85（3）：235−252.

[104] Yan，X，Sun，et al. Assessing the contributions of sesquioxides and soil or−ganic matter to aggregation in an Ultisol under long−term fertilization. Soil & Tillage Research. 2015；146：89−98.

[105] Carney KM，Matson PA，Bohannan B. Diversity and composition of tropical soil nitrifiers across a plant diversity gradient and among land−use types. Ecology Letters. 2010；7（8）：684−94.

[106] Li L，Tilman D，Lambers H，et al. Plant diversity and overyielding：insights from belowground facilitation of intercropping in agriculture. New Phytologist. 2014；203（1）：63−69.

[107] Hauggaard−Nielsen H，Jensen ES. Facilitative root interactions in intercrops. Plant and Soil.2005；274（1−2）：273−250.

[108] Zhang X，Ning T，Han H，et al. Effects of Waxy Maize Relay Intercropping and Residue Retention on Rhizosphere Microbial Communities and Vegetable Yield in a Continuous Cropping System. 土壤圈：英文版. 2018；28（1）：10.

[109] Jca B, Yaa B, Lwab C, et al. Shifts in soil microbial community, soil enzymes and crop yield under peanut/maize intercropping with reduced nitrogen levels. 2018; 124: 327-334.

[110] Li X, Mu Y, Cheng Y, et al. Effects of intercropping sugarcane and soybean on growth, rhizosphere soil microbes, nitrogen and phosphorus availability. Acta Physiologiae Plantarum. 2013; 35 (4): 1113-9.

[111] Wu JS, Lin HP, Meng CF, et al. Effects of intercropping grasses on soil organic carbon and microbial community functional diversity under Chinese hickory (Carya cathayensis Sarg.) stands. Soil Research. 2014; 52 (6): 575-83.

[112] Qian X, Gu J, Pan HJ, et al. Effects of living mulches on the soil nutrient contents, enzyme activities, and bacterial community diversities of apple orchard soils. European Journal of Soil Biology. 2015; 70: 23-30.

[113] Detheridge AP, Brand G, Fychan R, et al. The legacy effect of cover crops on soil fungal populations in a cereal rotation. Agriculture Ecosystems & Environment. 2016; 228: 49-61.

[114] Waha K, Dietrich JP, Portmann FT, et al. Multiple cropping systems of the world and the potential for increasing cropping intensity. Global Environmental Change. 2020; 64: 102131.

[115] Zhou Q, Chen J, Xing Y, et al. Influence of intercropping Chinese milk vetch on the soil microbial community in rhizosphere of rape. Plant and Soil. 2019; 440 (1-2): 85-96.

[116] Raza MA, Feng LY, van der Werf W, et al. Optimum strip width increases dry matter, nutrient accumulation, and seed yield of intercrops under the relay intercropping system. Food and Energy Security. 2020; 9 (2).

[117] Oliveira MG, Oliosi G, Partelli FL, et al. Physiological responses of photosynthesis in black pepper plants under different shade levels promoted by intercropping with rubber trees. Ciencia E Agrotecnologia. 2018; 42 (5): 513-26.

［118］ Huang JL，Li YH，Shi Y，et al. Effects of nutrient level and planting density on population relationship in soybean and wheat intercropping populations. Plos One. 2019；14（12）：e0225810.

［119］ Yang F，Liao DP，Fan YF，et al. Effect of narrow-row planting patterns on crop competitive and economic advantage in maize-soybean relay strip inter-cropping system. Plant Production Science. 2017；20（1）：1-11.

［120］ Kermah M，Franke AC，Adjei-Nsiah S，et al. Maize-grain legume intercrop-ping for enhanced resource use efficiency and crop productivity in the Guinea savanna of northern Ghana. Field Crops Research. 2017；213：38-50.

［121］ Bedoussac L，Journet EP，Hauggaard-Nielsen H，et al. Ecological principles underlying the increase of productivity achieved by cereal-grain legume inter-crops in organic farming. A review. Agronomy for Sustainable Development. 2015；35（3）：911-35.

［122］ Brooker RW，Karley AJ，Newton AC，et al. Facilitation and sustainable agri-culture：a mechanistic approach to reconciling crop production and conserva-tion. Functional Ecology. 2016；30（1）：98-107.

［123］ Sharma RC，Banik P. Baby Corn-Legumes Intercropping Systems：I. Yields，Resource Utilization Efficiency，and Soil Health. Agroecology and Sustainable Food Systems. 2015；39（1）：41-61.

［124］ Betencourt E，Duputel M，Colomb B，et al. Intercropping promotes the abil-ity of durum wheat and chickpea to increase rhizosphere phosphorus availability in a low P soil. Soil Biology & Biochemistry. 2012；46：181-90.

［125］ Mei PP，Gui LG，Wang P，et al. Maize/faba bean intercropping with rhizobia inoculation enhances productivity and recovery of fertilizer P in a reclaimed desert soil. Field Crops Research. 2012；130：19-27.

［126］ Fan Y，Wang Z，Liao D，et al. Uptake and utilization of nitrogen，phospho-rus and potassium as related to yield advantage in maize-soybean intercropping under different row configurations. Scientific Reports. 2020; 10 (1): 9504.

[127] Collins, SL. Positive Interactions and Interdependence in Plant Communities. BIOSCIENCE. 2009; 2009, 59 (5) (一): 443-4.

[128] 孔垂华, 胡飞, 王朋. 植物化感 (相生相克) 作用; 2016.

[129] Hazrati H, Fomsgaard IS, Kudsk P. Root-Exuded Benzoxazinoids: Uptake and Translocation in Neighboring Plants. Journal of Agricultural and Food Chemistry. 2020; 68 (39): 10609-10617.

[130] Wang N, Kong C, Wang P, et al. Root exudate signals in plant - plant interactions. Plant, Cell & Environment. 2020; 4 (44): 1044-1058.

[131] Badri DV, Vivanco JM. Regulation and function of root exudates. Plant Cell & Environment. 2009; 32 (6): 666-681.

[132] Kong CH, Zhang SZ, Li YH, et al. Plant neighbor detection and allelochemical response are driven by root-secreted signaling chemicals. Nature Communications. 2018; 9 (1): 3867.

[133] Lorenzo C, Eugenio A. Use of Terpenoids as Natural Flavouring Compounds in Food Industry. Recent Patents on Food Nutrition & Agriculture. 2011; 3 (1): 9-16.

[134] Zhu L, Li J, Xu Z, et al. Identification and selection of resistance toBemisia tabaci among 550 cotton genotypes in thefield and greenhouse experiments. 农业科学与工程前沿 (英文版). 2018.

[135] Hu L, Robert C, Selma C, et al. Root exudate metabolites drive plant-soil feedbacks on growth and defense by shaping the rhizosphere microbiota. Nature Communications. 2018; 9 (1): 2738.

[136] Huang W, Gfeller V, Erb M. Root volatiles in plant-plant interactions II: Root terpenes from Centaurea stoebe modify Taraxacum officinale root chemistry and root herbivore growth. Cold Spring Harbor Laboratory. 2018.

[137] Morris PF, Ward E. Chemoattraction of zoospores of the soybean pathogen,

Phytophthora sojae, by isoflavones. Physiological & Molecular Plant Pathology. 1992; 40 (1): 17−22.

[138] 王丽华, 王发园, 景新新, 等. 纳米氧化锌和接种丛枝菌根真菌对大豆生长及营养吸收的影响. 生态学报. 2015; 35 (15): 8.

[139] Weston LA, Mathesius U. Flavonoids: Their Structure, Biosynthesis and Role in the Rhizosphere, Including Allelopathy. Journal of Chemical Ecology. 2013; 39 (2): 283−97.

[140] 何子煜, 张佩华. 单宁酸的生理功能及其在畜禽生产中的研究进展. 湖南饲料. 2018 (1): 3.

[141] 王晓丽, 王予彤, 段立清, 等. 四种植物酚类物质对舞毒蛾生长发育及繁殖的影响. 昆虫学报. 2014; 57 (7): 6.

[142] 方海涛. 蒙古扁桃对外源 MeJA 的诱导抗性反应及其对黄褐天幕毛虫的影响: 内蒙古农业大学; 2013.

[143] YAN Z, WANG D, CUI H. Phytotoxicity mechanisms of two coumarin allelochemicals from Stellera chamaejasme in lettuce seedlings. Acta Physiologiae Plantarum. 2016.

[144] Tripathi, Monika, Saxena, et al. Isolation and characterization of Lepidoptera specific Bacillus thuringiensis strains predominantly from north−eastern states of India. Indian Journal of Experimental Biology. 2016.

[145] 路康, 王森山. 儿茶酚、香豆素对豌豆蚜生长发育及繁殖的影响. 草地学报. 2019 (1): 5.

[146] Zhang Y, Fernie AR. Metabolons, enzyme−enzyme assemblies that mediate substrate channeling, and their roles in plant metabolism. 植物通讯 (英文). 2021; 2 (1): 16.

[147] 王景顺, 吴秋芳, 路志芳. 植物次生代谢物与林木抗虫性研究进展. 江苏农业科学. 2015; 43 (8): 4−7.

[148] Keeling CI, Bohlmann J. Plant Terpenoids: Wiley Encyclopedia of Chemical

Biology；2008.

[149] Bais HP，Park SW，Weir TL，et al. How plants communicate using the underground information superhighway. Trends in Plant Science. 2004；9（1）：26-32.

[150] Huang AC，Jiang T，Liu YX，et al. A specialized metabolic network selectively modulates Arabidopsis root microbiota. Science. 2019；364（6440）：546.

[151] Pascale，Beauregard，Yunrong，et al. Bacillus subtilis biofilm induction by plant polysaccharides. Proceedings of the National Academy of Sciences of the United States of America. 2013.

[152] Yuan J，Zhao J，Tao W，et al. Root exudates drive the soil-borne legacy of aboveground pathogen infection. Microbiome. 2018；6（1）：156.

[153] Huang，LF，Song，et al. Plant-Soil Feedbacks and Soil Sickness：From Mechanisms to Application in Agriculture. J CHEM ECOL. 2013；2013，39（2）：232-42.

[154] Andrés，Corral-Lugo，Abdelali，et al. Rosmarinic acid is a homoserine lactone mimic produced by plants that activates a bacterial quorum-sensing regulator. Science Signaling. 2016.

[155] 李杨，赵斌. 类黄酮对 AM 真菌孢子萌发和早期生长的影响. 土壤学报. 2008；45（4）：8.

[156] Lebeis SL，Paredes SH，Lundberg DS，et al. PLANT MICROBIOME. Salicylic acid modulates colonization of the root microbiome by specific bacterial taxa. Science. 2015；349（6250）.

[157] 李石力. 有机酸类根系分泌物影响烟草青枯病发生的机制研究：西南大学；2017.

[158] Feussner，Bentum V，Sietske，et al. MYB72-dependent coumarin exudation shapes root microbiome assembly to promote plant health. 2018.

[159] Nannipieri P，Ascher J，Ceccherini MT，et al. Effects of Root Exudates in

Microbial Diversity and Activity in Rhizosphere Soils. soil biology. 2008.

[160] Carvalhais LC，Dennis PG，Badri DV，et al. Linking Jasmonic Acid Signaling，Root Exudates，and Rhizosphere Microbiomes. Molecular Plant－Microbe Interactions. 2015；28（9）：1049.

[161] 张宁，张如，吴萍，等. 根系分泌物在西瓜/旱作水稻间作减轻西瓜枯萎病中的响应. 土壤学报. 2014；51（3）：9.

[162] Ren LX，Zhang N，Wu P，et al. Arbuscular mycorrhizal colonization alleviates Fusarium wilt in watermelon and modulates the composition of root exudates. Plant Growth Regulation. 2015；77（1）：77－85.

[163] Gao X，Wu M，Xu R，et al. Root Interactions in a Maize/Soybean Intercropping System Control Soybean Soil－Borne Disease，Red Crown Rot. Plos One. 2014；9（5）：e95031.

[164] Dong L，Li X，Li H，et al. Lauric acid in crown daisy root exudate potently regulates root－knot nematode chemotaxis and disrupts Mi－flp－18 expression to block infection. Journal of Experimental Botany. 2014（1）：131－41.

[165] Xu W，Liu D，Wu F，et al. Root exudates of wheat are involved in suppression of Fusarium wilt in watermelon in watermelon－wheat companion cropping. European Journal of Plant Pathology. 2015；141（1）：209－16.

[166] Kong CH，Tao XU，Fei HU，et al. Allelopathy under environmental stress and its induced mechanism. Acta Ecologica Sinica. 2000；20（5）：849－54.

[167] Kong，CH，Wang，et al. Reproduction allocation and potential mechanism of individual allelopathic rice plants in the presence of competing barnyardgrass. PEST MANAG SCI. 2013；2013，69（1）（－）：142－8.

[168] 拱健婷，张子龙. 植物化感作用影响因素研究进展. 生物学杂志. 2015；32（3）：5.

[169] 邓世明，王宁，汤丽昌，等. 外来入侵植物假臭草的化感作用研究. 中国农学通报. 2010；26（16）：4.

［170］ Zivanai M，Ronald M，Nester M. The Role of Tillage，Allelopathy，Dormancy－Breaking Mechanisms and Wind in the Spread of Purple Nutsedge (Cyperus rotundus) in Zimbabwe. Agricultural Research. 2018；8（II）．

［171］ Anaya AL，Saucedo－García A，Contreras－Ramos SM，et al. Plant－Mycorrhizae and Endophytic Fungi Interactions：Broad Spectrum of Allelopathy Studies. Springer Berlin Heidelberg. 2013.

［172］ Thelen GC，Vivanco JM，Newingham B，et al. Insect herbivory stimulates allelopathic exudation by an invasive plant and the suppression of natives. Ecology Letters. 2010；8（2）：209－17.

［173］ Callaway RM，Cipollini D，Barto K，et al. NOVEL WEAPONS：INVASIVE PLANT SUPPRESSES FUNGAL MUTUALISTS IN AMERICA BUT NOT IN ITS NATIVE EUROPE. Ecology. 2008；89（4）．

［174］ Combesmeynet E，Pothier JF，Moënneloccoz Y，et al. The Pseudomonas secondary metabolite 2，4－diacetylphloroglucinol is a signal inducing rhizoplane expression of Azospirillum genes involved in plant－growth promotion. Molecular plant－microbe interactions：MPMI. 2011；24（2）：271.

［175］ Yu CB，Li YY，Li CJ，et al. An improved nitrogen difference method for estimating biological nitrogen fixation in legume－based intercropping systems. Biology & Fertility of Soils. 2010；46（3）：227－35.

［176］ Wang G，Bei S，Li J，et al. Soil microbial legacy drives crop diversity advantage：linking ecological plant‐soil feedback with agricultural intercropping. Journal of Applied Ecology. 2020；58（3）：496－506.

［177］ 高雪峰. 短花针茅荒漠草原优势植物根系分泌物及其主要组分对土壤微生物的影响：内蒙古农业大学；2017.

［178］ 杨娜. 基于生命周期评价的耕作农业向草地农业转变的资源环境效应研究. 兰州大学. 2019.

［179］ Keating BA，Carberry PS，Bindraban PS，et al. Eco－efficient Agriculture：

Concepts，Challenges，and Opportunities. Crop Science. 2010；50（Supple-ment_1）.

[180] Martin-Guay MO，Paquette A，Dupras J，et al. The new Green Revolution：Sustainable intensification of agriculture by intercropping. Science of The Total Environment. 2017；615：767-72.

[181] Link CM，Thevathasan NV，Gordon AM，et al. Determining tree water ac-quisition zones with stable isotopes in a temperate tree-based intercropping sys-tem. Agroforestry Systems. 2015；89（4）：611-20.

[182] 寇建村，杨文权，韩明玉，等.行间种植豆科牧草对苹果园土壤微生物区系及土壤酶活性的影响.草地学报. 2013；21（4）：7.

[183] 李晓刚，邵明灿，杨青松，等.梨园生草白三叶栽培对梨园杂草的抑制作用及其土壤理化性状的影响研究.上海农业科技. 2017（2）：3.

[184] 陈久红，鲁晓燕，李永丰，等.生草对库尔勒香梨梨园土壤理化性质的影响.黑龙江农业科学. 2019（7）：9.

[185] 于淑慧，朱国梁，董浩，等.桃园种植不同绿肥对土壤肥力的影响.山东农业科学. 2019；051（002）：72-5.

[186] 张秀萍.推进枸杞产业高质量发展调研报告.宁夏林业. 2018.

[187] 杨进波，张宇，牟高峰.大力推进畜禽养殖废弃物资源化利用加快构建农业绿色发展新格局. 2019.

[188] 史晓巍，齐广平，汪精海，等.甘肃引黄灌区枸杞间作豆科牧草对土壤温度及枸杞产量的影响.甘肃农业大学学报. 2018；53（6）：9.

[189] Knörzer H，Graeff-Hönninger S，Guo B，et al. The Rediscovery of Inter-cropping in China：A Traditional Cropping System for Future Chinese Agri-culture-A Review. Springer Netherlands. 2009.

[190] 刘忠宽，秦文利，智建飞.河北省农牧结合战略研究.河北农业科学. 2006；10（2）：5.

[191] Yan T，Fha C，Qiang C，et al. Expanding row ratio with lowered nitrogen

fertilization improves system productivity of maize/pea strip intercropping. European Journal of Agronomy.113.

[192] Liu X, Rahman T, Song C, et al. Relationships among light distribution, radiation use efficiency and land equivalent ratio in maize-soybean strip intercropping. Field Crops Research. 2018; 224: 91-101.

[193] Feng LY, Raza MA, Shi JY, et al. Delayed maize leaf senescence increases the land equivalent ratio of maize soybean relay intercropping system. European Journal of Agronomy. 2020; 118.

[194] Vandermeer J, Noordwijk Mv, Anderson J, et al. Global change and multi-species agroecosystems: Concepts and issues. Agriculture, Ecosystems & Environment. 1998.

[195] Wang ZG, Xin J, Bao XG, et al. Intercropping Enhances Productivity and Maintains the Most Soil Fertility Properties Relative to Sole Cropping. Plos One. 2014; 9.

[196] Willey RW, Rao MR. A competitive ratio for quantifying competition between intercrops. Experimental Agriculture. 1980; 16 (2): 117-25.

[197] Wit C. On Competition. Pudoc. 1960.

[198] Newman EI, Eason WR, Eissenstat DM, et al. Interactions between plants: the role of mycorrhizae. Mycorrhiza. 1992; 1 (2): 47-53.

[199] Ghosh PK. Growth, yield, competition and economics of groundnut/cereal fodder intercropping systems in the semi-arid tropics of India. Field Crops Research. 2004; 88 (2-3): 227-37.

[200] Cardinale, BJ, Wrigh, et al. Impacts of plant diversity on biomass production increase through time because of species complementarity. PROC NAT ACAD SCI USA. 2007; 2007, 104 (46) (-): 18123-8.

[201] Karkanis A, Ntatsi G, Lepse L, et al. Faba Bean Cultivation-Revealing Novel Managing Practices for More Sustainable and Competitive European Cropping

Systems. Frontiers in Plant Science. 2018；9：1115.

[202] Yu AY，A TJS，B DM，et al. Temporal niche differentiation increases the land equivalent ratio of annual intercrops：A meta－analysis. Field Crops Research. 2015；184：133－44.

[203] Hamzei，Javad，Seyyedi，et al. Energy use and input－output costs for sunflower production in sole and intercropping with soybean under different tillage systems. Soil & Tillage Research. 2016.

[204] 兰玉峰，夏海勇，刘红亮，等. 施磷对西北沿黄灌耕灰钙土玉米/鹰嘴豆间作产量及种间相互作用的影响. 中国生态农业学报. 2010；18（5）：6.

[205] Li NH，Gao DM，Zhou XG，et al. Intercropping with Potato－Onion Enhanced the Soil Microbial Diversity of Tomato. Microorganisms. 2020；8（6）.

[206] Naeem S，Thompson LJ，Lawler SP，et al. Declining Biodiversity Can Alter the Performance of Ecosystem. Nature. 1994；368（6473）：734－7.

[207] Hector，A，Schmid，et al. Plant Diversity and Productivity Experiments in European Grasslands. Science. 1999；286（5442）：1123.

[208] Eisenhauer N，Reich PB，Scheu S. Increasing plant diversity effects on productivity with time due to delayed soil biota effects on plants. Basic & Applied Ecology. 2012；13（7）：571－8.

[209] Zhang，Deshan，Zhang，et al. Increased soil phosphorus availability induced by faba bean root exudation stimulates root growth and phosphorus uptake in neighbouring maize. 2016.

[210] Sadeghpour A，Jahanzad E，Esmaeili A，et al. Forage yield，quality and economic benefit of intercropped barley and annual medic in semi－arid conditions：Additive series. Field Crops Research. 2013；148：43－8.

[211] 云雷，毕华兴，田晓玲，等. 晋西黄土区果农间作的种间主要竞争关系及土地生产力. 应用生态学报. 2011；22（5）：8.

[212] 许华森，毕华兴，高路博，等. 晋西黄土区苹果+大豆间作系统小气候及其

对作物生产力的影响. 中国水土保持科学. 2014; 12 (2): 7.

[213] Saeidnia F, Majidi MM, Mirlohi A, et al. Yield stability of contrasting orchardgrass (Dactylis glomerata L.) genotypes over the years and water regimes. Euphytica. 2021; 217 (7): 1−17.

[214] Jones GB. Persistence and Productivity of Orchardgrass (Dactylis glomerata L.) in Hay Stands. 2017.

[215] 蔺芳. 紫花苜蓿/禾本科牧草间作提高其生产潜力和营养品质机理及家畜对其利用效果研究. 甘肃农业大学. 2019.

[216] 任媛媛. 黄土塬区玉米大豆间作系统水分利用研究: 中国科学院研究生院 (教育部水土保持与生态环境研究中心); 2016.

[217] Gautam P, Lal B, Rana R. Intercropping: An Alternative Pathway for Sustainable Agriculture. 2014.

[218] Alemayehu D, Shumi D, Afeta T. Effect of Variety and Time of Intercropping of Common Bean (Phaseolus vulgaris L.) With Maize (Zea mays L.) on Yield Components and Yields of Associated Crops and Productivity of the System at Mid−Land of Guji, Southern Ethiopia. 2017.

[219] Amanullah, Khalid S, Khalil F, et al. Influence of irrigation regimes on competition indexes of winter and summer intercropping system under semi−arid regions of Pakistan. Scientific Reports. 2020; 10 (1).

[220] Jahanzad E, Sadeghpour A, Hoseini MB, et al. Competition, Nitrogen Use Efficiency, and Productivity of Millet – Soybean Intercropping in Semiarid Conditions. Crop Science. 2015; 55 (6).

[221] 吕越. 玉米/大豆种内与种间作物的资源竞争: 西北农林科技大学; 2014.

[222] 顾宏辉, 朱金庆, 陈润兴, 等. 旱地多熟制春玉米+棉花间作技术研究. 浙江农业学报. 2001; 13 (01): 0−12.

[223] 高阳. 玉米/大豆条带间作群体 PAR 和水分的传输与利用: 中国农业科学院; 2009.

[224] 李潮海，刘天学，刘士英，等.不同基因型玉米间作对叶片衰老、籽粒产量和品质的影响.植物生态学报.2008；32（4）.

[225] 刘景辉，曾昭海，焦立新，等.不同青贮玉米品种与紫花苜蓿的间作效应.作物学报.2006；32：125-37.

[226] 刘国军，曾凡江，雷加强，等.核桃—紫花苜蓿复合栽培的根系分布及生长动态.干旱区研究.2015；32（3）：5.

[227] 王克林，黄月，孙学凯，等.辽北地区杨树-玉米间作对土壤水分和养分含量的影响.生态学杂志.2016；35（9）：7.

[228] 刘闯，胡庭兴，李强，等.巨桉林草间作模式中牧草光合生理生态适应性研究.草业学报.2008；17（1）：8.

[229] 叶尚红.植物生理生化实验教程；2004.

[230] 孙群，胡景江.植物生理学研究技术；2006.

[231] 张丽英.饲料分析及饲料质量检测技术（第2版）；2007.

[232] 李睿.春箭筈豌豆-燕麦间作系统的生产力与资源利用效率：兰州大学；2021.

[233] 冯银平，沈海花，罗永开，等.种植密度对苜蓿生长及生物量的影响.植物生态学报.2020；44（3）：9.

[234] 黄建贝，胡庭兴，吴张磊，等.核桃凋落叶分解对小麦生长及生理特性的影响.生态学报.2014（23）：9.

[235] 周武先，何银生，朱盈徽，等.生石灰和钙镁磷肥对酸化川党参土壤的改良效果.应用生态学报.2019（9）：9.

[236] 段媛媛，刘晓洪，吴佳奇，等.间作模式对黄连生理生长性状及根际土壤理化性质的影响.生态学杂志.2020；39（11）：10.

[237] Xu Z, Mi W, Mi N, et al. Comprehensive evaluation of soil quality in a desert steppe influenced by industrial activities in northern China. Scientific Reports. 2021；11（1）.

[238] 黄小芳，李勇，易茜茜，等.五种化感物质对人参根系酶活性的影响.中草药.2010（1）：5.

［239］ Nobel PS. Physicochemical and environmental plant physiology. Academic Press, Inc. 1991.

［240］ Isselstein J, Komainda M, Muto P. Interaction of multispecies sward composition and harvesting management on herbage yield and quality from establishment phase to the subsequent crop. Grass and Forage Science. 2022; 77 (1): 89-99.

［241］ Li H, Jiang D, Wollenweber B, et al. Effects of shading on morphology, physiology and grain yield of winter wheat. European Journal of Agronomy. 2010.

［242］ 蔺芳, 刘晓静, 童长春, 等. 间作对不同类型饲料作物光能利用特征及生产能力的影响. 应用生态学报. 2019; 30 (10): 11.

［243］ Shao Q, Wang H, Guo H, et al. Effects of Shade Treatments on Photosynthetic Characteristics, Chloroplast Ultrastructure, and Physiology of Anoectochilus roxburghii. Plos One. 2014; 9 (2): e85996.

［244］ Liu X, Rahman T, Song C, et al. Changes in light environment, morphology, growth and yield of soybean in maize -soybean intercropping systems. Field Crops Research. 2017; 200: 38-46.

［245］ Wang Z, Zhao X, Wu P, et al. Border row effects on light interception in wheat/maize strip intercropping systems. Field Crops Research. 2017; 214 (3): 1-13.

［246］ Giacomini SJ, Aita C, Vendruscolo E. Dry matter, C/N ratio and nitrogen, phosphorus and potassium accumulation in mixed soil cover crops in Southern Brazil. Revista Brasileira de Ciência do Solo. 2003.

［247］ 陈恭, 郭丽梅, 任长忠, 等. 行距及间作对箭筈豌豆与燕麦青干草产量和品质的影响. 作物学报. 2011 (11): 2066-74.

［248］ 蔡玲惠, 齐广平, 康燕霞, 等. 枸杞间作模式下水分调亏对红豆草产量及水分利用影响. 水利规划与设计. 2020 (9): 6.

［249］ 江舟, 陈丰, 王东军, 等. 金花菜与燕麦间作对牧草产量与品质的影响. 中国草地学报. 2020.

[250] 吴亚, 张卫红, 陈鸣晖, 等. 不同品种燕麦在扬州地区的生产性能. 草业科学. 2018; 35 (7): 6.

[251] 赵雅姣. 紫花苜蓿/禾本科牧草间作优势及其氮高效机理和土壤微生态效应研究: 甘肃农业大学; 2020.

[252] Potterat O. Goji (Lycium barbarum and L. chinense): Phytochemistry, pharmacology and safety in the perspective of traditional uses and recent popularity. Planta Medica. 2009; 76 (1): 7-19.

[253] Lin CL, Wang C, Chang SC, et al. Antioxidative activity of polysaccharide fractions isolated from Lycium barbarum Linnaeus. International Journal of Biological Macromolecules. 2009; 45 (2): 146-51.

[254] 李评, 李明, 伍金娥, 等. 一种从枸杞发酵物中分离抗肿瘤活性成分的方法. 2019.

[255] 马婷婷, 张旭, 饶建华, 等. 枸杞叶成分及药理作用研究进展. 北方园艺. 2011 (13): 3.

[256] Chen Z, Tan B, Chan SH. Activation of macrophages by polysaccharide-protein complex from Lycium barbarum L. International Immunopharmacology. 2008; 8 (12): 1663-71.

[257] Zheng J, Ding C, Wang L, et al. Anthocyanins composition and antioxidant activity of wild Lycium ruthenicum Murr. from Qinghai-Tibet Plateau. Food Chemistry. 2011; 126 (3): 859-65.

[258] 陈永伟, 于丽, 卜建华, 等. 5 种药剂对枸杞蚜虫的田间防效试验. 东北农业科学. 2021; 46 (6): 4.

[259] 陈怀亮, 张弘, 李有. 农作物病虫害发生发展气象条件及预报方法研究综述. 中国农业气象. 2007; 28 (2): 5.

[260] Charbonnier, le, Maire, et al. Competition for light in heterogeneous canopies: Application of MAESTRA to a coffee (Coffea arabica L.) agroforestry system. AGR FOREST METEOROL. 2013; 2013, 181 (-): 152-69.

[261] Sandmann G. Diversity and origin of carotenoid biosynthesis: its history of coevolution towards plant photosynthesis. New Phytologist. 2021.

[262] 吴飞，朱生秀，向江湖，等.不同土壤水分条件下黑果枸杞光合特性及产量分析.安徽农业科学. 2017；45（5）：3.

[263] 张承，王秋萍，周开拓，等.猕猴桃园套种吉祥草对土壤酶活性及果实产量、品质的影响.中国农业科学. 2018；51（8）：12.

[264] 高国珠，郭素娟.间作对板栗林地土壤养分和果实品质的影响.北方园艺. 2010（5）：4.

[265] 陈世昌，侯殿明，吴文祥，等.梨园套种平菇对土壤生物活性及果实品质的影响.果树学报. 2012；29（4）：6.

[266] 刘瑜，疏再发，邵静娜，等.茶园间作对病虫害防控效应与作用机制研究进展.茶叶通讯. 2021；48（1）：8.

[267] 叶火香，崔林，何迅民，等.茶园间作柑桔杨梅或吊瓜对叶蝉及蜘蛛类群数量和空间格局的影响.生态学报. 2010（22）：8.

[268] 李慧玲，林乃铨，郭剑雄，等.茶园间作绿肥对假眼小绿叶蝉及其天敌缨小蜂的影响.中国生物防治学报. 2016；32（1）：5.

[269] Meagher RL，Nagoshi RN，Fleischer SJ，et al. Areawide management of fall armyworm，Spodoptera frugiperda （Lepidoptera：Noctuidae），using selected cover crop plants. CABI Agriculture and Bioscience. 2022；3（1）：1-10.

[270] 衡森，周庙才，陈学好，等.芹菜不同种植方式对3种蔬菜田烟粉虱的控制作用.植物保护. 2017；43（3）：5.

[271] Agriculture. Response of Yellow Lupine to the Proximity of Other Plants and Unplanted Path in Strip Intercropping. 2020.

[272] Liu YJ，Jiu-Pai NI，Zhang Y，et al. Effects of different crop-mulberry intercropping systems on nutrients in arid purple soils in the Three Gorges Reservoir Area. Acta Prataculturae Sinica. 2015；6（2）：178-85.

[273] 樊利华，周星梅，吴淑兰，等.干旱胁迫对植物根际环境影响的研究进展.

应用与环境生物学报. 2019；25（5）：8.

[274] 庞群虎，王竞，孙权，等. 生草覆盖对酿酒葡萄园土壤养分及浆果品质的影响. 西南农业学报. 2022（8）.

[275] 肖力婷，杨慧林，黄文新，等. 生草栽培对南丰蜜橘园土壤微生物群落结构与功能特征的影响. 核农学报. 2022；36（1）：11.

[276] 李艳丽，赵化兵，谢凯，等. 不同土壤管理方式对梨园土壤微生物及养分含量的影响. 土壤. 2012；44（5）：6.

[277] 李世清，李凤民，宋秋华，等. 半干旱地区不同地膜覆盖时期对土壤氮素有效性的影响. 生态学报. 2001；021（009）：1519−26.

[278] 霍颖，张杰，王美超，等. 梨园行间种草对土壤有机质和矿质元素变化及相互关系的影响. 中国农业科学. 2011；44（7）：10.

[279] Toberman H, Chen C, Xu Z. Rhizosphere effects on soil nutrient dynamics and microbial activity in an Australian tropical lowland rainforest. Soil Research. 2011；49（7）：652−60.

[280] 汪焱，张英，苏贝贝，等. 高寒区不同地域燕麦根际土壤微生物多样性研究. 草地学报. 2020；28（2）：9.

[281] 瓮巧云，黄新军，许翰林，等. 玉米/大豆间作模式对青贮玉米产量、品质及土壤营养、根际微生物的影响. 核农学报. 2021；35（2）：462−70.

[282] 潘介春，徐石兰，丁峰，等. 生草栽培对龙眼果园土壤理化性质和微生物学性状的影响. 中国果树. 2019（6）：6.

[283] 井赵斌，杨勇，阮小凤. 行间生草对甜柿果园土壤微生物和酶活性的影响. 北方园艺. 2019（9）：6.

[284] 鲍士旦. 土壤农化分析. 3 版；2000.

[285] Lw A, Hza B, Xw A. Effects of soil amendments on fractions and stability of soil organic matter in saline −alkaline paddy. Journal of Environmental Management. 294.

[286] 何堂熹，罗聪，刘源，等. 生草栽培对杧果园土壤生境和果实品质的影响.

中国南方果树. 2021；50（5）：6.

[287] Jiasen W，Jinchi Z，Jinfang Q，et al. Intercropping grasses improve soil organic carbon content and microbial community functional diversities in Chinese hickory stands. Transactions of the Chinese Society of Agricultural Engineering. 2013；29（20）：111-7.

[288] Zhang YM，Wang QZ，Sun ZM，et al. Effects of yam/leguminous crops intercropping on soil chemical and biological properties of yam field. Chinese Journal of Applied Ecology. 2018.

[289] Zheng W，Gong Q，Zhao Z，et al. Changes in the soil bacterial community structure and enzyme activities after intercrop mulch with cover crop for eight years in an orchard. European Journal of Soil Biology. 2018；86：34-41.

[290] 曹永. 梨园生草对土壤养分及果品质量的影响. 西北园艺：综合. 2018（3）：2.

[291] 马震珠，魏倩倩，李尚玮，等. 覆盖和埋置白三叶对黄土高原苹果园土壤细菌多样性的影响. 水土保持通报. 2019；39（5）：9.

[292] Jing Y，Zhang Y，Han I，et al. Effects of different straw biochars on soil organic carbon，nitrogen，available phosphorus，and enzyme activity in paddy soil. Scientific Reports. 2020.

[293] Yao H，Jiao X，Wu F. Effects of continuous cucumber cropping and alternative rotations under protected cultivation on soil microbial community diversity. Plant & Soil. 2006；284（1-2）：195-203.

[294] Fan K，Cardona C，Li Y，et al. Rhizosphere-associated bacterial network structure and spatial distribution differ significantly from bulk soil in wheat crop fields. Soil Biology & Biochemistry. 2017；113：275-84.

[295] Jeewani PH，Chen L，Van ZL，et al. Shifts in the bacterial community along with root-associated compartments of maize as affected by goethite. Biology and Fertility of Soils. 2020；56（8）：1201-10.

[296] Mouhamadou，B，Puissant，et al. Effects of two grass species on the composition

of soil fungal communities. Biology & Fertility of Soils Cooperating Journal of the International Society of Soil Science. 2013.

[297] Diakhate S, Gueye M, Chevallier T, et al. Soil microbial functional capacity and diversity in a millet−shrub intercropping system of semi−arid Senegal. Journal of Arid Environments. 2016；129（jun.）：71−9.

[298] 钱雅丽. 旱作苹果园生草模式下土壤呼吸动态及土壤微生物群落结构特征，兰州大学；2019.

[299] Corato UD. Soil Microbiome Manipulation Gives New Insights in Plant Disease−Suppressive Soils from the Perspective of a Circular Economy：A Critical Review. Multidisciplinary Digital Publishing Institute. 2020（1）.

[300] Wu J, Jiao Z, Jie Z, et al. Effects of Intercropping on Rhizosphere Soil Bacterial Communities in Amorphophallus konjac. 土壤科学期刊（英文）. 2018；8（9）：15.

[301] Tian XL, Wang CB, Bao XG, et al. Crop diversity facilitates soil aggregation in relation to soil microbial community composition driven by intercropping. Plant and Soil. 2019.

[302] Bhatti, AA, Haq, et al. Actinomycetes benefaction role in soil and plant health. MICROB PATHOGENESIS. 2017；2017, 111（−）：458−67.

[303] Huang X, Liu L, Wen T, et al. Illumina MiSeq investigations on the changes of microbial community in the Fusarium oxysporum f.sp. cubense infected soil during and after reductive soil disinfestation. Microbiological Research. 2015；181：33−42.

[304] Zhang S, Wang Y, Sun L, et al. Organic mulching positively regulates the soil microbial communities and ecosystem functions in tea plantation. BMC Microbiology. 2020；20（1）.

[305] Zhou J, Jiang X, Wei D, et al. Consistent effects of nitrogen fertilization on soil bacterial communities in black soils for two crop seasons in China. Scientific

Reports. 2017; 7 (1): 3267.

[306] Ai C, Zhang S, Zhang X, et al. Distinct responses of soil bacterial and fungal communities to changes in fertilization regime and crop rotation. Geofisica Internacional. 2018; 319: 156-66.

[307] Mvs A, Gsk B, Vms C, et al. Long-term fertilization rather than plant species shapes rhizosphere and bulk soil prokaryotic communities in agroecosystems. Applied Soil Ecology.154.

[308] Na X, Ma S, Ma C, et al. Lycium barbarum L. (goji berry) monocropping causes microbial diversity loss and induces Fusarium spp. enrichment at distinct soil layers. Applied Soil Ecology. 2021; 168 (1－2): 104107.

[309] 何苑皞, 周国英, 王圣洁, 等. 杉木人工林土壤真菌遗传多样性. 生态学报. 2014; 34 (10): 12.

[310] 张东艳. 药烟轮间作对土壤微生物及烤烟产质量的影响, 西南大学; 2018.

[311] Andreas B, Martin P. The Most Widespread Symbiosis on Earth. PLoS Biology. 2006; 4 (7): e239.

[312] Chen YL, Zhang X, Ye JS, et al. Six-year fertilization modifies the biodiversity of arbuscular mycorrhizal fungi in a temperate steppe in Inner Mongolia. Soil Biology & Biochemistry. 2014; 69: 371-81.

[313] Hart, MM, Aleklett, et al. Navigating the labyrinth: a guide to sequence-based, community ecology of arbuscular mycorrhizal fungi. NEW PHYTOL. 2015; 2015, 207 (1) (-): 235-47.

[314] Chen C, Zhang J, Lu M, et al. Microbial communities of an arable soil treated for 8years with organic and inorganic fertilizers. Biology & Fertility of Soils. 2016; 52 (4): 1-13.

[315] Jiang S, Hu X, Kang Y, et al. Arbuscular mycorrhizal fungal communities in the rhizospheric soil of litchi and mango orchards as affected by geographic distance, soil properties and manure input. Applied Soil Ecology. 2020; 152: 103593.

[316] Hong PA, Mc A, Hf A, et al. Organic and inorganic fertilizers respectively drive bacterial and fungal community compositions in a fluvo-aquic soil in northern China. Soil and Tillage Research. 2020; 198.

[317] Pang G, Cai F, Li R, et al. Trichoderma-enriched organic fertilizer can mitigate microbiome degeneration of monocropped soil to maintain better plant growth. Plant & Soil. 2017.

[318] 刘成，李彩凤，刘兵，等. 3 种人参根系分泌物的成分比较及化感效应分析. 江苏农业科学. 2019; 47 (22): 5.

[319] Zhu JH, Dong K, Yang ZX, et al. Advances in the mechanism of crop disease control by intercropping. Chinese Journal of Ecology. 2017; 36 (4): 1117-26.

[320] Williamson-Benavides BA, Dhingra A. Understanding Root Rot Disease in Agricultural Crops. Horticulturae. 2021 (2).

[321] Zhu S, Fen L, Guo C, et al. Negative plant-soil feedback driven by re-as-semblage of the rhizosphere microbiome with the growth of Panax notoginseng. Frontiers in Microbiology. 2019.

[322] 包赛很那，苗彦军，邓时梅，等. 苗期紫花苜蓿株体对不同地区垂穗披碱草种子萌发生长的化感作用. 生态学报. 2019; 39 (4): 9.

[323] 荣思川，王美宁，向素梅，等. 不同紫花苜蓿品种植株浸提液对种子萌发和幼苗生长的自毒效应. 草原与草坪. 2016; 36 (4): 10.

[324] 刘振平，刘杰贤. 甜菜根腐病研究进展. 中国甜菜糖业. 1992 (2): 8.

[325] Zhang WM, Qiu HZ, Zhang CH, et al. [Identification of chemicals in root exudates of potato and their effects on Rhizoctonia solani]. Chinese Journal of Applied Ecology. 2015; 26 (3): 859.

[326] Chen Y, Zeng M. A study on allelopathy and analysis of allelochemicals in rhizosphere soil in orchards with continuous cropping of pear. Journal of Fruit Science. 2016.

[327] Smilanick JL. Postharvest Diseases of Fruits and Vegetables. Postharvest Biology

& Technology. 2001；31（2）：213.

[328] Tang FK, Dan-Hui QI, Qi LU, et al. Strategies of Conservation and Devel-opment of Agroforestry Ecosystem in Northwest China. Journal of Natural Resources. 2016.

[329] 孙新展，刘建国，陈华伟，等. 小麦、苜蓿秸秆浸提液对棉花的化感效应. 西北农业学报. 2018；27（1）：7.

[330] Xu YG, Yang M, Yin R, et al. AutotoxinRg1 induces degradation of root cell walls and aggravates root rotby modifying the rhizospheric microbiome. MicrobiologySpectrum. 2021；9（3）.

[331] Fang Y, Zhang L, Jiao Y, et al. Tobacco Rotated with Rapeseed for Soil-Borne Phytophthora Pathogen Biocontrol：Mediated by Rapeseed Root Exudates. Frontiers in Microbiology. 2016；7：894.

[332] 李敏，马丽，时榕，等. 酚酸类化感自毒物质对枸杞种子萌发的抑制作用. 生态学报. 2018（6）.

[333] Rahman MKU, Wang X, Gao D, et al. Root exudates increase phosphorus availability in the tomato/potato onion intercropping system. Plant and Soil. 2021（3）.

[334] Lonstantine U, Liang Y. Molecular identification and pathogenicity of Fusarium and Alternaria species associated with root rot disease of wolfberry in Gansu and Ningxia provinces, China. Plant Pathology. 2020.

[335] 谢奎忠，邱慧珍，胡新元，等. 连作马铃薯根系分泌物鉴定及其对尖孢镰孢菌（Fusarium oxysporum）的作用. 中国沙漠. 2021；41（3）：9.

[336] TuNde P, Holb IJ, IstvaN P. Secondary metabolites in fungus-plant interac-tions. Frontiers in Plant Science. 2015；6（573）：573.

[337] Morris PF, Ward EWB. Chemoattraction of zoospores of the soybean pathogen, Phytophthora sojae, by isoflavones. Physiological & Molecular Plant Pathology. 1992；40（1）：17-22.

[338] Weir TL，Park SW，Vivanco JM. Biochemical and physiological mechanisms mediated by allelochemicals. Current Opinion in Plant Biology. 2004；7（4）：472–9.

[339] Bais HP，Weir TL，Perry LG，et al. The role of root exudates in rhizosphere interactions with plants and other organisms. Annual Review of Plant Biology. 2006；57（1）：233–66.

[340] Bertin C，Yang X，Weston LA. The role of root exudates and allelochemicals in the rhizosphere. Plant & Soil. 2003；256（1）：67–83.

[341] Cesco S，Neumann G，Tomasi N，et al. Release of plant–borne flavonoids into the rhizosphere and their role in plant nutrition. Plant Soil. 2010；329：1–25.

[342] 张文博，王岳俊.荒漠草原针茅群落根系分泌物对土壤微生物群落结构的影响.北方园艺. 2021（22）：8.

[343] 崔翠，蔡靖，张硕新.核桃根系分泌物化感物质的分离与鉴定.林业科学. 2013；49（2）：54–60.

[344] 高欣欣，于会泳，张继光，等.烤烟根系分泌物的分离鉴定及对种子萌发的影响.中国烟草科学. 2012；33（3）：5.

[345] 杨柳，王秀伟，蒋治岩，等.东北地区樟子松根系分泌物分泌速率纬度间的差异.东北林业大学学报. 2020；48（10）：5.

[346] 李彩凤，陈明，马凤鸣，等.甜菜根系分泌物对大豆化感作用研究.东北农业大学学报. 2016；47（8）：10.

[347] 宁心哲.大青山油松虎榛子根系分泌物及根际土壤酶活性研究：内蒙古农业大学；2008.

[348] Williams A，Langridge H，Straathof AL，et al. Comparing root exudate collection techniques：An improved hybrid method. Soil Biology and Biochemistry. 2021；161：108391.

[349] Sugiyama A. The soybean rhizosphere：Metabolites，microbes，and beyond— A review. Journal of Advanced Research. 2019.

[350] Bever JD, Platt TG, Morton ER. Microbial Population and Community Dynamics on Plant Roots and Their Feedbacks on Plant Communities. Annual Review of Microbiology. 2012; 66 (1): 265-83.

[351] Pascale A, Proietti S, Pantelides IS, et al. Modulation of the Root Micro-biome by Plant Molecules: The Basis for Targeted Disease Suppression and Plant Growth Promotion. Frontiers in Plant Science. 2020; 10.

[352] Berendsen RL, Pieterse C, Bakker P. The rhizosphere microbiome and plant health. Trends in Plant Science. 2012; 17 (8): 478-86.

[353] Lombardi N, Vitale S, Turrà D, et al. Root exudates of stressed plants stimulate and attract Trichoderma soil fungi. Mol Plant Microbe Interact. 2018; 31 (10): 982-994.

[354] Olanrewaju OS, Ayangbenro AS, Glick BR, et al. Plant health: feedback effect of root exudates-rhizobiome interactions. Applied Microbiology and Biotech-nology. 2019.

[355] 吴彩霞, 傅华. 根系分泌物的作用及影响因素. 草业科学. 2009; 26 (9): 24-9.

[356] 王明霞, 周志峰. 植物根系分泌物在植物中的作用. 安徽农业科学. 2012; 40 (11): 3.

[357] Korenblum E, Dong Y, Szymanski J, et al. Rhizosphere microbiome mediates systemic root metabolite exudation by root-to-root signaling. Proceedings of the National Academy of Sciences. 2020; 117 (7): 3874-3883.

[358] Stringlis IA, Ronnie DJ, Pieterse C. The Age of Coumarins in Plant - Microbe Interactions. Plant and Cell Physiology. 2019 (7): 7.

[359] Li B, Li YY, Wu HM, et al. Root exudates drive interspecific facilitation by enhancing nodulation and N2 fixation. Proceedings of the National Academy of Sciences of the United States of America. 2016; 113 (23) .

[360] Gramss G, Voigt KD, Kirsche B. Oxidoreductase enzymes liberated by plant roots and their effects on soil humic material. Chemosphere. 1999; 38 (7):

1481-94.

[361] Garca-Gil JC, Plaza C, Soler-Rovira P, et al. Long-term effects of municipal solid waste compost application on soil enzyme activities and microbial biomass. Soil Biology and Biochemistry. 2000; 32 (13): 1907-13.

[362] 张涵, 贡璐, 刘旭, 等. 氮添加影响下新疆天山雪岭云杉林土壤酶活性及其与环境因子的相关性. 环境科学. 2020; 42 (1): 403-410.

[363] 黄文斌, 马瑞, 杨迪, 等. 土壤逆境下植物根系分泌的有机酸及其对植物生态适应性的影响（英文）. Agricultural Science & Technology. 2014; 15 (7): 1167-1173.

[364] Yan S, Zhou T, Wang Y, et al. Effect of Intercropping on Disease Management and Yield of Chilli Pepper and Maize. Acta Horticulturae Sinica. 2006.

[365] Li C, He X, Zhu S, et al. Crop Diversity for Yield Increase. Plos One. 2009; 4 (11): e8049.

[366] Deng X, Zhang N, Shen Z, et al. Rhizosphere bacteria assembly derived from fumigation and organic amendment triggers the direct and indirect suppression of tomato bacterial wilt disease. Applied Soil Ecology. 2019; 147: 103364.

[367] 鞠会艳, 韩丽梅. 连作大豆根分泌物对根腐病病原菌及种子萌发的影响. 吉林农业大学学报. 2002; 24 (4): 45-9.

[368] 周家春. 溶血磷脂开发应用. 粮食与油脂. 2002 (3): 2.

[369] 刘建飞, 巩媛, 杨军丽, 等. 枸杞属植物中生物碱类成分研究进展. 科学通报.

[370] Zhang JX, Guan SH, Feng RH, et al. Neolignanamides, Lignanamides, and Other Phenolic Compounds from the Root Bark of Lycium chinense. Journal of Natural Products. 2013; 76 (1): 51-8.

[371] Yang YN, An YW, Zhan ZL, et al. Nine new compounds from the root bark of Lycium chinense and their α-glucosidase inhibitory activity. Rsc Advances. 2017; 7 (2): 805-12.